Um- und Ausbau der Hamburgischen Staats- und Selbstverwaltung

mit

revidirtem Abdruck der Staatsverfassung und der grundlegenden Verwaltungsgesetze.

Wünsche bei Hamburgs Wiedergenesung im Jahre 1892/93.

Von

Dr. * * *

Hamburg:
L. Friederichsen & Co.
1893.

Vorwort.

Daß in irgend einem Lande über die Verwaltung nicht hie und da geklagt, daß nicht wirkliche oder vermeintliche Verbesserung angestrebt würde, kommt nicht vor. So beschäftigte man sich auch in Hamburg ununterbrochen, und nicht nur in letzter Zeit, mit Umgestaltungen in der Verwaltung. Manches Rühmenswerthe wurde bisher auch auswärts an den Hamburgischen Staatseinrichtungen gefunden. Im vergangenen Jahre 1892 ging die Staatsmaschine ihren gewohnten Gang. Plötzlich trat die Cholera auf und nahm sofort eine verheerende Gestalt an. Jäher Schrecken ergriff die Nachbarländer. Um das Beschämende dieses Furchtgefühls zu verhüllen, wurden gegen die Hamburgischen Behörden die gröbsten Beschuldigungen geschleudert. Gewissenlose und unwissende Berichterstatter waren bei der Hand, die ärgsten Unwahrheiten in die Welt hinaus zu „berichten"; sie zeigten sich wieder auf der Höhe der niederen Instincte, die bei schweren Unglücksfällen neben vielen erhebenden Zügen des menschlichen Wesens mit ans Licht treten. Für die auswärtigen olympischen Angreifer kommt mildernd in Betracht, daß sie in Hamburg zahlreiche Collegen und Bundesbrüder fanden, ferner auch, daß zwei feindliche Choleraschulen (Pettenkofer und Koch) eine ruhige Auffassung von dem Wesen der Krankheit nicht durchdringen ließen, und endlich, daß ein fast märchenhaftes Zusammentreffen ungünstiger Verhältnisse ein beispiellos schnelles und grausames Umsichgreifen der Seuche bewirkte und die Sinne zu verwirren im Stande war.

Der unbefangene, unterrichtete Beurtheiler wird in Bezug auf den Krankheitsausbruch und dessen Folgen seine Vorwürfe darauf beschränken, daß die Hamburgische Staatsleitung auf hygienischem Gebiete nicht

*

mehr gut berathen, und daß die Stadt noch nicht mit gutem Wasser versorgt war.

Es möchte anmaßend klingen, wenn man behauptete, keine Großstadt der Welt würde bei einer solchen Epidemie, wie sie in Hamburg auftrat, unter völliger Wahrung der öffentlichen Ruhe und in derartig aufopferungsvoller, ausdauernder Thätigkeit das Unglück überwunden haben. Aber man verweile einen Augenblick bei dem Gedanken, z. B. in Berlin sei die Cholera (etwa durch das filtrirte Trinkwasser) plötzlich in Tausende menschlicher Körper gelangt, sodaß an einem einzigen Tage 3000 Personen erkrankt und die Hälfte oder mehr gestorben seien . . Central- und Provinzialbehörden, Polizeipräsidium, Universitätskliniken, Magistrat, städtische Krankenanstalten, Bauverwaltung ꝛc. würden über und durch einander gestürzt sein, alles verwirrend, und in der Bevölkerung wäre die Katastrophe vermuthlich nicht ganz geräuschlos abgelaufen.

Sei dem, wie es wolle — die Hamburgische Regierung mußte im letzten Jahre, selbst aus dem eigenen Lande, die schwersten Vorwürfe hinnehmen. Das gesammte herrschende System erfuhr herbe Kritiken, und die vorhandenen, auf Aenderungen in der Verfassung und Verwaltung gerichteten Bestrebungen geriethen nunmehr in lebhafte Bewegung. Alle am öffentlichen Leben Betheiligten nahmen die von der Volksvertretung (Bürgerschaft) jetzt ausgegebene Losung „Reorganisation" eifrig auf. Im Januar d. J. wurde dann sogar durch Senats- und Bürgerschaftsbeschluß „eine gemeinschaftliche Commission (von 5 Senats- und 6 Bürgerschaftsmitgliedern) wegen Reform der Verwaltung u. w. d. a." eingesetzt.

Inzwischen werden auf der einen Seite Anträge wegen staatsseitiger Pflege oder Unterstützung von Wohlfahrtsbestrebungen auf die Tagesordnung gebracht, während von anderen Seiten mehr oder weniger radicale und agitatorische Forderungen hinsichtlich Verfassungsänderung und Reorganisation der Verwaltung hervortreten. Es ist nichts Ungewöhnliches, daß neben dem lautesten Gebahren eine höchst lückenhafte Kenntniß auf dem in Rede stehenden Gebiete zum Vorschein kommt. Dr. Westphalen wies vor 50 Jahren in seinem zweibändigen Werke (Hamburgs Verfassung und Verwaltung) auf genau dieselbe Erscheinung hin.

Dem offensichtlichen Bedürfnisse nach einem kleinen Leitfaden auf diesem Felde wünschte ich zu entsprechen durch eine kurze zusammenhängende Darstellung unserer staatsrechtlichen Verhältnisse, insbesondere der Behördenorganisation, sowie durch Hervorhebung solcher Gebiete und einzelner Gegenstände, die in Folge der neuzeitlichen Entwickelung eine veränderte Stellungnahme des Staates und eine Umgestaltung mancher Einrichtungen erfordern — Wünsche. In einem Anhange habe ich die wichtigsten organisatorischen Gesetze zum Abdruck gebracht, und hoffe damit Manchem einen Dienst erwiesen zu haben. Auch außerhalb Hamburgs macht sich ein gesteigertes Interesse an den hiesigen staatsrechtlichen Formen und den gesetzgeberischen Maßnahmen geltend. Diesem Umstande habe ich einige Rechnung getragen.

Meine Absicht, die Arbeit noch im Jahre 1892 abzuschließen, vermochte ich bei der nur beschränkten verfügbaren Zeit nicht auszuführen. Die Verzögerung brachte nun zwar manchen Vortheil, aber durch die zahlreichen Nachtragungen und Veränderungen erwuchs eine ziemlich beträchtliche Arbeit, da alle Gesetze und Verordnungen bis zur Drucklegung noch berücksichtigt wurden.

Jeder Unbefangene wird aus der vorliegenden Darstellung ersehen, daß unsere Gesetzgebung in den voraufgehenden Jahren nicht schlummerte, vielmehr ein arbeitsreiches Jahrzehnt hinter sich hat. Was versäumt wurde, stellt sich weniger als Hamburgische Eigenthümlichkeit heraus, es erklärt sich im Wesentlichen aus der modernen großstädtischen, wie der allgemein socialpolitischen Entwickelung. Der Hamburgische Stadtstaat mußte von ihr ja im stärksten Grade betroffen werden. Den thatsächlichen Mittheilungen über die staatlichen und communalen Zustände habe ich daher die Wünsche an die Seite gestellt, deren Erfüllung von unserer Gesetzgebung und Verwaltung in der nächsten Zukunft erhofft wird. Von einer polemischen Erörterung der in der Presse und in Versammlungen hervorgetretenen Ansichten und Vorschläge habe ich hier grundsätzlich Abstand genommen. Ich bin mir mancher Mängel dieses Büchleins bewußt, es mag einer nachsichtigen Beurtheilung bedürfen, doch ich schrieb es mit Gewissenhaftigkeit und unter dem Motto:

Der Wahrheit zur Ehr',
Niemand zu Leid,
Hamburg zu Lieb!

Und damit übergebe ich das Buch der Oeffentlichkeit. Möge jeder Leser Nutzen daraus ziehen!

Hamburg, Anfang Juni 1893.

Der Verfasser.

Inhaltsverzeichniß.

Einleitung.

1. Grundzüge der Hamburgischen Staatsverfassung und Verwaltung.

Im Hamburgischen Staate gebührt die „höchste Staatsgewalt" (worunter hauptsächlich die Gesetzgebung zu verstehen ist) dem Senate und der Bürgerschaft (Abgeordnetenhaus) gemeinschaftlich. Das Regieren oder Verwalten ist im Wesentlichen Aufgabe des Senats, der Commissionen, Verwaltungsabtheilungen, Deputationen (Collegien, „Behörden") der Landherrenschaften (Landherren) sowie der Aemter oder Bureaux.

Dem Senate als Staatsoberhaupte steht die staatsrechtliche Vertretung des Hamburgischen Staates im Deutschen Reiche sowie dem Auslande gegenüber zu, ferner das Verordnungsrecht (innerhalb der durch die Verfassung gezogenen Grenzen), das Begnadigungsrecht und die Justizhoheit; er bildet die oberste Regierungs- und Verwaltungsinstanz und übt als solche auch die Aufsicht über alle Verwaltungszweige und -Behörden sowie über das Justizwesen aus.

Das Gebiet der Gesetzgebung, die sog. gesetzgebende Gewalt, welche bei uns mehrfach auf Gegenstände der vollziehenden Gewalt (Regierung oder Verwaltung) sich mit erstreckt, lasse ich zunächst außer Betracht.

Die Commissionen bestehen entweder nur aus Senatsmitgliedern (Militär-Commission des Senats), oder daneben aus bürgerlichen Mitgliedern und Beamten. Die Verwaltungsabtheilungen sind eine undefinirbare Einrichtung; wo sie als eigene Behörde eine Wirksamkeit ausüben, bilden sie reine Regierungsbehörden; hierher gehören die Verwaltungsabtheilungen „für Reichs- und auswärtige Angelegenheiten“, „für das Justizwesen“, „für das Zollwesen“ und auch Theile derjenigen „für polizeiliche und innere Angelegenheiten“. Was die drei letzteren betrifft, so harmonirt ihr Bestehen offenbar nicht mit dem Grundgedanken unserer Verfassung und Verwaltung.

In den Deputationen (z. Th. Collegien oder „Behörde“ genannt) finden wir den Grundtypus unserer Verwaltungsbehörden; sie bestehen aus Senatsmitgliedern (Senatoren, auch Syndikern und Senatssecretären) und „bürgerlichen“ Mitgliedern. Die Oberschulbehörde und das Medicinal-Collegium haben eine besondere Zusammensetzung, indem sachverständige Elemente hinzutreten, die theils als Oberbeamte gesetzlich vermöge ihres Amtes, theils vom Senate ernannt, oder endlich als Deputirte von Corporationen u. dgl. ihre Mitgliedschaft ausüben. — Für die Zulassung (Ernennung) der höheren Ressortbeamten zur wirklichen Mitgliedschaft und für die jene veranlassende Instanz fehlt bisher noch eine allgemeine gesetzliche Unterlage.

Die vier Landherrenschaften als Behörden bestehen zur Zeit aus zwei Landherren und einem Bureau — eine rein bureaukratische Einrichtung.

Für einzelne Functionen oder Ressorts ernennt der Senat außerdem „Senatscommissare“, z. B. für das Versicherungswesen, für Eisenbahn-, Post- und Telegraphenangelegenheiten.

Die Behörden im engeren oder niederen Sinne, die in Hamburg fast allgemein mit „Bureau“ (anderwärts im Deutschen Reiche gewöhnlich besser mit dem deutschen Worte „Amt“ bezeichnet werden — vom kleinsten Postamt bis zum Reichsamt des Aeußern oder Innern) unterstehen sämmtlich einer Deputation bezw. Verwaltungsabtheilung.

2. „Selbstverwaltung.“

Was in Hamburg mit „Selbstverwaltung“ bezeichnet, bezw. darunter verstanden wird, ist richtiger mit „Volksregierung“ wiedergegeben.

Von Selbstverwaltung spricht man (abgesehen von privatwirthschaftlichen Betrieben und Besitzungen), wenn gewisse Personenkreise ihre Geschäfte oder Angelegenheiten „selbst“ führen und erledigen, und die leitenden oder verwaltenden Functionäre nicht von anderer Seite (dem Staate u. s. w.) bestellt werden, und zwar stehen lediglich politische

Gemeinschaften hier in Frage, nur auf diese bezieht sich der terminus Selbstverwaltung (selfgovernment); dieser ist sogar bei der Anwendung in seinen Heimathländern England und Deutschland — Frankreich kennt ihn kaum — noch enger begrenzt; die Staatsverwaltung (Regierung) bleibt ausgenommen, nur die Communalverwaltung (Gemeinde, Kreis, Provinz, Landschaft u. dgl.) pflegt darunter verstanden zu werden, soweit sie die ausschließlichen Angelegenheiten der mit Corporationsrechten ausgestatteten Communen oder Communalverbände und ähnlicher Gemeinschaften betrifft. Die Gemeinde verwaltet ihr Vermögen, ihre Einkünfte, die Armenpflege, auch Ortspolizei, Straßenwesen, Wasserversorgung u. s. w., der Kreis und die Provinz ihr Vermögen, ihre etwaigen besonderen Steuern und Einkünfte, ihre Anstalten u. A. ganz selbständig durch gewählte Vertretungen und durch von diesen angestellte Beamte. Daneben und darüber steht die Staatsregierung in ihrer bis auf die Gemeinde herab gegliederten Organisation.

Wer fernerstehend von diesem Gesichtspunkte aus einen Blick auf die Staatseinrichtungen der Freien und Hansestadt Hamburg wirft, wird ausrufen: „Verkehrte Welt! Die Staatsregierung versucht man nach Art der communalen Selbstverwaltung auszuüben, und die Communalverwaltung liegt, wenig ausgebildet, in den Händen der Staatsbehörden.“ Wie aber der alte Pufendorf denen gegenüber, welche schematisirend und kritisirend die staatsrechtlichen Verhältnisse im alten Deutschen Reiche in gewisse Kategorien wissenschaftlicher Systeme gar nicht unterzubringen vermochten, bemerkte: „Deutschland wird auf Deutsch regiert“, so könnte man in Bezug auf Hamburg auch beruhigend sagen: „Hamburg wird auf Hamburgisch regiert“.

Der Hamburgische Stadtstaat (mit Landgebiet) bietet staats- und verwaltungsrechtlich (social und wirthschaftlich) eine solch merkwürdige Erscheinung dar, daß es sich auch für den Auswärtigen wohl lohnt, unsere Verhältnisse zu studiren. Nicht minder angebracht aber ist es für uns, die Einrichtungen anderer Staaten kennen zu lernen, zu verfolgen und unbefangen, sine ira aber cum studio, mit den unsrigen in fruchtbare Vergleichung zu setzen. Denn auch im inneren Staatsleben nur zufrieden, selbstbewußt und stolz auf seine Verfassung, Verwaltungsorganisation und Selbstverwaltung zu blicken, wäre verkehrt und geradezu gefährlich. An dieser Stelle sei nur bemerkt, daß unsere communale Selbstverwaltung thatsächlich im Argen liegt. Glückliche Anfänge zur Verbesserung sind schon zu verzeichnen, in erster Linie die

Landgemeindeordnung vom Jahre 1871 und die neue Regelung der Armenpflege 1892/93, in vieler Beziehung auch das Schulwesen, sofern es hierher zu rechnen ist. Ich habe indeß den Grundriß unserer Communalorganisation noch in kurzen Zügen zu entwerfen.

Das Hamburgische Staatsgebiet umfaßt: 1. 39 Landgemeinden (unter Einrechnung der Stadt Bergedorf), 2. das nicht unter die Landgemeindeordnung fallende Landgebiet (ehemalige Vogtei der Elbinseln, einschl. Veddel), 3. das städtische Gebiet, bestehend aus der von dem früheren Festungswalle umschlossenen Inneren Stadt (Hamburg im engsten Sinne), der ehemaligen Vorstadt St. Georg, der Vorstadt St. Pauli und den 15 sog. Vororten[1]).

Die Landgemeinden und die Stadt Bergedorf erfreuen sich seit den Jahren 1872—74 einer gemeindlichen Selbstverwaltung nach dem Muster unserer Nachbarstaaten. Dem Namen nach gehören sie vier „Landherrenschaften" an (Geestlande, Marschlande, für Bergedorf, für Ritzebüttel); der Landherr ist indessen für sämmtliche dieselbe Person[2]). In der Landh. Bergedorf ist ein Theil der Zuständigkeit des Landherrn (z. B. die Landespolizei) auf den Bürgermeister der Stadt Bergedorf übertragen worden, und für Ritzebüttel bildet der Landherr nur mehr eine Beschwerde- oder Vermittelungsinstanz, während der Amtsverwalter in nahezu allen Verwaltungszweigen zunächst competent ist). Weder eine collegiale oder deputationsartige Staatsbehörde, noch eine Communalvertretung und -Behörde für die Verbände der Landherrenschaften giebt es, mit Ausnahme des Amtes Ritzebüttel mit dem Amtsverwalter

---

[1]) Fläche und Einwohnerzahlen (1. Dezember 1890) für die einzelnen Bezirke stellen sich wie folgt:

	qkm	Einwohner
Stadt einschl. Vororte	58,93	569 260
Elbinseln { östlich vom Köhlbrand	15,15	3 938
Elbinseln { westlich „ „	10,43	314
Landherrenschaft der Geestlande	73,58	9 020
„ „ Marschlande	86,11	13 200
„ Bergedorf	91,60	18 549
„ Ritzebüttel	77,91	8 249
Hamburgischer Staat	413,71	622 530.

Vgl. im Uebrigen den Senatsantrag vom 1. März 1893 (s. Literatur).

[2]) Neuerdings haben sich die beiden Landherren in die Verwaltung des Landgebiets getheilt, indem der eine die Geest- und Marschlande, der andere Bergedorf und Ritzebüttel übernommen hat; das Bureau aber ist für alle Landherrenschaften gemeinsam.

und einer Landesversammlung. Allerdings haben sich auch einige Reste früherer landschaftlicher Organisationen und communaler Zweckverbände (wie z. B. die Billwärder Landschaft) noch bis jetzt erhalten.

In dem der Landgemeindeordnung nicht unterstellten Theile des Staatsgebietes, der Stadtgemeinde im heutigen Sinne (nebst den communallosen Elbinseln), haben wir überhaupt keine gesonderte Communalverwaltung, vielmehr wird dieselbe unmittelbar von den staatlichen Organen geführt. Dem Senate liegen neben seiner Eigenschaft als Staatsoberhaupt und Ministerialbehörde zugleich die Functionen eines städtischen Bürgermeisters und Magistrates ob, der Volksvertretung (Bürgerschaft) diejenigen der Stadtverordnetenversammlung. Viele Behörden sind dem Zwecke nach thatsächlich communale, indem (oder soweit) sie ihren Wirkungskreis auf die Stadt beschränken. Dahin gehören: Ortspolizei, Armenpflege, Straßenpflasterung, -Reinigung, -Beleuchtung, Wasserversorgung, Krankenkassenwesen u. A.

Höchst bemerkenswerth ist aber im Weiteren, daß alle Einnahmen aus städtischen Betrieben und Anlagen, wie alle im städtischen Gebiete nebst Elbinseln erhobenen Steuern und Gebühren in die Staatskasse fließen, wofür auch sämmtliche Ausgaben der Stadt aus ihr bestritten werden.

Formell sind die Vororte und die sog. Elbinseln von den Landherrenschaften noch nicht abgetrennt und der Stadt zugetheilt worden, wohl aber ist dies verwaltungsrechtlich thatsächlich der Fall, mit Ausnahme einiger Nebensächlichkeiten und der Polizei in einem Theile der Elbinseln. Die Literatur und die Rechtsprechung haben die Frage der gemeindlichen Zugehörigkeit noch nicht erschöpfend und sachlich erfaßt. In gerichtlichen Erkenntnissen der letzten Jahre werden die Vororte noch für selbständige Gemeinden erklärt, von anderen Seiten wird einer Entscheidung ausgewichen, und v. Melle sagt in seinem Werke „Das Hamburgische Staatsrecht“ (Hamburg 1891): „Diese Vororte gehören noch immer eigentlich zum Landgebiete, sind aber im Laufe der Zeit immer mehr in den Bereich der städtischen Verwaltung gezogen. Insbesondere ist 1875 die Kompetenz der städtischen Polizeibehörde ihrem ganzen Inhalte nach auf sie ausgedehnt. Ferner sind sie 1877 der städtischen Unterrichtsverwaltung unterstellt. Soweit jedoch nicht das Gegentheil ausdrücklich bestimmt worden, ist die Verwaltung in den Vororten Sache der dem betr. Theil des Landgebiets vorgesetzten Landherrenschaft.“ Dem Wortlaute des Gesetzes vom 25. Oktober 1875 entspricht das allerdings, doch weder der Entwickelungstendenz, noch der danach principiell geübten Praxis, noch überhaupt der Möglichkeit solcher Fälle. Wenn neue Aufgaben in Folge reichs- oder landesrechtlicher Bestimmungen an die Gemeinden herantreten, so unterliegt es nicht dem geringsten Zweifel, daß hinsichtlich der Vororte die Erledigung nicht den Landherrenschaften, sondern den für die Stadt bestehenden oder neu zu errichtenden Behörden überwiesen wird. Aber die Gemeindezugehörigkeit der Vororte hängt hiervon überhaupt nicht ab. Sei dem wie es wolle, so viel wird ersichtlich, daß unsere communale Selbstverwaltung an Unklarheiten und mangelhafter Durchbildung leidet. Es ist schmerzlich zu bedauern, daß die ausdrückliche Erklärung der Zugehörigkeit der Vororte zur Stadt, vielleicht unter Vorbehalt der allmählichen Ausgleichung und Regelung einzelner Gegenstände, nicht bereits vor Jahren geschehen ist, und daß die Entwickelung des schnell anwachsenden städtischen Gemeinwesens nicht nach Maßgabe eines zu rechter Zeit fertigen gesunden Planes, der auch das angrenzende Landgebiet mit umfassen mußte, vor sich gehen, sondern einen willkürlichen, gemeinschädlichen Weg nehmen konnte.

Die Hamburgische Verwaltungsorganisation, ihr Um- und Ausbau.

Vorbemerkung und Wünsche.

Um für Verbesserungsvorschläge eine sichere Unterlage zu gewinnen, muß ins Einzelne tiefer eingedrungen werden; der Gesammtbau und zugleich alle Theile von der Grundmauer bis zur Dachfirst, die innere Einrichtung wie die äußere Form und Erscheinung unseres Staatsgebäudes müssen von dem prüfenden Auge gemustert werden. Das Eine betrachtet man zweckmäßig scharf in der Nähe, jede Fuge ausspürend, die Gesammteinrichtung vielleicht besser nach einem Plane im Arbeitszimmer, und die Totalerscheinung, den Aufbau der Stockwerke nebst den noch erkennbaren baulichen Veränderungen am besten aus einiger Entfernung, das heißt hier vom geschichtlichen Standpunkte der Entwickelung und des Gewordenen. Wenn ich das Gleichniß noch weiter benutzen darf, so ist es auch unangebracht, für sich ohne Situationsplan einen Stil auszuklügeln, schnell einen Arbeitsplan festzustellen und nun die Erdarbeiter, Maurer und Zimmerer mit Spaten, Kelle und Axt ans Werk zu rufen. Nicht einen Bau alleinstehend gilt es um- oder auszubauen; es heißt zunächst den Blick öffnen auf die Umgebung und das Ganze. Es soll, im Bilde weiter redend, nach einer vernünftigen Bauordnung gebaut und auf eine ständige Wohnungscontrole Bedacht genommen werden. Wir stehen zwar vor einem besonderen Gebäude, aber überall wird es von anderen begrenzt und bildet einen Theil eines Gesammtcomplexes. Hierauf ist Rücksicht zu nehmen; doch dürfen wir dabei auch getrost an unseren Wünschen und Idealen festhalten — als selbständiger Bundesstaat im Deutschen Reiche.

Von Verbesserungsvorschlägen in Bezug auf Verwaltung und Verfassung in Hamburg habe ich gesprochen und will zunächst, ohne damit eine Reihenfolge nach der Dringlichkeit zu beabsichtigen, die Hauptpunkte der Betrachtung, die Wünsche hier aufführen:

Erstens. Bei der seit Jahren als nothwendig erkannten und fast allseitig angestrebten Neuregelung unserer Verwaltungs- u. s. w. Einrichtungen dürfen die Einfluß- oder Competenzverhältnisse („Machtverhältnisse") der beiden Körper „Senat" und „Bürgerschaft" nicht zu Gunsten oder Ungunsten des einen Theils merklich verschoben werden. Kein sinnloser Kampf um die Macht und das Uebergewicht!

Zweitens. Die Wahlgesetze sowie einzelne Verfassungsbestimmungen, betreffend Bürgerschaft und Senat bedürfen der Aenderung.

Drittens. Das Bürgerrechtsgesetz von 1864 ist durch ein neues, zeitgemäßes zu ersetzen.

Viertens. Unsere Verwaltungs- und Beamtenverhältnisse sind einheitlicher und zum Theil neu zu regeln, doch ist die „Selbstverwaltung" (die collegiale Mitwirkung bürgerlicher Elemente in den Staatsbehörden) mindestens im bisherigen Umfange beizubehalten, aber umzugestalten. Dem Laienelemente muß mehr Sachkunde zur Seite treten, die Verantwortlichkeit mehr auf einzelne Schultern gelegt und die Initative in der Verwaltung gefördert werden.

Fünftens. Schaffung je eines Amtes (Behörde) für Wohnungspflege, für Verwaltungspflege und für Rechnungscontrole.

Sechstens. Die Communalverwaltung muß sich ihrer fundamentalen Bedeutung für das Wohl des Einzelnen, der Gesellschaft und des Staates voll bewußt werden und hat vor allem die Theilnahme der Bürger an den öffentlichen Angelegenheiten zu fördern, um die Selbstverwaltung auf diesem ihren ureigenen Gebiete weiter auszubauen.

Siebentens. Nächstliegende besondere Aufgaben und Arbeiten der städtischen (bezw. Staats-)Verwaltung.

1. Senat und Bürgerschaft bleiben in ihrer gegenseitigen verfassungsmäßigen Stellung unverändert.

Die Verfassungskämpfe in Hamburg seit den vierziger Jahren, die allmähliche Ausgleichung der Gegensätze oder die gegenseitig nachgebenden Bedingungen und zum vertragsmäßigen Ausgleich führenden Verhandlungen bis zum Ende der siebziger Jahre haben in unserer heutigen Verfassung und Verwaltungsorganisation Verhältnisse begründet, die sich in den Grundzügen während der Folgezeit bewährt haben, was die Competenzvertheilung zwischen Senat und Volksvertretung betrifft.

Die beiden schließlich in einen Strom, den der Gesetzgebung (und Anhängendes), sich vereinigenden Gewässer sind auf normale Niveauverhältnisse gebracht worden. Untiefen blieben zwar bei jeder größeren Regulirung im Fahrwasser zurück, und trotz fortgesetzter Baggerung bilden sich immer wieder neue Sandbänke. Welche Bewandtniß hat es mit diesen Hindernissen, die nur mit Vorsicht langsam zu umfahren sind und die sogar schwere Zusammenstöße und Unglücksfälle verursachen? Es kommt auf die erfahrene und geschickte Navigirung an; eine genügend tiefe Fahrrinne ist vorhanden. Staatsgrundgesetze sind erforderlich, wie auch eine endlose Reihe anderer Gesetze; alte werden verändert und aufgehoben, neue geschaffen, die menschliche und staatliche Entwickelung ruht nicht. Aber bei Allem ist das Ausschlaggebende die **Verwaltung, ihr** Inhalt und **ihre** Bethätigung.

Was nützen die schönsten Verfassungen und kunstvoll, mit größter juristischer Feinheit ausgedachten Verwaltungspläne und -Gesetze, wenn in dem Gemeinwesen der harmonische Wille, wenn in demselben Sinne Geist und Kraft zur Ausführung fehlen! Auch hierin sind die Zeiten nicht gleich, doch zeigt sich bei allen Völkern und Gemeinwesen ein Grundcharakter, aber ein verschiedener. Und da gilt: Eines schickt sich nicht für Alle.

Eine unbefangene Prüfung unserer Volksseele und unserer staatlichen Verhältnisse, die nicht bei unwesentlichen Einzelheiten verweilt, wird zu dem Schlusse kommen, daß die Vertheilung der Befugnisse und Functionen in der Staatsleitung (Gesetzgebung nebst Verwaltung) zwischen Senat und Bürgerschaft eine angemessene ist, und tiefeingreifende Verfassungsänderungen von der Hand zu weisen sind. Sollen nun immerhin wichtige und einschneidende Veränderungen namentlich in der Verwaltung mit Aussicht auf wirklichen, nicht nur scheinbaren und papiernen Erfolg in Angriff genommen werden, wobei ja auf die beiderseitigen Sphären Einwirkungen erfolgen, so muß Bürgerschaft wie Senat von der ehrlichen Absicht beseelt sein, keinen Machtzuwachs zu erringen, an sich selbst aber Umbildung vornehmen zu lassen und auf geeignete Compensationen einzugehen.

Man hat sich vor nichts mehr zu hüten als vor der irrigen Auffassung eines Rivalenthums zwischen Senat und Bürgerschaft, wo es sich doch erfahrungsgemäß und normalerweise um gegenseitige Ergänzung verschiedener Gesichtspunkte, um harmonisches Zusammenwirken zweier auf dasselbe Ziel des Staatswohles zustrebender Körperschaften handelt. Durch die Uebereinstimmung beider Theile wird der höchste Staatswille, ein gemeinsamer, einheitlicher, als Gesetz 2c. zum Ausdruck gebracht. Auf dem Zuständigkeitsgebiete der Verwaltung dagegen muß dem Senate innerhalb der festen gesetzlichen Grenzen seine machtvolle Stellung erhalten bleiben. In jedem Staate zeigt sich das Bedürfniß nach einer kräftigen Regierung, und wo die Verfassung diesem nicht genügt, da kommen Zeiten, in denen die Thatsachen und Ereignisse die Verfassung corrigiren.

---

2. Umgestaltung der Wahlgesetze für Senat und Bürgerschaft.

Daß die Bestimmungen, betreffend Senat und Bürgerschaft, der Abänderung bedürfen, wird sich sogleich ergeben, wenn wir uns ihre Zusammensetzung vergegenwärtigen.

Der **Senat** besteht aus 18 Senatoren, die auf Lebenszeit von Senat und Bürgerschaft mittels eines Wahlaufsatzverfahrens gewählt werden. Der Senat wählt aus seiner Mitte alljährlich einen Ersten Bürgermeister (Vorsitzenden, Präsidenten) und einen zweiten Bürgermeister (Stellvertreter) auf ein Jahr. Wiederwahl zum Bürgermeister nach zweijähriger Amtsdauer im nächsten Jahre ist nicht statthaft, dagegen bereits im darauf folgenden Jahre. Außer der Repräsentation des Senats bezw. des Staats und der Leitung der Sitzungen des Senats steht dem präsidirenden (man sagt auch wohl „regierenden") Bürgermeister verfassungsmäßig keine Befugniß zu. Thatsächlich wird jedoch gegen einen weitgehenden Einfluß desselben im Senatscollegium wie in der gesammten Verwaltung Einspruch von keiner Seite erhoben. Die positive Vollmacht zu solcher übergeordneten Stellung fehlt ebenso sehr*) wie eine verfassungsmäßige und selbst die persönliche, nach außen sichtbare Verantwortlichkeit. Die Senatoren sind wenigstens in der Verfassung für verantwortlich erklärt, obschon eine besondere gesetzliche Regelung noch nicht durchgeführt ist.

Eine „Spitze" giebt es im Hamburgischen Staate nicht, die oberste Instanz besteht im gesammten Senate.

Aus welchen Kreisen ergänzt sich der Senat? Neun Mitglieder müssen Graduirte (mit abgeschlossener rechts- oder kameralwissenschaftlicher Vorbildung), sieben Großkaufleute sein, und zwei können anderen Kategorien angehören, sind aber bisher stets auch aus dem Kreise der Großkaufleute erwählt worden. Von den gegenwärtigen Senatsmitgliedern waren zur Zeit ihrer Erwählung sechs Advocaten oder Rechtsanwälte, drei Richter und neun Kaufleute. Und worin besteht dagegen die Thätigkeit des Senats? Haben ferner die Recht, die den Ausspruch für wahr halten: „Die schlechtesten Politiker sind Rechtsanwälte und Kaufleute"? gebührt unserer Einrichtung die Palme? oder liegt endlich die Wahrheit an anderer Stellt? So viel leuchtet Jedermann wohl ein, daß unser oberster Verwaltungskörper sich nicht mehr zweckmäßig ergänzte. Man muß immer so folgern: Wären z. B. dieselben Personen, welche als Richter und Anwälte in den Senat gewählt worden sind, auch durch eine Verwaltungslaufbahn gegangen, so würden dieselben zweifelsohne ungleich schneller und vortheilhafter für ihr Amt als Senatsmitglied und Deputationspräses verwendbar sein. Es ist selbstverständlich, daß Mancher dem Justizdienste nicht aus angeborener Neigung und auf Grund quasi einseitiger Anlage sich gewidmet hat, sondern in Folge von Zufälligkeiten oder nur mangels einer Verwaltungslaufbahn in unserem Heimatstaate, und daß solche Persönlichkeiten für die Staatsverwaltung und zu organisatorischer Thätigkeit sich hervorragend eignen; gerade aus dem Kreise der Rechtsanwälte hat Hamburg seine besten Senatoren bezogen. Das steht jedoch mit dem zuvor Gesagten in keinerlei Widerspruch und läßt den Wunsch um so gerechtfertigter erscheinen, daß für derartige Elemente geeignete Gelegenheit geschaffen werde, zu gegebener Zeit in den Verwaltungsdienst einzutreten, um aus diesem heraus in die oberste Instanz, den Senat, gewählt werden

*) Abgesehen von der Geschäftsordnung des Senats, welche dem präsidirenden Bürgermeister das Recht und die Pflicht beimißt, „von allem, was die Aufrechterhaltung der Verfassung und die öffentlichen Interessen des Hamburgischen Staates betrifft, Kenntniß zu nehmen und das danach Erforderliche innerhalb der Grenzen der Verfassung(!) zu veranlassen."

zu können. Bei unserer heutigen Uebung vergehen doch durchschnittlich einige Jahre, ehe der neugewählte Senator im obersten Staatsdienste sicher und selbständig zu arbeiten vermag.

Wenn aber ferner der Senator nicht nur Mitglied des Senatscollegiums, Referent oder vortragender Rath in demselben und Deputationsmitglied, sondern auch sein eigener Concipist, Secretär und Kanzlist in einer Person ist, so wird der „Senator" jedenfalls zu kurz kommen. Thatsächlich ist die Organisation bezw. Praxis etwa derartig. Nur dadurch, daß einige Senatoren Präsides von Deputationen sind, stehen wenigstens diesen die Beamten oder Bureaux für ihre Amtsarbeiten zur Verfügung. Der Senat hat eine Senatskanzlei, aber nicht der Senator. — Es mangelt an Gliederung, Klarheit und organischem Zusammenhange.

Das ungefähre Ausmaß für die erforderlichen Veränderungen im Senate habe ich im Obigen angedeutet. — Aber nicht nur das Gebiet der Staatsverwaltung im gewöhnlichen Sinne, sowie unsere vorwiegenden Erwerbs- und Lebensbedingungen bedürfen tüchtiger Vertreter im Senate, sondern auch die specielle Sach- und Fachkunde muß bei allen wichtigen Verhandlungen im Plenum mit zu Worte kommen können. Es genügt nicht mehr, wenn ehrenhafte und an sich tüchtige Männer — jetzt und für immer — das Senats-Collegium bilden und ergänzen.

Die Thätigkeit einer Anzahl Senatsmitglieder als Vorsitzende der Deputationen u. dergl. wird sich zweckmäßig etwas beschränken lassen; es ist auch nur billig, nicht einzelne Mitglieder zu überbürden, während ebensoviele ohne nennenswerthes Amt sind. D e r K e r n p u n k t d e s S e n a t s m u ß i m S e n a t e s e l b s t, als dem einen und im Allgemeinen treibenden Theile der beiden Gesetzgebungskörper und als oberste Regierungsinstanz liegen, nicht in den Deputationen.

Die Z u s a m m e n s e t z u n g d e s n e u e n S e n a t s, d. h. nach a l l m ä h l i c h abgeschlossener Veränderung, denke ich mir folgendermaßen: 18 Senatoren, von denen 9 die Befähigung zum höheren Justiz- oder Verwaltungsdienste besitzen und von welchen wiederum mindestens 5 aus der Verwaltungslaufbahn hervorgegangen sind, ferner 5 Kaufleute, Rheder, Industrielle, sodaß 4 verbleiben, die aus anderen Kreisen (Schulfach, Baufach, Gesundheitspflege) erwählt worden sind. Mit berathender Stimme hätten sodann dem Senate anzugehören: die Syndici und Senatssecretäre, zusammen etwa 8 und eine Anzahl Räthe (6 bis 8). Da bereits hierzu in absehbarer Zeit eine Verfassungsänderung erforderlich sein würde, so möchte auch ernstlicher Erwägung werth sein, ob nicht im Hinblick auf die vorzuschlagenden sonstigen Veränderungen die Zahl der Senatoren auf fünfzehn festzusetzen wäre, bei den einzelnen Kategorien je einer weniger.

Stellung und Amtsdauer der Bürgermeister würde anders zu regeln sein, auch verdient eine andere Bezeichnung (Staatspräsident) erwogen zu werden. Die Amtsdauer müßte zunächst auf etwa zwei bis fünf Jahre normirt werden, und dem ersten Bürgermeister möchten zwei Stellvertreter (Vicepräsidenten) zur Seite zu stellen sein. Auf die Frage der Wahlart, ob durch den Senat oder durch diesen in Verbindung mit der Bürgerschaft, oder endlich von Seiten der Bürgerschaft (des Bürgerausschusses) allein, ferner der Einflußsphäre und Verantwortlichkeit des Präsidiums will ich hier nicht eingehen.

Die jetzige Wahlart für die Senatoren wird gewöhnlich als verfehlt und unzweckmäßig bezeichnet, und die Ansicht, es entspräche dem Sinne unserer Staatsverfassung im Allgemeinen am besten, wenn die Senatoren von der „Bürgerschaft" allein erwählt würden, hat eine formelle Berechtigung, die praktische Unzweckmäßigkeit steht indeß außer Zweifel; denn wenn es selbst als Aufgabe der Bürgerschaft oder deren einzelnen Mitglieder betrachtet würde, ihr Augenmerk auf die tüchtigsten und geeignetsten Candidaten für frei werdende Senatorenstellen zu richten, so ist die Mehrzahl der Mitglieder in Wirklichkeit doch selten in der Lage, sich ein selbständiges Urtheil darüber zu bilden, welche Persönlichkeit einen guten oder gar (nach menschlichem Ermessen) den besten Candidaten abgeben würde. Hierzu ist naturgemäß viel eher der Senat selbst im Stande. Allein die sog. Selbstergänzung des Senats ist unmöglich in dem Sinne, als sie weder vom Senate beansprucht, noch von der Bürgerschaft je angenommen werden würde; sie verstößt auch gegen die Entwickelung und den Geist unserer heutigen Verfassung. Bei Vorschlägen in solchen Fragen muß man den voraussehbaren und wahrscheinlichen Folgen nachgehen. Hätte die Bürgerschaft allein zu wählen, wer würde im einzelnen Falle erwählt werden? Das möge sich Jeder ehrlich selbst beantworten.

Es bleibt nur ein gemischtes oder ein alternatives System übrig. Vielleicht ist der Weg gangbar, daß bei der Wahl eines sog. gelehrten Senators der Senat die Wahl trifft und die Bürgerschaft um ihre Mitgenehmigung ersucht, während bei der Wahl eines anderen Senators die Bürgerschaft wählt und den Senat um Mitgenehmigung ersucht. Nach wiederholten Meinungsverschiedenheiten würden gemischte Commissionen einen Candidaten aufstellen, der vom Senat als erwählt zu verkünden wäre. Diesem Verfahren liegt ein Gedanke zu Grunde, dem gewiß die Berechtigung nicht abgesprochen werden kann: immer nur eine Person auszuwählen (nicht einen „Wahlaufsatz" zu bilden), und zwar jedesmal aus einem Kreise, der nach Lage der Dinge der wählenden Körperschaft, d. i. einmal dem Senate, das andere Mal der Bürgerschaft, am vertrautesten sein wird. Ist aber die allmähliche Neuregelung der Verwaltung und die veränderte Zusammensetzung von Senat und Bürgerschaft nach den Vorschlägen dieser Zeilen durchgeführt worden, oder bis zu einem gewissen Ziele gediehen, sodaß im Senate auch andere Elemente, in der Bürgerschaft ebenfalls andere Kreise (namentlich mehr specielle Staatsverwaltungs- und Personalkenntniß) vertreten wären, endlich jedoch die eigentliche Vorbedingung mehr und mehr erfüllt ist, nämlich die Regelung der Behördenverhältnisse mit dem Ausbau des Beamtenkörpers in seinen oberen Stufen, — dann würden auch einer regelmäßigen Abwechselung bei der Senatorwahl, also ohne Rücksicht auf die zu wählende Kategorie (Verwaltungsmann, Jurist, Fachmann, Kaufmann, Gewerbetreibender u. s. w.), grundsätzliche praktische Bedenken nicht mehr entgegenstehen, besonders wenn noch zweckmäßig zur Bedingung gemacht würde, daß jeder nicht beamtete Candidat ein staatliches oder communales Ehrenamt einige Jahre bekleidet haben muß.

Daß die Senatoren nicht auf Zeit gewählt werden dürfen, wird nicht eingehend zu erörtern sein. Bei der von Anbeginn gewesenen Lebenslänglichkeit der Senatoren und angesichts der Erfahrung, daß unvermeidliche schwere Uebelstände damit nicht verbunden sind, wäre eine Aenderung unverantwortlich. Hamburg ist zwar ein Stadtstaat, aber es ist eben ein Staat und ein Bundesstaat im Deutschen Reiche. Man kann nicht sagen: „Wenn der Oberbürgermeister von Berlin auf zwölf Jahre gewählt wird, — er kann auch auf Lebenszeit gewählt werden — so ist auch die Wahl eines Senators in Hamburg auf bestimmte Jahre kein Unding." Die bloße Nebeneinanderstellung der Wahl eines städtischen Bürgermeisters und eines Senatsmitgliedes ist schon fehlerhaft; viel eher wäre in dieser Beziehung eine Parallele mit dem Präsidenten des Senats angängig. Das innerste Wesen einer Körperschaft, wie der des Senats, verkennt, wer die Senatorwahl auf Zeit für richtig hält. Auf Vergleichungen mit der Schweiz und den Vereinigten Staaten von Amerika brauche ich nicht einzugehen; denn diese Staaten gehören bekanntlich nicht zum Deutschen Reiche und würden sich außerdem höchstens mit der Regierungsform des Deutschen Reiches in sachgemäße Vergleichung bringen lassen.

Wir kommen nun zur **„Bürgerschaft“**. Die Abgeordneten sind Vertreter der gesammten Bewohnerschaft, sie sollen die Interessen des Staats und der Bevölkerung wahrnehmen. Das Bestreben, dies zu thun, kann der gegenwärtigen Bürgerschaft im Allgemeinen nicht abgesprochen werden; das Können und Vollbringen in erwünschtem Maße aber ist unbefriedigend, und dieser Einsicht scheint sich Niemand zu verschließen.

Das Wahlgesetz muß derart sein, daß die Staatsbedürfnisse und alle wichtigeren und berechtigten Interessen der verschiedenen Bevölkerungsklassen und Erwerbsgruppen eine wirksame Vertretung finden können und werden. Nicht etwa eine nackte Interessenvertretung soll die Bürgerschaft darstellen, sie muß selbstverständlich bleiben, was sie bisher schon sein sollte: ein Ausschuß aller Bürger, dessen Bestimmung es ist, über das Wohl des Volkes, die Harmonie aller Bestandtheile desselben zu berathen und zu beschließen. Da aber jeder Abgeordnete einen individuellen Standpunkt einnimmt, da es ferner immer nur Wenigen gegeben ist, die Wirthschafts- und Kulturverhältnisse im Staats- und Gemeindeleben auch nur in der Hauptsache genau zu kennen, zu verfolgen und im Zusammenhange beurtheilen zu können, so muß ein Wahlgesetz die Handhabe dazu bieten, daß die Wünsche und Erfordernisse des Ganzen wie seiner einzelnen Theile in der Bürgerschaft sachkundige Anwälte finden. Es kann sich natürlich nur darum handeln, dem Zwecke der „Bürgerschaft“ entsprechend, geeignete Wahlbestimmungen zu treffen. Excentrische Vorschläge brauchen hier nicht bis ins Einzelne verfolgt und widerlegt zu werden. Dahin rechne ich bei deutschen Bundesstaaten und Communen das allgemeine, gleiche, direkte Wahlrecht.

Wo es sich um allgemein menschliche und rechtliche Verhältnisse (persönliche Freiheit, freie Meinungsäußerung, Preßfreiheit u. s. w.), um die Hauptfragen des nationalen Wirthschaftslebens, um große Politik und Landesvertheidigung) handelt, die in der Competenz der Reichsgesetzgebung liegen, da besteht bei uns, fast zum Aeußersten getrieben, das allgemeine, gleiche Stimmrecht in den Wahlen zum deutschen Reichstage; wo dagegen diese Gebiete von dem Aufgabenkreise einer Volksvertretung ausgeschlossen sind, wird man nur die Bedingungen für ein Wahlsystem finden, das an die socialen und wirthschaftlichen Verhältnisse des Gemeinwesens, sowie an Leistung und Gegenleistung bezw. Berechtigung anknüpft. Die Frage der Volksvertretung ist sodann nicht zusammenhangslos und als alleinstehend zu betrachten; die Verwaltung als Ergänzung der Gesetzgebung und Gesetzvollstreckung ist für alle Gebiete des staatlichen Lebens von maßgebender Bedeutung, und je unabhängiger die oberste Spitze wie die Mitglieder der Regierung innerhalb fester constitutioneller Schranken in den Bedingungen ihres Daseins und Fortkommens von der Abgeordnetenkörperschaft sind, um so entschiedener pflegt das allgemeine Volkswohl und die Wohlfahrt der schwächeren Elemente den Leitstern ihrer Amtsthätigkeit zu bilden.

Wer sich ohne Voreingenommenheit der Betrachtung des menschlichen Wesens als eines zoon politicon, d. h. eines Partikelchens organischer Gesammtheiten (Familien, Parteien, Vereine, Genossenschaften, Ortsgemeinden, Stämme, Verbände höherer Ordnung, Staaten), hingiebt, stößt bei allen Völkern und in jeder Geschichtsperiode auf Massenerscheinungen, die niemals auf der Vereinigung gleichartiger klarer Einzelwillen beruhen; die Massen werden vielmehr in Bewegung oder zur Entflammung gebracht durch ein oder doch nur wenige Individuen (Partikelchen). Gemeinsam ist allen in Bewegung Begriffenen entweder nur ein Gefühl der Unzufriedenheit oder der Sehnsucht. Das Ergebniß gewaltiger politischer oder socialer Umwälzungen aus dem Volke heraus ist im Voraus unberechenbar. Hiermit hat die Politik, die Staatsleitung zu „rechnen", und zwar in dem Bewußtsein, daß die Massen sich leichter nach unten als nach oben bewegen lassen. So schön das Wort „nationale Begeisterung" klingt, so bedrückend hört sich „Demagogie", „Revolution" oder „Bandenrohheit" und „Macht der Trägheit" an.

Mit dem Wachsen der Menge nimmt das Gefühl der Verantwortlichkeit des Einzelnen ab.

Das allgemeine gleiche Wahlrecht hat um so weniger Berechtigung, je kleiner die staatliche Gemeinschaft und die Möglichkeit der Ausgleichung ist. Das Reich ist groß genug, um solche Unebenheiten des Wahlergebnisses zu ertragen, daß z. B. die drei Hamburgischen Abgeordneten zum Reichstage Socialdemokraten sind. Wie oben angedeutet, ist das Wahlrecht im Reiche dem Gebiete der Reichsgesetzgebung gleichsam theoretisch angepaßt. Daß von allen den, z. Th. mit Scharfsinn erdachten (theoretischen und praktischen) Wahlsystemen keines zur Herrschaft gelangt ist, liegt eben darin, daß es kein allgemein bestes Wahlsystem giebt.

Nach einer Schablone oder doctrinären Anschauungen, ohne maßgebende Rücksichtnahme auf den Kulturzustand und die sociale Gliederung der betreffenden Bevölkerung ist ein relativ gutes Wahlsystem unmöglich. Der Zauber, den das Wort „allgemeines gleiches Wahlrecht" (ebenso wie „Volksregierung" und „Selbstverwaltung") allezeit ausgeübt hat und wohl auf immer sich bewahren wird, beruht auf der Einbildung, daß man dabei seine öffentlichen Angelegenheiten im Geiste seiner eigenen

Wünsche geführt wähnt. In der Neuzeit war es bekanntlich J. J. Rousseau, der in seinem „État social" dieser Auffassung huldigte und ihr außerordentlich Vorschub leistete.

Abgesehen davon, daß mit den Minderjährigen, Frauen, Kranken u. s. w. der überwiegende Theil der Bevölkerung von vornherein ausscheidet, kann immer nur eine Repräsentation durch eine verhältnißmäßig geringe Mitgliederzahl stattfinden. Und mit dieser Vertreterwahl ergiebt sich ein neuer Trugschluß; denn fast die Hälfte der Wähler findet den Candidaten, dem sie die Stimme gegeben hat, nicht in der zu Stande gekommenen Volksvertretung. Nur die jedesmaligen Mehrheiten der Wähler sind bestimmend, und allen Angehörigen einer Minderheit bleibt höchstens der Trost, daß ein Gesinnungsgenosse in einem anderen Wahlbezirke Erfolg gehabt hat. In der Wirksamkeit des Vertretungskörpers erfahren wir aber, auch wenn er dem Stärkeverhältnisse der Wählerparteien genau entspräche, eine weit empfindlichere Enttäuschung. Wieder kommt nur der Mehrheitswille zur Verwirklichung, während die entgegenstehenden Forderungen der Minderheit nicht erfüllt werden.

Was bleibt von der schönen Rousseauschen Phantasie der allgemeinen Wahlen und der Volksregierung: daß Jeder nach seinem Wunsche einen Vertreter wählen könne, und die Volksvertretung allein die Gesetze macht, wie auch die sonstigen Staatsangelegenheiten regelt, das Volk somit unter eigener Selbstregierung ein glückliches Dasein führe? In Wirklichkeit findet wohl kaum bei einer anderen Regierungsform eine derartige rücksichtslose Vergewaltigung großer Volkstheile, unter Umständen sogar der überwiegenden Mehrzahl des Volkes, statt, wie bei Volks- oder Parlamentsregierungen.

Es ist ebenso nothwendig, sich hierüber klar zu sein, wie es andererseits verfehlt wäre, dieserhalb das System der Vertreterwahl und der sog. Selbstverwaltung überall zu verurtheilen; denn die Möglichkeit einer alle Theile befriedigenden Regierungs- oder Verwaltungsform ist auf dieser Welt ausgeschlossen.

In dieser kleinen Studie dürfen wir nicht weiter auf Einzelheiten und geschichtliche Beispiele eingehen, und kommen deshalb auf die Hamburgische Volksvertretung zurück.

Unsere „Bürgerschaft" besteht seit der Verfassungsrevision vom Jahre 1879*) aus 160 Abgeordneten, von denen 80 aus allgemeinen Wahlen

*) Vor der neuen Verfassung vom Jahre 1860 bestand die „Erbgesessene Bürgerschaft" aus allen (nicht überschuldeten Grundeigenthümern in der Stadt und den beiden Vorstädten, sowie aus den Inhabern gewisser Aemter und den Mit-

der steuerzahlenden Bürger hervorgehen, 40 von den Grundeigenthümern in der Stadt nebst Vororten (also ohne Landgebiet) und 40 von den sog. Notabeln, d. h. den jetzigen oder ehemaligen Mitgliedern der Gerichte und den jetzigen oder ehemaligen bürgerlichen (nicht senatorischen oder beamteten) Mitgliedern der Verwaltungsbehörden gewählt werden. Dem Berufe nach setzt sich die Bürgerschaft z. Zt. zusammen aus: 11 Maklern, 36 Kaufleuten und Rhedern, 20 Industriellen, 23 Handwerkern, 7 Architecten, Ingenieuren rc., 3 Aerzten, 4 Apothekern, 5 Privatlehrern, 10 Rentnern, 10 Krämern u. dergl., 3 Landwirthen, 9 Richtern, 13 Rechtsanwälten und 6 anderen Abgeordneten*). — Die

gliedern der bürgerlichen Kirchencollegien, es waren also einige Tausend, von denen aber nur bei außerordentlichen Veranlassungen mehr als einige Hundert in der Versammlung erschienen. Erst die neue Verfassung von 1859/60 führte eine abgeordnete (repräsentative) Bürgerschaft ein, bestehend aus 192 Mitgliedern (84 von allen steuerzahlenden Bürgern in directer Wahl, 48 von und aus den Grundeigenthümern der Stadt und der Vorstädte gewählt, und 60 von den Verwaltungsdeputationen und Gerichten deputirt), mit dem Alleinbesitz von Bergedorf traten später (1874) 4 Abgeordnete hinzu.

*) Von besonderem Interesse wird es sein, dem Verhältnisse der Abgeordneten zum Grundeigenthum nachzugehen; ich versuche deshalb, die Bürgerschaft in der nachstehenden kleinen Uebersicht nach diesem Gesichtspunkte, in Verbindung mit dem Berufe, so genau, wie mir möglich, zu gliedern.

Beruf oder Gewerbe der Bürgerschaftsmitglieder zu Anfang 1893	Anzahl der Abgeordneten	Mit Grundeigenthum in der Stadt und den Vororten	
		Alleinige Selbstbenutzer	Vermiether
Kaufleute u. Bankgeschäfte (Großhandel, Rhederei, Niederlage rc.)	36	33	3
Makler, Agenten, Commissionäre rc.	11	—	4
Studirte Architecten und Ingenieure	3	3	—
Andere Architecten und Bauübernehmer	4	3	1
Maurer-, Zimmer- und Steinmetzmeister	8	1	5
Sonstige Handwerksmeister (Bäcker, Schneider, Tischler rc.)	15	1	14
Kleinhandel, Krämer, Colonialwaaren und anderer Handel	10	—	7
Großindustrielle, Fabrikanten, Fabrik-, Werft-, Brauereibesitzer	20	8	8
Rechtsanwälte	13	12	—
Richter	9	7	—
Aerzte	3	—	—
Apotheker	4	—	3
Lehrer an Privatschulen	5	—	1
Beamte außer Dienst	—	—	—
Landwirthe	3	—	—
Rentner (ohne Geschäft rc.)	10	4	5
Andere (1 Gärtner, 2 Destillateure, 1 Fuhrwerksbesitzer, 1 früherer Capitän und 1 Buchdrucker	6	1	5
Zusammen	160	73	56

Hiernach sind von den 160 Abgeordneten 129 Grundeigenthümer und davon wieder 56 Hauswirthe (Miethwirthe).

letzten beiden halbschichtigen Erneuerungen fanden in den Jahren 1889 und 1892 statt, wobei sich zusammen 23 984 wahlberechtigte Bürger*) ergaben, während etwa 28 000 Bürger vorhanden waren. Der Unterschied beider Zahlen bedeutet hauptsächlich solche Bürger, welche die fällige Steuer noch nicht entrichtet hatten, die allgemeine Wählerfähigkeit nicht besaßen, oder nicht mehr im Staatsgebiete wohnten.

Als besondere Rechte der Hamburgischen „Bürgerschaft“ gegenüber den Volksvertretungen in constitutionellen Monarchien sind hervorzuheben: die Erwählung der Senatoren aus einem Auffsatze (vgl. Anhang) sowie fast aller bürgerlichen Deputationsmitglieder und vieler sonstigen Ehrenamtsträger, ferner aber das jährliche Steuerbewilligungsrecht. Formell enthalten zwar auch die Verfassungen monarchischer Staaten diese letztere Befugniß der Volksvertretung, doch ist die Staatsrechtswissenschaft in Uebereinstimmung mit der Praxis ziemlich allgemein dahin gelangt, das alljährliche Bewilligungs- oder Verweigerungsrecht der Steuern nicht anzuerkennen. Aber v. Melle, der in seinem bereits erwähnten Werke (Das Hamburgische Staatsrecht, 1891) hinsichtlich Hamburgs dieselbe

---

*) Man kann mit Hülfe der Berichte der bürgerschaftlichen Legitimationsausschüsse und der Bürgerschaftsbibliothek die Zahl der wahlberechtigten Bürger vom Jahre 1880 ab annähernd verfolgen. Bei der nach dem neuen Wahlgesetze vorgenommenen Integralerneuerung am 20. Februar 1880 waren 19 807 wahlberechtigte Bürger verzeichnet; am 16. Februar 1883 fand die erste halbschichtige Erneuerung statt, wobei sich in der betreffenden Hälfte 13 013 Wahlberechtigte ergaben, während am 19. Februar 1886 bei der anderen Hälfte (nämlich Neustadt, St. Pauli, Rotherbaum, Eimsbüttel, Harvestehude, Eppendorf, Winterhude, Uhlenhorst, Barmbeck und Landherrenschaft der Geestlande) 10 876 Wahlberechtigte eingeschrieben waren; zählt man die beiden, allerdings drei Jahre auseinander liegenden halbschichtigen Erneuerungen zusammen, so erhält man 23 889 Wahlberechtigte gegen 23 984 in den Jahren 1889/92.

Zahl der eingeschriebenen wahlberechtigten Bürger

bei der halbschichtigen Erneuerung vom	in der Hälfte I	in der Hälfte II	bei der Integral-E. bezw. I u. II zusammen	in den Jahren
	—	—	19 807	1880
16. Febr. 1883	13 013	—	23 889	1883/86
19. „ 1886	—	10 876	22 615	1886/89
15. „ 1889	11 739	—	23 984	1889/92.
16. „ 1892	—	12 245		

Es ist zwar bei jeder Wahl Klage über die Wählerlisten bezw. deren Unterlagen erhoben worden, doch wird man annehmen dürfen, daß die Fehlerhaftigkeit eine gleichmäßige war.

Auffassung vertritt, ist hier (wie auch in einigen anderen Punkten) nicht zuzustimmen, da bei uns z. B. das Einkommensteuergesetz nicht als von selbst wirksames ewiges Gesetz erlassen worden ist, vielmehr alljährlich seine Verlängerung um ein Jahr vom Senate beantragt wird*). Der Grundgedanke muß indeß auch in Hamburg anerkannt werden, daß alle Geldmittel soweit bewilligt werden müssen, als sie auf Grund verfassungsmäßiger und dauernd gesetzlicher Einrichtungen festgelegt und erforderlich (z. Th. sogar privatrechtlich einklagbar) sind, da anderenfalls de facto einseitig ein gesetzgeberischer Act ausgeführt oder in die Rechtsverhältnisse von Staat und Privaten eingegriffen werden würde.

Vielseitige Erwägungen über eine zweckmäßige Abgeordnetenwahl haben mich zu dem Ergebniß geführt, daß man bei der „Bürgerschaft" zunächst an der Abgeordnetenzahl, den 6jährigen Wahlperioden und der halbschichtigen Erneuerung nichts zu ändern braucht. Soll aber den Bedingungen, die auf Seite 15 erörtert worden sind, entsprochen werden, so möchte folgendes Wahlsystem jetzt und für eine längere Zukunft den jeweilig obwaltenden Verhältnissen gerecht werden: Zum Bürgerschaftsabgeordneten kann jeder im Vollbesitze der bürgerlichen Ehrenrechte befindliche Bürger gewählt werden, der bereits mindestens 2 Jahre lang ein Ehrenamt bekleidet hat. Die Bürgerschaft (Abgeordnetenkammer) wird, wie folgt, gebildet: a. 1/8 oder 20 Abgeordnete werden von den gelehrten Ständen (Bürgern) gewählt, b. 1/8 oder 20 Abgeordnete von den Großkaufleuten, Industriellen und Rhedern, c. 1/8 oder 20 Abgeordnete von dem Handwerks- und dem sonstigen selbständigen Gewerbestande (einschl. der nicht zu b. gehörigen Handelsgeschäfte), d. 1/8 oder 20 Abgeordnete von den Grundeigenthümern im Staate, soweit sie mindestens zwei Jahre mit einem und demselben Wohn-Grundstücke hier ansässig sind, e. 1/8 oder 20 Abgeordnete von den sog. bürgerlichen Ehrenamtsinhabern (Deputationsmitgliedern, sowie Armen-, Schul-, Wohnungspflegern u. s. w., deren Zahl nicht gering sein würde) und f. 3/8 oder 60 Abgeordnete in allgemeinen Wahlen aller 25 Jahre alten oder älteren Hamburgischen Bürger, die directe Staatssteuer zahlen und mindestens zwei Jahre lang im Hamburgischen Staate ihren Wohnsitz

*) Der Senat beantragt jedes Jahr die „Prolongation der bestehenden gesetzlichen Bestimmungen über die Einkommensteuer, die Stempelabgabe, die Erbschaftsabgabe, die Abgabe von den öffentlichen Vergnügungen und die Immobilienabgabe." Eine Verweigerung seitens der Bürgerschaft ist bislang nicht vorgekommen.

haben. Während der ersten beiden Jahre würde event. die Ausübung des Bürgerrechts ruhen.

Majoritäten oder große Massen üben schon durch ihr bloßes Vorhandensein einen bedeutenden Einfluß aus, die staatlichen Grundgesetze haben deshalb hinsichtlich der Volksvertretung die höhere Pflicht, nicht gleichsam das Körpergewicht der Parteien festzustellen, d. h. die Stimmen Aller zu zählen, sondern auch die geistigen Bestandtheile und die Leistungen für das Gemeinwesen mit in Betracht zu ziehen und den Minoritäten eine wirksame Stimme zu verleihen.

Der „**Bürgerausschuß**" wurde durch die Verfassung von 1859/60 geschaffen, besitzt aber in den vorher, seit Durchführung der Kirchenreformation im Jahre 1529, bestandenen bürgerlichen Kirchencollegien (Oberalten u. s. w.) einen Vorläufer*). Er setzt sich zusammen aus dem Präsidenten der Bürgerschaft und 19 weiteren von der Bürgerschaft aus ihrer Mitte für die Dauer der Wahlperiode erwählten Mitgliedern und bildet einen ständigen unabhängigen Ausschuß der Bürgerschaft, dessen Befugnisse und Zuständigkeit theils auf einer Art Vertretung oder Ersetzung der „Bürgerschaft" bei minder wichtigen gesetzgeberischen Maßnahmen beruhen, theils aber in besonderen Aufgaben bestehen, die ihm nicht nur durch die Verfassung, sondern auch in einzelnen Gesetzen zugewiesen worden sind. Der Bürgerausschuß tagt nicht öffentlich.

Soweit es sich um die Genehmigung von Tarifbestimmungen, verwaltungsrechtlichen Verfügungen, um Beamtenpensionirung, Feststellung des Dienstalters in Bezug auf Pensionirung, Alterszulagen u. s. w. handelt, greift die Thätigkeit des Bürgerausschusses in das Gebiet der Verwaltung über. Als wesentlich und wohl am bedeutungsvollsten wird vielfach die verfassungsmäßige Verpflichtung betrachtet, „die Einhaltung der Verfassung und der auf das öffentliche Recht bezüglichen Gesetze zu überwachen". Wollte man diese (übrigens aus der alten Verfassung übernommene) Aufgabe so auslegen, wie es gern geschieht, daß also der Bürgerausschuß als Controlinstanz über der gesammten Staatsverfassung und Verwaltung throne, so würde sich daraus ein staatsrechtlich nicht zu rechtfertigendes und unlogisches Institut ergeben. Wird dagegen in der Verfassung weiter gelesen, um zu sehen, welche Machtmittel und Wege dem Bürgerausschusse zu dem bezeichneten Amte angewiesen worden

---

*) Man kann selbst weiter auf die Recesse vom Jahre 1483 und 1410 zurückgehen, welche eine verwandte Institution bereits kennen.

sind, dann stellt sich der Vordersatz als eine captatio benevolentiae und etwas als Schlagwort heraus; denn dasselbe Recht, wie der Bürgerausschuß, besitzt auch die Bürgerschaft und der Senat, und neben dem Recht ist die Pflicht selbstverständlich (vergl. außerdem die Verpflichtung der Präsides der Deputationen, S. 31).

3. Ein neues Bürgerrechtsgesetz.

Gegenwärtig ist das Recht, in die Bürgerschaft gewählt zu werden oder zu derselben wählen zu können, thatsächlich auf einen mäßigen Bruchtheil der in Betracht kommenden Bewohner beschränkt, obgleich jedem Bürger, der die übliche persönliche Wählerfähigkeit (Wählbarkeit zum Schöffen) besitzt und Steuern zahlt, dieses Recht zusteht — mit Ausnahme der Beamten in Bezug auf das passive Wahlrecht. Die Ursache ist bekannt und beruht eben auf der geringen Zahl der Bürger. Den Einen hält Gleichgültigkeit und Trägheit, den Anderen die damit verbundene Zeitversäumniß, außergewöhnliche Umständlichkeit und die zu entrichtende Gebühr von 30 Mk., einen Dritten die daraus erwachsende Pflicht zur Annahme von Ehrenämtern ab. Um diese Verhältnisse zu bessern, sind entsprechende gesetzgeberische Maßregeln unerläßlich.

Für unseren Heimatstaat und unsere Vaterstadt kann es nicht in Frage kommen, zum Wählen oder zum Bürgerwerden alle volljährigen männlichen Einwohner heranzuziehen, die aus irgend einem Grunde und zu irgend welchem Zwecke sich hier aufhalten; es ist aber ferner auch unangebracht, den wohl naheliegenden Gedanken zu verfolgen, überall die Staatsangehörigkeit zu Grunde zu legen. Gewisse Ehrenämter können allerdings jetzt schon an staatsangehörige Nichtbürger vergeben werden. Was zeigt sich aber vielfach? Wer die Hamburgische Staatsangehörigkeit nicht bereits besitzt, behält seine bisherige, um den (theils sehr störenden) Pflichten eines Ehrenamts sicher zu entgehen. Letzterer Punkt kann jedoch außerdem nicht den Ausschlag geben, vielmehr ist es nur eine berechtigte und gesunde Forderung, daß jede, unserem Staatswesen mit allen Bürgerrechten und -Pflichten einzugliedernde Person gewissen Bedingungen genüge, sich auf die Grundlage unserer Verfassung stelle und diese im Bürgereide anerkenne. Besserungen mag Jeder nach seiner persönlichen Ansicht in ausgiebigstem Maße anstreben; wer indeß die Grundlagen unserer

Verfassung von vornherein bekämpft und ihr sich nicht fügt, für den sollte auch kein Platz frei sein, um mitzuentscheiden in unseren häuslichen Staatsdingen. Ferner aber ist die Entrichtung (Beibehaltung) eines Bürgergeldes, die Erwerbung des Bürgerrechts als selbstverständlich zu bezeichnen — trotz der geräuschvollen Ereiferung gegen ersteres. Welcher Betrag, und ob ein in allen Fällen gleicher Betrag als zweckmäßig gelten kann, ist eine Frage für sich. Wenn nun die Zahl der Bürger und, wie es danach scheinen muß, das Interesse am öffentlichen Leben eher ab- als zunimmt, so wird als die Cardinalaufgabe unserer inneren Politik zu betrachten sein, die Hamburgischen Eingesessenen für das Gemeindeleben, für die staatlichen und communalen Angelegenheiten mehr zu interessiren und zur Mitarbeit heranzuziehen. Das Ideal wäre, daß jeder Bürger auch Ehrenamtsinhaber sei. Andererseits müßte durch mehrjährige gewissenhafte Ausübung von Ehrenamtspflichten das Bürgerrecht zu erwerben sein.

Um in mittleren und besseren Vermögens- oder Einkommensverhältnissen lebenden Nichtbürgern, die den öffentlichen Angelegenheiten theilnahmslos gegenüber stehen und sich ihrerseits der Möglichkeit einer Ehrenamtslast (oder mehrerer) entziehen wollen, bezw. thatsächlich entziehen, die man aber zum Bürgerwerden rechtlich nicht zwingen kann (m. E. auch nicht sollte, wenn man's könnte), wenigstens eine Geldlast oder -Leistung aufzulegen, würde gesetzlich bestimmt werden müssen, daß Steuerzahler mit Einkommen etwa von 2500 Mk. und mehr einen Zuschlag zur Einkommensteuer (vielleicht 10 bis 20 Procent, event. auch einen höheren Satz bei der Erbschaftsabgabe) zu entrichten hätten — wie das von verschiedenen Seiten schon vorgeschlagen worden ist, allerdings immer nur in der ausgesprochenen Absicht, bewußte Personen damit zum Bürgerwerden zu nöthigen und die Zahl der Bürger zu vermehren. Das Bürgerrechtsgesetz müßte Bestimmungen enthalten, daß und wie lange in Folge bestimmter Vergehen u. s. w. das Bürgerrecht einer Person ruht, oder wann es entzogen wird.

Nicht ohne Bedeutung sind auch die Formalitäten, die bei der Erwerbung des Bürgerrechts auferlegt werden. Würdevoll und feierlich muß der Act der Vereidigung sein, im Uebrigen aber ist es wohl selbstverständlich, daß die vorprüfende Behörde (Aufsichtsbehörde für die Standesämter) von allen entbehrlichen Citirungen u. s. w. Abstand nimmt, um den Bürgeraspiranten nicht vorher jede Freude am Bürgerwerden zu verderben. Einzelne Berufsstände, wie Lehrer, Staats- und

Communalbeamte von der Wählbarkeit in die Bürgerschaft und zu Ehrenämtern auch künftig auszuschließen, würde offenbar ungerechtfertigt sein. Die Gründe, welche zu den entgegengesetzten Verfassungsbestimmungen in Hamburg geführt haben, beruhten auf der verkehrten untergeordneten Stellung, welche die Hamburgischen Verwaltungseinrichtungen fast allen Beamten thatsächlich anwiesen. Gesetzlich hat man der Beamtenstellung eine normale Gestalt erst durch das Disciplinargesetz vom Jahre 1884 verliehen, doch immer wirkt die privatwirthschaftliche Ueberlieferung noch schädlich nach. Früher stand der Beamte wesentlich wie der Privatangestellte oder -Bedienstete, selbst in Bezug auf die Kündigung. Es ist auch allgemeiner bekannt, daß bis in unser Jahrhundert hinein das Verkaufs- und Verpachtungssystem mancher Beamtenposten üblich war. Seit dem Jahre 1884 dagegen sind die Beamten auf Lebenszeit angestellt, sie können nicht von der Behörde abgesetzt, sondern nur durch Disciplinargerichtsspruch zur Entlassung verurtheilt werden.

4. Organisation der Verwaltung.

Die Verwaltung bildet das A und O im Staatsleben. Ohne eine gewisse rationelle Regelung und Organisation können die Geschäfte größerer Gemeinschaften bei den heutigen verwickelten Verwaltungsthätigkeiten nicht mehr ordnungs- und sachgemäß erledigt werden; nichts wäre indeß verkehrter, als in einem auf dem Papier und in Reden sich schön ausnehmenden neuen Aufbau der Verwaltungsbehörden die volle Lösung der Aufgabe zu finden. Viel eher ist die alte Einrichtung im Stande, den gewachsenen Anforderungen gerecht zu werden, wenn man nur allmählich in ihrer Maschinerie Ergänzungen und Ausbesserungen vornimmt und das Oelen des Räderwerks mit der Uhr in der Hand überwacht. Niemals darf die historische Entwickelung wie mit dem Messer durchschnitten, und der Grundton unseres Gemeinlebens auf einen, wenn auch skulpturenreichen und künstlerischen, steinernen Resonanzboden gesetzt werden. Wir wollen dabei allerdings auch nicht vergessen, daß unsere Zeit nicht mehr mit der Postkutsche fährt, sondern im Allgemeinen mit Dampf, daß Häuserviertel niedergelegt werden, um Straßen und anderen Einrichtungen Platz zu machen und dadurch dringenden Bedürfnissen zu genügen, ohne aber wesentlichere Interessen zu schädigen. Es kommt eben darauf an, an der richtigen Stelle einzugreifen.

Dieser vierte Punkt unseres Problems nimmt mit die erste Stelle ein. Soll ein Entwurf zum Um- und Ausbau unserer Verwaltungsorganisation ausgearbeitet werden, so kann es natürlich nur auf der Unterlage eines genauen Planes und Materiales des gegenwärtigen Gebäudes geschehen. Eingangs dieser kleinen Abhandlung habe ich deshalb versucht, zunächst einen kurzen Abriß unserer Verwaltungszustände zu geben, und will hier sogleich hinzufügen, daß es nicht genügt, unsere Gesetze über die Verwaltungsorganisation und die darauf bezüglichen Verordnungen zu kennen, um ins Einzelne hinein ein Bild der thatsächlichen Zustände zu entwerfen. Nicht nur die im Laufe der Zeit veränderten Aufgaben mancher Behörden, die Anstellung neuer, zum Theil höherer Beamten an Stelle unvollkommener vorgebildeter, mit Einführung ausgedehnterer Selbständigkeit und Verantwortlichkeit haben Veränderungen hervorgebracht, die nicht immer in öffentlich-rechtlichen Kundgebungen Ausdruck gefunden haben, sondern auch sonst sind vielfach innerdienstlich Bestimmungen getroffen worden, oder hat sich eine Geschäftsabgrenzung ausgebildet, wie es die ursprüngliche Organisation nicht vorgesehen hatte, oder wie es ihr thatsächlich nicht mehr entspricht.

Aus diesen Andeutungen wird ersichtlich, wie außerordentlich schwierig es für den Einzelnen ist, den Aufgabenkreis, sowie auch die Regeln der Amtsführung aller Behörden und Beamtenkategorien kennen zu lernen. Ein Senator, ein Deputationsmitglied oder ein Beamter ist in einer oder auch in einigen Behörden thätig und kann die betreffenden Verhältnisse dieser und die Dienstbeziehungen derselben zu anderen Amtsstellen überblicken lernen; jedoch ausnahmsweise nähere Bekanntschaft mit den vielen anderen Behörden zu machen, würde ein regeres Interesse am Verwaltungsdienste und ein Zusammentreffen besonders günstiger Umstände voraussetzen. Daß solches bei uns im günstigsten Falle selten ist, wird ohne Irrthum behauptet werden dürfen. Für den Verfasser kann es sich nicht darum handeln, hier eine Einzeldarstellung unserer gegenwärtigen Verwaltungszustände auf Grund aller der oben angeführten Unterlagen zu liefern; trotz reger Antheilnahme an diesen Fragen würde doch seine Kenntniß nicht dazu ausreichen. Was in anderen, größeren Staaten in Bezug auf ihr Land Hunderte können, vermag in Hamburg aus sich heraus nicht ein Einziger. Man steht hier also vor der Aufgabe einer Commission, und der Einzelne muß sich mehr auf die allgemeinen Linien und Grundzüge beschränken, die immerhin in erster Linie der Erörterung und Feststellung bedürfen.

Wir wollen an der Hand amtlicher Quellen[1]) und zuverlässiger Erkundigungen unsere Behörden in ihrer Zusammensetzung mit kurzen Bemerkungen über deren Zuständigkeit und die Stellung der wichtigeren Glieder nachstehend aufführen.

Die Hamburgischen Staatsverwaltungsbehörden im Jahre 1893.

A. Die außerhalb der Verwaltungsabtheilungen stehenden Behörden und Amtsstellen[2]).

I. Senat.

Staatsoberhaupt, oberste Verwaltungsbehörde, erste gesetzgebende Körperschaft. Besteht aus achtzehn Senatoren, auf Lebenszeit gewählt (davon ein Erster und ein Zweiter Bürgermeister, alljährlich vom Senate neugewählt, s. Anhang).

Außerdem gehören dem Senate an: vier Syndici und zwei Senatssecretäre, mit berathender Stimme im Senate, Referenten im Senate, auch zum Theil Mitglieder von Verwaltungsdeputationen. Sie sind im Allgemeinen (nicht formell und in jeder Beziehung) als Senatsmitglieder zu betrachten, werden vom Senate erwählt und stehen unter dessen Disciplinargewalt (ähnlich wie die Senatoren selbst), können also von ihm auch gegen ihren Willen entlassen werden. Naturgemäß sind an ihre Fähigkeiten die höchsten Anforderungen im Staatsdienste zu stellen; bestimmte Vorschriften über Vorbildung 2c. fehlen jedoch.

Ständige Hülfsarbeiter des Senats.

Zur Zeit 3 academisch gebildete Verwaltungsbeamte. Diese sind übrigens Beamte im Sinne des Disciplinargesetzes vom 7. Januar 1884. Sie werden mit sonst den Senatsmitgliedern obliegenden Arbeiten (Referaten u. dergl.) von dem Senate oder dem Bürgermeister beauftragt. — Höhere Beamte der Deputationen oder sonstige Personen werden zu den Sitzungen des Senats niemals hinzugezogen.

---

[1]) Außer der Gesetzsammlung, den Senats- und Bürgerschaftsdrucksachen, zu denen auch der Staatshaushalts-Etat nebst Entwurf gehört, war zu benutzen der amtliche Staatskalender (Staatshandbuch) sowie auch das Adreßbuch (Hermanns Erben), dessen erster Theil auf directen Mittheilungen der Behörden beruht.

[2]) Im Staatskalender sind die meisten allerdings bei einer Verwaltungsabtheilung untergebracht.

Stadtarchiv (Staatsarchiv).

Vorstand (Archivar): Einer der Senatssecretäre (acad. Fachmann).

Sonstige höhere Beamte: Keine. Neuerdings werden wissenschaftliche Hülfsarbeiter beschäftigt (mit oder ohne Remuneration).

Bureaubeamte (mit Einschluß der Schreiber): 5.

Außerdem: ein Grenzinspector (höherer Techniker).

Dem Archiv liegt die Aufbewahrung, Ordnung und wissenschaftliche Bearbeitung der Staatsacten, die Aufsicht über die Landesgrenzen und die Bearbeitung sonstiger topographischer und geschichtlicher Verhältnisse ob.

Senatskanzlei.

Vorstand: Zur Zeit einer der ständigen Hülfsarbeiter des Senats (acad. Verwaltungsbeamter).

Bureaubeamte: 15, darunter ein Bureauvorsteher.

II. Diplomatische Vertretung.

Ein außerordentlicher Gesandter und bevollmächtigter Minister bei der königl. preußischen Regierung in Berlin; gemeinsam mit Lübeck und Bremen.

Im Uebrigen verzichtet Hamburg auf eine selbständige Vertretung bei anderen Staaten sowie auf eigene Consuln im In- und Auslande. Beim Senate sind jedoch eine Reihe deutscher und fremder Diplomaten und Consuln beglaubigt.

III. Bevollmächtigte zum Bundesrathe.

Ein Senator als Bundesbevollmächtigter.

Dem Hamburgischen Staate steht eine Stimme im Bundesrathe zu. Außerdem sind zwei Senatoren (davon ein in Ruhestand versetzter und der Hanseatische Gesandte in Berlin zu Vertretern („in Substitution) ernannt.

Der Bundesbevollmächtigte nimmt an den Berathungen und Beschlüssen des Bundesraths nach den vom Senate ihm ertheilten Instructionen theil.

IV. Senatscommissare *).

1. Senatscommissar für Post- und Telegraphenangelegenheiten (1 Senator).

---

*) Die zu Sitzungen der Bürgerschaft, des Bürgerausschusses, von bürgerschaftlichen Ausschüssen oder ad hoc eingesetzten gemischten (aus Senats- und Bürgerschaftsmitgliedern bestehenden) Commissionen entsandten Senatscommissare lasse ich hier unberücksichtigt.

2. Senatscommissar für die Deutsche Seewarte in Hamburg (1 Senator).

3. Eisenbahncommissariat (2 Senatsmitglieder, darunter zur Zeit 1 Syndicus).

4. Senatscommissar für die Schiedsgerichte für Unfallversicherungssachen (1 Senator).

5. Senatscommissar für die Invaliditäts- und Altersversicherung (1 Senator). Zugleich führen wir hier 5a. den Staatscommissar für Hamburg bei der Hanseatischen Versicherungsanstalt für Invaliditäts- und Altersversicherung auf (zur Zeit ist der Secretär der Gewerbekammer mit diesem Posten betraut).

V. Senatscommissionen.

1. Militärcommission des Senats (s. auch weiter unten bei den Verwaltungsabtheilungen).

Besteht aus drei Senatoren, darunter der Präses.

Höhere Beamte: Keine. Bureau: Senatskanzlei.

Geschäftskreis: Verhandlungen mit Militärbehörden und -Verbänden. Erledigung sonstiger militärischer Angelegenheiten: Pferdemusterungen, Ausstellung von Marschrouten an einzuquartierende Truppentheile, Militär-Ersatzwesen (als Ersatzbehörde dritter Instanz), im Allgemeinen entsprechend den Militärverwaltungs- und den Regierungsbehörden anderer Staaten.

2. Senatscommission für die Angelegenheiten der Armenverbände.

Besteht aus 5 Senatoren. Ohne Beamte (Bureau: Senatskanzlei).

Geschäftskreis: Entscheidungen in verwaltungsrechtlichen Armensachen der einzelnen Armenverbände und in Fragen des Unterstützungswohnsitzes.

3. Senatssection für Gewerbe-Recurssachen und für Beschwerden in Baupolizeisachen.

Besteht aus 5 Senatoren. Ohne Beamte (wie vorige).

Die Thätigkeit besteht zumeist in der Entscheidung oder Vorprüfung (für die Berathung im Plenum des Senats) von Reclamationen und Beschwerden gegen abgelehnte oder entzogene Gewerbeconcessionen oder gegen gewerbepolizeiliche Anordnungen, sowie gegen die Handhabung des Baupolizeigesetzes.

4. Senatscommission für den höheren Verwaltungsdienst.

Besteht aus 3 Senatoren und einem Senatssecretär als Protokollführer.

Aufgabe: Die Fragen der Einrichtung einer Laufbahn für den höheren Verwaltungsdienst zu prüfen und zunächst die Verwendung von Referendaren Assessoren 2c. im Verwaltungsdienste zu leiten.

5. Senatskommission für die Kirchen-Angelegenheiten der christlichen, nicht lutherischen Religionsverwandten.

Besteht aus zwei Senatsmitgliedern (z. Zt. 1 Senator und 1 Syndicus). Für den israelitischen Cultus ist gleichfalls eine Senatscommission eingesetzt, bestehend aus denselben Mitgliedern wie vorstehend.

Die Kirche ist vom Staate getrennt, doch stehen dem Senate, bezw. dem Staate gewisse Concessions- und Aufsichtsrechte zu. Mit der evangelisch-lutherischen Kirche bestehen jedoch noch nähere Beziehungen. Die sämmtlichen evangelisch-lutherischen Mitglieder des Senats (Senatoren) üben das Patronat über dieselbe aus, im Kirchenrathe sitzen zwei Senatoren (der eine als Vorsitzender); den Vorstand der Synode bilden diese beiden Senatoren und der Senior, desgleichen sind die Senatoren in dem Stadtconvent und den Kirchenvorständen der einzelnen Kirchengemeinden als Kirchspielsherren vertreten.

Gegenwärtig hat der Senat noch eine Commission, bestehend aus 2 Senatoren, einem Syndicus und einem Protokollführer. (ständigen Hülfsarbeiter des Senats), mit einem besonderen Bureau eingesetzt, die hoffentlich bald wieder aufgelöst werden kann, nachdem sie segensreich gewirkt haben wird: die Choleracommission des Senats.

VI. Bürgerausschuß.

Wegen des Umstandes, daß sich die Thätigkeit der Bürgerschaft und noch weiter diejenige des Bürgerausschusses auf Gegenstände oder Handlungen erstreckt, die gewöhnlich dem Gebiete der Verwaltung ausschließlich angehören, führe ich auch an dieser Stelle den Bürgerausschuß an, indem ich im Uebrigen auf S. 21 verweise.

VII. Centralwahlcommission.

Besteht aus 2 kaufmännischen Senatoren, 2 Delegirten des Bürgerausschusses (1 Kaufmann, 1 Rechtsanwalt) und den 5 unter Mitwirkung der Bürgerschaft gewählten Mitgliedern der Steuerdeputation (Kaufleute).

Aufgaben: Die oberste Leitung und Beaufsichtigung des Wahlgeschäfts, betreffend die Wahlen zum Deutschen Reichstage, zur Hamburgischen Bürgerschaft sowie auch zum Gewerbegericht. Auch die Aufstellung der Vorschlagsliste für die Wahl der Schöffen und Geschworenen fällt in ihren Geschäftsbereich.

Secretäre, Bureau, Protokollführer*):

*) Hierüber ist in den gedruckten Quellen nur mühsam einige Klarheit zu gewinnen. Das Staatshandbuch enthält ebenso wenig irgend eine Angabe wie der Etat; man ist auf die Berichte der bürgerschaftlichen Legitimationsausschüsse, auf

Die gesammte, von der Centralwahlcommission ausgehende Behörden- und Beamtenarbeit wird von dem Statistischen Bureau ausgeführt, desgleichen bekleidet der Vorstand desselben zugleich das Amt des Protokollführers der Centralwahlcommission, das früher von einem Rechtsanwalt (ohne Beamteneigenschaft versehen wurde (vgl. unten B 2a, S. 71).

VIII. Kirchen- und Cultuswesen.

Die Kirche ist vom Staate getrennt, eine staatliche Kirchenverwaltung giebt es daher in Hamburg nicht (vergl. oben S. 29).

B. Verwaltungsabtheilungen, Deputationen u. s. w.

Vorbemerkungen und allgemeine Erörterung.

Die Centralwahlcommission, die auch hierzu gerechnet werden kann, ist oben unter VII. behandelt worden. Hier lasse ich zunächst nur die allgemeinen Bemerkungen folgen und verweise die ziemlich umfangreiche Einzeldarstellung der Deputationen und Behörden an den Schluß dieser Abhandlung.

Jede Verwaltungsabtheilung und jede Deputation hat stets einen Senator zum Vorstande bezw. Präses. Die Vertheilung der Senatsämter unter die einzelnen Mitglieder nimmt der Senat alljährlich vor; dabei findet jedoch ein Personenwechsel in den wichtigen Aemtern selten statt. Zu senatorischen Mitgliedern der Deputationen u. s. w. werden auch Syndici und Senatssecretäre erwählt, es ist aber nichts darüber gesetzlich bestimmt, daß gewisse Mitgliedsstellen von diesen Beamten eingenommen werden müssen. Präses einer Deputation können dieselben indeß nicht sein.

Die sog. bürgerlichen Mitglieder müssen Bürger sein, brauchen aber der „Bürgerschaft" nicht anzugehören. Beamte und Richter werden übrigens darunter nicht verstanden (Art. 82 der Verfassung). Bei den Wohlthätigkeitsanstalten (§ 27 des Verwaltungsgesetzes von 1863) und der Oberschulbehörde findet jedoch eine Abweichung von dieser Regel statt (s. daselbst).

Eine scharfe Trennung von höheren, mittleren (Subaltern- oder Bureaubeamten) und unteren Beamten ist noch nicht durchgeführt; es fragt sich auch, ob eine gar zu strenge Scheidung angebracht sein würde, jedenfalls ist neben der wissenschaftlichen Vorbildung auf die Qualification der

---

die Vorgänge bei den Wahlen selbst und auf die Verwaltungsberichte der Behörden angewiesen. Hier finden sich die wichtigeren Angaben, und zwar in dem Berichte des Statistischen Bureaus.

Gesammtpersönlichkeit stets ein erhebliches Gewicht zu legen. Ueblich ist, kurzhin von Ober- und Unterbeamten zu sprechen, wenigstens im Privatleben und den Bürgerschaftssitzungen, wobei gewohnheitsmäßig leicht eine gewisse Geringschätzung der „Unterbeamten" mit unterläuft. Bei uns befinden sich noch mehrfach mittlere Beamte (z. Th. ohne jede ursprünglich höhere Schulbildung) auf höheren Posten; indeß ist deren Zahl allmählich verringert, diejenige der qualificirt höheren Beamten dagegen durch eine veränderte Wiederbesetzungspraxis und auf dem Wege der Gesetzgebung vermehrt worden; allein die betreffenden Beamten sind dann gewöhnlich in einer unangemessenen Position belassen worden.

Die Deputation (das Collegium bezw. der Präses) ist der Vorgesetzte aller Beamten derselben und hat über sich als höchste Verwaltungsinstanz den Senat. Der Präses der Deputation führt in ihr den Vorsitz und soll für gesetz- und verfassungsmäßige Beschlüsse derselben verantwortlich Sorge tragen, er handhabt die Disciplinargewalt innerhalb der gesetzlichen Grenzen und soweit nicht im einzelnen Falle anders bestimmt ist, leitet er auch alle Deputationsgeschäfte und erledigt je nach der Art des Dienstzweiges und der allmählich eingebürgerten Praxis einen mehr oder minder umfangreichen Theil der Deputationsgeschäfte selbständig, falls diese nicht noch weiter (in der Auftragsform oder selbständig) von den unterstellten Bureaux oder Beamten geführt werden. Ein einheitliches Verfahren besteht nicht und ist auch nicht gut möglich für alle die verschiedenen Behörden; aber von dem Inhalte und Sinne des Verwaltungsgesetzes ist man damit soweit und ungleichmäßig abgewichen, daß es dringend nöthig erscheint, das Gesetz theils mit der Praxis in Uebereinstimmung zu bringen, anderntheils aber besondere Organisationen, Neuanstellungen von Beamten u. s. w. zu beschaffen, sowie allgemeine und specielle Dienstordnungen innerhalb der Verwaltungs-Abtheilungen aufzustellen.

Von den Deputationen ist in jedem Jahre eine Uebersicht über ihre, sowie der unterstellten Verwaltungen Einnahmen und Ausgaben aufzustellen und dem Vorstande der betreffenden Verwaltungsabtheilung zur Vorlegung im Senate einzureichen, desgleichen der Voranschlag der Einnahmen und Ausgaben des kommenden Jahres. Die Anstellung der mittleren und unteren Beamten, ebenso deren Beeidigung erfolgt fast durchgehends durch die Deputationen oder analogen Behörden, während bei den höheren Beamten nur insofern Einheitlichkeit herrscht, als alle vor dem Senate den Diensteid ableisten; die Erwählung oder Ernennung nimmt aber bei den Einen der Senat, bei Anderen die Deputation vor, und bei Dritten erfolgt die Bestätigung der von der Behörde vorgenommenen Wahl durch den Senat.

Das System unserer Staatsverwaltung (abgesehen von dem Senate und der Centralwahlcommission) tritt uns äußerlich, wie schon erwähnt, in einer Hauptgliederung von 10 Verwaltungsabtheilungen entgegen — an der Spitze je ein Senator als Vorstand. Hinzugefügt habe ich jedoch auch, daß und inwiefern diese formelle Eintheilung zweck- und belanglos ist. In den Fällen dagegen, wo die Abtheilung bezw. der Vorstand zugleich wirkliche Verwaltungsbehörde ist mit allen Befugnissen einer Deputation, verstößt unsere Organisation damit gegen ihr eigenes Princip. Diese Ausnahmestellung wird man der Verwaltungsabtheilung für die Reichs- und auswärtigen Angelegenheiten zugestehen dürfen; bei dem Justizwesen, Zollwesen und Militärwesen hingegen läßt sich eine deputationsartige Einrichtung sehr wohl treffen, ebenso wie es auch bei der Polizeibehörde angängig und bei der Standesamtsbehörde und Landherrenschaft nothwendig ist. Unter gewöhnlichen Verhältnissen ist allerdings kein Gewicht zu legen auf den Unterschied zwischen einer Deputation und einer Berathungsbehörde; denn es handelt sich in beiden nicht um Austragen von Macht- und Parteifragen, sondern um sachliche Entscheidungen, Zweckmäßigkeitsfragen, auch nur selten um rechtsverbindliche Verordnungen. Die vorgenannten Verwaltungen ohne Deputation haben zwar zahllose und wichtige Geschäfte zu erledigen, die nicht zuvor einzeln in der Deputation berathen werden könnten; dasselbe gilt aber mehr oder minder von andern Behörden (Deputationen), und es handelt sich bei der Deputationsberathung grundsätzlich doch um allgemeinere Gegenstände, maßgebende Gesichtspunkte und nicht zum Geringsten um ständige Fühlung von Erwerbsleben (Bevölkerung), Behörde und Beamtenthum.

Demnach ist es wünschenswerth, die bisherige formelle Eintheilung sowie die ungleichartige Organisation unserer Verwaltungsabtheilungen aufzugeben und als Spitze oder obere Leitung bei allen Ressorts (mit Ausnahme der auswärtigen Angelegenheiten) eine Deputation mit der Bezeichnung Verwaltungsabtheilung, unter Umständen auch eine Berathungsbehörde, einzurichten. Ferner würde hinsichtlich der Deputationsmitglieder eine Aenderung dahin zu treffen sein, daß Richter und Beamte im Allgemeinen ebenfalls dazu wählbar wären, und die leitenden höheren Beamten in ihrer Verwaltungsabtheilung gesetzmäßig Sitz und Stimme erhielten. Zweckmäßig möchte die Bedingniß sein, daß der zu Wählende zuvor ein communales Ehrenamt bekleidet habe.

Die nächste wichtige Forderung würde sein, einige Behörden bezw. Deputationen, die überhaupt oder in ihrer Sonderstellung keine Berechtigung mehr haben, durch Verschmelzung mit anderen eingehen zu lassen. So wären aufzulösen die Todtenladendeputation und die Pensionskasse, indem die bisherigen bezw. übrigbleibenden Arbeiten von Nr. 1 auf die Verwaltung der Krankenversicherung, von Nr. 2 auf die Finanzabtheilung übergingen. Bei anderen selbständigen Verwaltungen erscheint es zweckmäßig, eine Vereinigung mit verwandten Deputationen vorzunehmen, indem z. B. die Deputation für directe Steuern der Finanzdeputation zugetheilt und diejenige für indirecte Steuern und Abgaben mit dem Zollwesen verschmolzen würde u. s. w. (vergl. unten).

Ein Hauptmangel unserer Organisation ist sodann das Durcheinander von Staats- und städtischer Communal-Verwaltung, ein Uebelstand der zu einem Theile der ursprünglichen Einrichtung, zum anderen der Entwickelung und dem Größerwerden aller Verhältnisse zur Last zu legen ist. Bei uns scheint aber fast die Idee hierfür zu fehlen, und zwar da um so mehr, je tiefer die Gedanken und Vorstellungen auf unser Gemeinwesen beschränkt bleiben und an vergangenen Zuständen haften. Es ist bekannt genug, daß in Bremen die stadtbremische Verwaltung mehr oder minder aus der Staatsverwaltung ausgelöst worden ist; auch Lübeck unterscheidet sich in dieser Beziehung von Hamburg. Ich bin nun keineswegs der Ansicht, wir müßten in derselben Weise oder noch gründlicher unsere stadtgemeindliche Verwaltung absondern von den Staatsbehörden. Wofür ich ein Wort einzulegen mir erlauben möchte, ist vielmehr, daß wir uns endlich klar werden über das moderne Wesen von Gemeinde und Staat, von communaler Selbstverwaltung und Staatsverwaltung mit und ohne Laienelement. Nicht in erster Linie denke ich hier an das Vorhandensein von 39 Landgemeinden neben der Stadt Hamburg und stoße mich ebensowenig (weder vom rechtlichen noch vom praktischen Standpunkte) daran, daß unsere „Bürgerschaft" zugleich das Amt einer Stadtverordnetenversammlung ausübt, sondern ich will nur auf jenen wichtigen Gesichtspunkt hinweisen, den wir bei Aenderung unserer Verwaltungsorganisation, namentlich bezüglich der communalen Selbstverwaltungssphäre ins Auge zu fassen haben. Die Betheiligung an der Communalverwaltung muß in alle Volksschichten getragen werden.

Hoffentlich gelingt es den berufenen Körperschaften und Personen, unter möglichster Anlehnung an unsere jetzigen Verhältnisse eine Organisation zu schaffen, die für absehbare Zeit keiner grundlegenden Neuordnung bedarf. Meinerseits möchte ich im Nachstehenden, abgesehen von Senat und Bürgerschaft, die bereits besprochen sind, eine Gesammtskizze zur Erörterung stellen. Danach würde sich die folgende Gestaltung ergeben:

Plan einer Neuorganisation der Verwaltung.

I. Verwaltungsabtheilung für Reichs- und auswärtige Angelegenheiten.

Zusammensetzung: 3 Senatsmitglieder, darunter 1 Präses, 1 höherer Beamter und einige Kanzlisten (die zeitweise zu Arbeiten bei anderen Behörden zu verwenden sind).

II. Verwaltungsabtheilung für Finanzen und directe Steuern.

Zusammensetzung: 3 Senatsmitglieder (davon 1 als Präses, wie bei allen übrigen Abtheilungen), 12 von der Bürgerschaft erwählte Mitglieder und die leitenden Oberbeamten von Amtswegen.

Abtheilungskanzlei und Centralbureau: 2 höhere Beamte und einige Bureau- bezw. Kanzleibeamte.

Aemter oder Verwaltungen mit gewissem selbständigen Wirkungskreise.

1. Hauptstaatskasse und Angelegenheiten der bisherigen Pensionskasse: 2 höhere Beamte mit dem nöthigen Bureaupersonal.

2. Staatsschuldenverwaltung und Staatsleihhäuser: 2 höhere Beamte mit dem erforderlichen Bureau- und sonstigen Personal.

3. Domänenverwaltung (für die Staatsgüter und Forsten): 1 höherer Beamter für die Staatsgüter und 1 Oberförster u. s. w.

4. Verwaltung der directen Steuern (in engerer Verbindung mit der Hauptstaatskasse): Wenigstens 1 höherer Beamter nebst den erforderlichen Bureaubeamten und Steuereinnehmern. Die Erhebung der Abgabe von den öffentlichen Vergnügungen würde dieser Verwaltung zuzutheilen sein.

Der Präses bezw. die Verwaltungsabtheilung kann die höheren Beamten verschiedener Verwaltungen einander vertreten lassen.

Für einzelne Functionen, wie Vermiethungen, Verpachtungen, Ankauf und Verkauf von Staatsgrundstücken, Verdingungen, ferner für Steuereinschätzungen und gewöhnliche Steuerreclamationen bildet (aus etwa 3 Mitgliedern der Verwaltungs-Abtheilung und den Oberbeamten der Specialverwaltung) die Verwaltungs-Abtheilung besondere Commissionen bezw. Centralpunkte für die communalen Organisationen unter systematischer Umbildung der bestehenden Verhältnisse.

Das Beleuchtungswesen geht auf die Verwaltungs-Abtheilung IX (Oeffentliche Arbeiten u. s. w.) über.

III. Verwaltungsabtheilung für Abgaben und Zölle.

Zusammensetzung: 3 Senatsmitglieder, 1 aus der Finanzabtheilung abgeordnetes Mitglied, 3 von der Bürgerschaft, je 2 von der Handels- und der Gewerbekammer erwählte Mitglieder, außerdem die leitenden höheren Beamten.

Abtheilungskanzlei: 2 höhere Beamte nebst Bureau-, Kanzlei- und Kassenpersonal.

Einzelverwaltungen:

1. Amt für Abgaben, Gebühren und Waarendeclaration: 2 höhere Beamte u. s. w.

2. Generalzolldirection (mit handels- und zollstatistischem Bureau): 1 Generalzolldirector und mehrere (6 bis 8) andere höhere Beamte u. s. w.

IV. Verwaltungsabtheilung für das Militärwesen.

Zusammensetzung: 3 Senatsmitglieder (darunter der Civilvorsitzende der Oberersatzcommission), 5 von der Bürgerschaft erwählte Mitglieder, 2 höhere Beamte (zugleich Civilvorsitzende der Ersatzcommission).

1. Ober-Ersatzcommission: 1 Civilvorsitzender (s. oben) und 1 außerordentliches bürgerliches Mitglied.

2. Ersatzcommission: 2 höhere Beamte mit dem nöthigen Bureaupersonal.

3. Einquartierungsamt: Von den Beamten unter 2 mit verwaltet. (Würde event. der Steuerverwaltung (II, 4) zuzutheilen sein.)

V. Verwaltungsabtheilung für Handel, Gewerbe und Landwirthschaft.

Zusammensetzung: 3 Senatsmitglieder und 10 andere Mitglieder, davon 1 aus der Finanzabtheilung, 2 aus der Handelskammer, 1 aus der Gewerbekammer, 1 aus der neu zu bildenden Landwirthschaftskammer und 5 von der Bürgerschaft erwählt; ferner von Amtswegen die leitenden höheren Beamten der Behörde, sowie je 1 (bezw. der) Secretär der drei genannten Kammern.

Centralbureau (und Landamt): 3 höhere Beamte u. s. w.

Einzelverwaltungen:

1. Marineamt, umfassend das Hafen-, Loots-, Leucht- und Tonnenwesen, das Dispachewesen, die Seemannsämter, Strandämter,

die Schiffsregistratur, die Aufsicht über das Auctionswesen im und am Hafen und die Vereinnahmung der Brückengelder: 2 höhere Verwaltungsbeamte und die nöthigen Fachbeamten, wobei wie bisher oder in noch ausgedehnterem Maße einzelnen Beamten mehrere Functionen überwiesen werden können. Die zu erlassende Dienstordnung bestimmt das Nähere über die Bildung von Collegien oder dergleichen für die Erledigung verschiedener Arten von Dienstangelegenheiten u. s. w.

2. Navigationsschule und Commission für Seemannsprüfungen.

3. Quaiverwaltung: 1 höherer Verwaltungsbeamter oder Techniker als Leiter mit einigen weiteren höheren Technikern und dem nöthigen Bureau- und Betriebspersonal.

4. Auswandererbehörde (mit Schiffsbesichtigung und ärztlicher Controle): 1 höherer Beamter, 1 Inspector nebst Hülfsbeamten; Schiffsbesichtiger und Aerzte.

5. Münzstätte mit Aichamt.

6. Bureau für landwirthschaftliche Angelegenheiten und Verwaltung des Landgebietes (Landamt). Dasselbe wird vom Centralbureau mit verwaltet.

7. Verwaltung des Viehmarktes und Schlachthofes: 1 Director u. s. w., wie bisher.

Zum Ressort dieser Verwaltungs-Abtheilung gehören sodann noch: die Handels-, die Gewerbe-, sowie die Landwirthschaftskammer. Als Secretär der letzteren, neu zu errichtenden, könnte ein geeigneter Staatsbeamter im Nebenamt oder der Secretär der Hamburger Landwirthschaftlichen Berufsgenossenschaft ernannt werden.

VI. **Verwaltungsabtheilung für innere und polizeiliche Angelegenheiten.**

Zusammensetzung: 3 Senatsmitglieder, 8 bürgerliche Mitglieder, davon 1 aus der Finanzverwaltung und 7 von der Bürgerschaft erwählt, ferner 2 Mitglieder des geistlichen Ministeriums; außerdem von Amtswegen die höheren Beamten des Centralbureaus und die Leiter der Einzelverwaltungen.

Centralbureau: 2 höhere Beamte nebst Bureaubeamten.

Einzelverwaltungen:

1. Städtische Polizeibehörde (wie jetzt).

2. Heimatbehörde und Bürgeramt (Aufsichtsbehörde für die Standesämter): 2 höhere Beamte nebst Bureau. Standesämter wie bisher.

3. Friedhofsverwaltung: 1 höherer Beamter mit Bureau 2c.

4. Behörde für Kranken- und Sterbekassen sowie Invaliditätsversicherung: 2 höhere Beamte nebst Bureau-, Kassen-, Kanzlei- 2c. Beamten.

VII. Verwaltungsabtheilung für Cultus, Unterricht und Wohlthätigkeit.

Zusammensetzung: 3 Senatsmitglieder, 1 Mitglied des geistlichen Ministeriums, 1 Mitglied der Finanzverwaltung und 10 andere bürgerliche Mitglieder, ferner die leitenden höheren Beamten.

Centralbureau: 2 höhere Beamte nebst Kanzlei.

Einzelverwaltungen:

1. Wissenschaftliche Staatsanstalten (ohne Schulen). Hierfür wäre aus Mitgliedern der Verwaltungsabtheilung und sonstigen Sachverständigen je eine besondere Commission zu bilden.

a. Staatsbibliothek, b. Botanischer Garten u. s. w. sowie auch die Kunsthalle.

2. Schulverwaltung: 1 Director des Schulwesens (Oberschulrath) und 3 Decernenten: a) für höhere Schulen (einschl. halböffentliche und private), b) für Volksschulen (einschl. Landschulen, halböffentliche und private), c) für Fach- und Fortbildungsschulen.

3. Besondere Erziehungsanstalten: 1 höherer Beamter (Curator) und wissenschaftliche Schulvorstände. a) Besserungs- und Zwangserziehungsanstalten, b) Anstalten für Waise und Gebrechliche (Blinde, Taubstumme).

4. Städtische Armenverwaltung und Behörde für die milden Stiftungen (auch Werk- und Armenhaus) — mit einem besonderen städtischen Armencollegium —: 1 Director und 2 Decernenten mit dem nöthigen Bureau-, Kassen- und Betriebspersonal.

VIII. Verwaltungsabtheilung für Wohlfahrtspflege

(Sanitätswesen, Baupolizei, Wohnungspflege und Statistik).

Zusammensetzung: 3 Senatsmitglieder, 1 Mitglied des geistlichen Ministeriums, 1 Mitglied aus der Finanzabtheilung, 8 von der Bürgerschaft erwählte, sowie zwei Mitglieder der neu zu bildenden Aerztekammer und die leitenden höheren Beamten der Einzelämter.

Centralbureau: 1 höherer Beamter nebst Kanzlei.

Einzelverwaltungen:

1. Gesundheitsamt (jetzt Medicinalbureau und -Inspectorat, Hafenarzt und Hygienisches Institut): 1 Medicinalrath (Gesundheits-

rath), 1 Director des Hygienischen Instituts (zugleich Physicus), 1 Hafenarzt (zugleich Physicus), 3 weitere Physici, 1 Medicinalassessor, einige ärztliche und chemische Hülfsarbeiter nebst einigen Bureaubeamten.

2. Krankenhausverwaltung (auch Irrenanstalt) mit 1 höheren Beamten (Curator) nebst Bureau und den wissenschaftlichen Fachvorständen, Anstaltsbeamten u. s. w.

3. Baupolizei- und Wohnungsamt: 1 Director, 7 Baupolizei- und Wohnungsinspectoren nebst Verwaltungs- und technischem Bureau; außerdem Wohnungscommissionen und locale Wohnungspfleger im Ehrenamt (auch auf dem Landgebiete).

4. Dampfkessel-Revisionsamt und Gewerbeinspection mit dem jetzigen Personal (combinirt).

5. Statistisches Amt (im Ganzen wie bisher).

IX. Verwaltungsabtheilung für öffentliche Arbeiten, Feuerlöschwesen und Feuerversicherung.

Zusammensetzung: 3 Senatsmitglieder, 1 Mitglied aus der Finanzabtheilung, 9 von der Bürgerschaft erwählte Mitglieder sowie die leitenden höheren Beamten bezw. Techniker.

Centralbureau: 2 höhere Beamte, Rechnungs-, Bureau-, technisches und Kanzleipersonal.

Einzelverwaltungen:

1. Staatsbauamt: 1 leitender höherer Verwaltungsbeamter oder Techniker nebst Bureau und 3 Abtheilungsvorständen: Abtheilung I Hochbau, II Tiefbau, III Hafen- und Wasserbau.

2. Verwaltung für die städtische Wasserversorgung, Beleuchtung und Straßenreinigung: 1 leitender höherer Beamter oder Techniker, 2 Abtheilungsvorstände (Wasserwerke, Gaswerke), 1 Inspector der Straßenreinigung und das erforderliche höhere, mittlere und niedere Bureau- und Betriebspersonol.

3. Verwaltung des Feuerlöschwesens im Staate: 1 Director nebst Bureau. Sonderbetrieb: Städtische Feuerwehr (wie bisher mit 1 Branddirector — dieselbe Person wie vorstehend, — mehreren Brandmeistern u. s. w.

X. Verwaltungsabtheilung für das Justizwesen.

Zusammensetzung: 3 Senatsmitglieder, 1 Mitglied aus der Finanzabtheilung, 6 von der Bürgerschaft erwählte Mitglieder, sowie die leitenden höheren Beamten.

Centralbureau: 1 höherer Beamter nebst Rechnungs- (Kassen-) und Kanzleipersonal.

Einzelämter:

1. Justiz- und Gerichtsvollzieheramt: 1 höherer Beamter nebst Bureau u. s. w.

2. Erbschafts- und Vormundschaftsamt: 3 höhere Beamte, einige Richter nebenamtlich und das nöthige Bureaupersonal.

3. Hypothekenamt: 1 Director, 4 Decernenten und Bureaupersonal.

4. Seeamt (wie bisher).

5. Gefängnißverwaltung (im Staate): 1 Director, 2 Decernenten und das erforderliche Aufsichts-, Bureau- und Betriebspersonal.

XI. Staatscontrole für Verwaltung und Rechnungswesen.

Zusammensetzung: 2 Senatsmitglieder und 5 Mitglieder des Bürgerausschusses (die beiderseits nicht Mitglieder einer Verwaltungsabtheilung sein dürfen), sowie die höheren Beamten dieses Ressorts.

Centralbureau: 1 Director mit 2 Abtheilungsvorständen und Kanzlei.

1. Verwaltungscontrolamt: 1 Vorstand (siehe vorstehend), 1 Decernent, einige Bureaubeamte (Hinzuziehung von Sachverständigen).

2. Rechnungscontrolamt (Rechnungshof): 1 Vorstand, 1 Decernent und Bureau.

Landgebiet. Das Amt Ritzebüttel behält im Wesentlichen seine bisherige Verfassung (Verwaltung), und die Verwaltung der Landherrenschaft Bergedorf wird dem angepaßt, während die Geest- und die Marschlande nur zu zwei Communalverbänden zusammengefaßt werden, die staatlichen Functionen aber bei den allgemeinen Staatsbehörden verbleiben, und der ohnehin allmählich beengte Geschäftskreis der Landherrenschaften für das gesammte Landgebiet in der Hauptsache auf die Verwaltungsabtheilung für Handel, Gewerbe und Landwirthschaft, im Uebrigen auf die betreffenden Specialverwaltungen übergehen würde. —

Hinsichtlich der Central- (oder Präsidial-)Bureaux möchte ich noch hervorheben, daß ihre Competenz gewöhnlich auf die allgemeinen Angelegenheiten der Verwaltungsabtheilung sowie auf etwaige kleinere Nebenverwaltungen, nicht aber auf die einzelnen Verwaltungen mit selbständigem Wirkungskreise sich erstreckt.

Die Zuständigkeit und Instanzenstellung der Verwaltungsabtheilungen würde gesetzlich zu regeln, und für die innerhalb der einzelnen Abtheilungen festzustellende Dienstordnung eine gleichartige Richtschnur zu geben sein.

Bei einer Betrachtung des vorstehenden Entwurfs einer Neuorganisation unserer Verwaltung werden sich vier Hauptgesichtspunkte ergeben, daß nämlich 1. eine zusammenfassende einheitliche Gliederung vorliegt (man vergleiche damit die am Schlusse dargestellte jetzige Organisation in etwa der dreifachen Anzahl von Deputationen u. dergl.), 2. das bürgerliche Laienelement durch Sachkundige ergänzt worden ist, 3. vermöge durchgehender Einrichtung abgerundeter Einzelämter mit verantwortlichen höheren Beamten an der Spitze eine Entlastung der Deputationen sowie eine entschiedene Förderung der Initiative und der prompten sachgemäßen Geschäftserledigung herbeigeführt wird, 4. trotzdem nirgend ein schroffer und störender Eingriff in die bestehenden Zustände verursacht wird. — An die Neuerrichtung einiger wichtiger Amtsstellen werden unter der nachstehenden Nummer noch Bemerkungen geknüpft.

---

5. Schaffung je eines Amtes für Wohnungspflege, für Verwaltungs- und Rechnungscontrole.

Die Nothwendigkeit eines Wohnungsamtes brauche ich angesichts der mehr und mehr zur Erkenntniß gelangten thatsächlichen Verhältnisse und der bereits vorläufig eingesetzten Gesundheitscommissionen nicht zu erörtern und kann sogleich zu der Frage der Organisation und Zuständigkeit übergehen.

In dem oben aufgestellten Behördenaufbau (S. 38) ist das Wohnungsamt mit dem Baupolizeiamt vereinigt, die höheren und leitenden Beamten beider sind als die gleichen Personen gedacht, da eine gute Baupolizei die Vorbedingung und bereits halbe Erfüllung einer Wohnungscontrole bedeutet. An der Spitze der letzteren eine fachmännische Behörde zu sehen, die ein Glied einer Verwaltungsabtheilung mit bürgerlichen Elementen darstellt, ist hier ebenso nothwendig wie bei der Armenverwaltung, während die ausführenden Organe naturgemäß aus der Bevölkerung als Ehrenamtsträger gewonnen werden. Hierbei ist einmal zu berücksichtigen, daß die gesammte Gemeinde mit dem Controlnetz zu umspannen ist, andererseits aber auch, daß die Zahl der Ehrenämter nicht ins Ungemessene steige, keine Ueberbürdung des Einzelnen eintrete, und die Thätigkeit sowie die Erfahrungen anderer Verwaltungen auf diesem Gebiete durch geregelte Beziehungen zu diesem neu einzurichtenden Dienste nutzbar gemacht werden. Würde man nun das dichte Netz der Armenpfleger wie auch das weitere der Schulpfleger von vornherein in secundäre Verbindung mit der Wohnungspflege bringen, so ergäbe sich daraus die Möglichkeit, mit verhältnißmäßig wenig Wohnungspflegern eine umfassende Controle und wirksame Abhülfe bei Mißständen herbeizuführen. Allerdings würde den Pflegern und der Behörde im Anfange aus der nothwendigen durchgehenden Besichtigung der Grundstücke und ihrer Bewohnung ein beträchtlicher Zeitaufwand erwachsen, später aber könnte sich die Hauptthätigkeit auf periodische Revisionen in längeren Zwischenräumen und auf die einzelnen wunden Punkte concentriren, die gewiß zu einem großen Theile von den Armen- und den Schulpflegern entdeckt und gemeldet würden. Auf 1000 bis 2000 Wohnungen (je nach der Beschaffenheit der Gegend) möchten zwei Pfleger genügen, sodaß im gesammten städtischen Gebiete etwa 220 Wohnungspfleger erforderlich wären.

Die Bezirkseintheilung könnte sich entweder den Armenkreisen oder den Baupolizeibezirken anschließen, die wiederum in einige Unterbezirke mit je einem Vorsteher zerlegt würden. Dieser mit den zugehörigen Wohnungspflegern bildete eine Wohnungscommission, die etwa zweimonatlich eine Sitzung abzuhalten hätte, ebenso wie die Vorsteher unter dem Vorsitz des betreffenden Wohnungs- (Baupolizei-)Inspectors (Bezirksversammlung).

Außerdem würde unter dem Vorsitze des Directors aus den Inspectoren und einer Anzahl Vorstehern (etwa 10 oder 14) ein „Collegium für Wohnungspflege“ oder das „Wohnungsamt“ gebildet.

Hinsichtlich der Zuständigkeit müßte bestimmt werden, daß die Wohnungspfleger (welche ihre Besichtigungen der Regel nach zu Zweien, oder unter Umständen in Begleitung eines Beamten vorzunehmen hätten), thatsächliche Feststellungen vornähmen und die Wohnungsinhaber oder die Hauswirthe auf Gesetzwidrigkeiten behufs Abstellung derselben innerhalb anzugebender Frist aufmerksam machten. Verstöße gegen die getroffenen Anordnungen oder Nichtbefolgung derselben wären den Vorstehern und von diesen dem Wohnungsamt anzuzeigen. Dieses würde nach vorhergegangener Nachprüfung des Falles in Gemäßheit des Gesetzes eine Strafe oder zwangsweise Ausführung des Angeordneten verfügen. Hiergegen müßte dem Betroffenen die Beschwerde bei dem Senate und Berufung an ein Verwaltungsgericht oder (bis zur Schaffung desselben) an die ordentlichen Gerichte zustehen.

Die Errichtung einer neuen Verwaltungsabtheilung „Staatscontrole für Verwaltung und Rechnungswesen“ bedeutet nicht mehr und nicht weniger als die Bedachung unseres Verwaltungsgebäudes. Hierin fände der Wille und auch eine gewisse Gewähr dafür seinen Ausdruck, daß die erlassenen Gesetze und Verordnungen seitens der einzelnen Behörden sinngemäß und pünktlich ausgeführt, das Staatsvermögen, die Staatseinnahmen und Ausgaben gut verwaltet würden. So schwierig ein zweckentsprechendes Statut zu entwerfen sein wird, so zweifellos ist es beim Gelingen dieser Schöpfung, daß unsere Behörden wesentlich einheitlicher, sicherer und schneller arbeiten werden, und daß mit denselben Ausgaben ganz erheblich mehr geleistet bezw. an ihnen gespart werden wird. Von der Skizzirung eines Statuts nehme ich Abstand und bemerke nur, daß die vermuthlich befremdende Forderung einer besonderen Verwaltungscontrole nirgend nothwendiger ist, als in republikanischen Staatswesen und bei Selbstverwaltungsverbänden. Man könnte entgegnen, daß bisher und anderwärts auch ohne solche Einrichtung der Staat nicht zerfallen ist; es bedeutet aber für das Volk in geistiger und wirthschaftlicher Hinsicht einen gewaltigen Unterschied, ob das öffentliche Leben sich in ziemlich gleichmäßiger geregelter Entwickelung bewegt, oder ohne sichere Richtung in starken Wellen und Katastrophen, deren eine die andere vorbereitet.

Jeder unbefangene Politiker wird die Nachtheile republikanischer und parlamentarischer Regierungsformen gegenüber constitutionellen Monarchien leicht darin erkennen, daß bei jenen weniger Sicherheit und Stetigkeit in der Amtsführung zu herrschen pflegt, vorhandene Schäden sich öfter so tief einfressen, bis sie an allen Enden zum Vorschein kommen, dann die öffentliche Meinung aufregen und nun von der Masse oder deren Führern gewissen mißliebigen Einrichtungen und Personen (wenn auch nicht den richtigen) zur Last gelegt werden, so daß in radicaler Rücksichtslosigkeit ein Sturmlauf gegen sie beginnt, der aber nicht mit Gesundung, sondern mit Zerstörung und mit Aussaat von Keimen immerwährender Unruhe endigt. Uebrigens möchte ich das Gesagte nicht wörtlich auf Hamburg beziehen, denn die Entwickelung unserer Verfassung zu ihrem jetzigen Inhalte hat uns glücklicherweise keine einseitige Parlamentsregierung gebracht, auch von republikanischer Regierungsform im modernen Sinne kann nicht gesprochen werden, indessen wollen wir der unheilvollen inneren Kämpfe früherer Zeiten, der Einmischungen anderer Staaten und der Reichsgewalt eingedenk sein und beherzigen, daß es besser ist, nicht erst durch Schaden klug zu werden.

Der Verwaltungscontrole messe ich nun keineswegs das Amt und die Fähigkeit bei, vor Verfassungskämpfen zu bewahren und alle Verwaltungsthätigkeit stets auf das Zweckdienlichste auslaufen zu lassen, vielmehr denke ich sie mir als eine Function in der Verwaltung wie das Schwungrad bei der Maschine. Die Geschäftsführung aller Behörden soll durch das Controlamt verfolgt und überwacht werden. Mißstände sind sogleich näher zu prüfen und dem Senate, unter Umständen auch der Bürgerschaft zu berichten. Ebenso wäre die Einhaltung gesetzlich bestimmter Fristen bei Ausführung staatlicher Aufträge zu beobachten.

Die Rechnungscontrole hat die Aufgabe, bei allen Ausgaben, Einnahmen und Rechnungen bezw. Quittungen, eine genaue Prüfung vorzunehmen, die jetzt gerade fast gänzlich mangelt*). Hierüber braucht kein Wort hinzugefügt zu werden; dagegen liegen hinsichtlich der Verwaltungscontrole Bedenken nahe wegen der Stellung, die ihr gegenüber den anderen Behörden anzuweisen wäre. Aber auch auf diesem Gebiete giebt es bereits analoge Einrichtungen, die als Anhalt dienen können, nämlich bei den Zöllen und Steuern im Deutschen Reiche, wo eine Controle der Landesverwaltungen für Reichszölle und -Steuern durch Reichsbevollmächtigte stattfindet, die bekanntlich in keinerlei übergeordnetem Verhältnisse zu den zu controlirenden Behörden und Beamten stehen. —

Im Weiteren wird sich das Bedürfniß nach einem Gerichtshof zur Entscheidung von Competenzconflicten zwischen Gerichten und Verwaltungsbehörden sowie auch nach einem Verwaltungsgerichte mehr und mehr geltend machen.

6. Die Communalverwaltung.

Ein höchst bemerkenswerther Mangel in der städtischen Verwaltung ist das Fehlen einheitlich organischer Gliederung mit Ausnahme der (bureaukratisch und militärisch eingerichteten) Polizeiverwaltung. Die Schulverwaltung für sich entspricht solcher Forderung allerdings annähernd, und neuesten Datums endlich die Armenverwaltung in vollem Maße; eine allgemeine communale Selbstverwaltungsgliederung fehlt in Hamburg vollständig.

Bei dem Landgebiete dagegen mangelt die Zusammenfassung zu Selbstverwaltungsverbänden höherer Ordnung. In den weitesten Kreisen ist dieser ungesunde Zustand bisher nicht erkannt oder gewürdigt worden,

*) Während doch zur Zeit der alten Verfassung eine Revisionscommission des allgemeinen Rechnungswesens bestand.

was sich aus der geschichtlichen Entwickelung unserer Staatsverwaltung erklärt — aber nicht rechtfertigt.

Vor der neuen Verfassung von 1860 hatte das Landgebiet auch gar keinen Antheil an der Gesetzgebung und Staatsverwaltung; es steht noch jetzt darin zurück gegenüber dem städtischen Gebiete. Bis in die neueste Zeit wurde das Landgebiet mehr als persönliches Privateigenthum der Stadt aufgefaßt. Erst allmählich hat das Beispiel der Nachbarländer gewirkt, und am 12. Juni 1871 kam es zum Erlaß einer Landgemeindeordnung, woraus endlich Ortsgemeinden mit Corporationsrechten zur Selbstverwaltung ihrer Angelegenheiten hervorgingen.

Die Ergänzung der Landgemeindeordnung durch eine Landherrenschaftsordnung ist nun eine zeitgemäße Forderung.

Was in der Stadt die communale Selbstverwaltung, auf die wir stolz zu sein gewohnt sind, anbetrifft, so steht es damit im Allgemeinen wie bisher mit der Armenverwaltung im Besonderen: Früher konnten andere Städte von uns lernen und haben es gethan; jetzt aber müssen wir bei ihnen in die Lehre gehen. Indeß tritt dabei das hanseatische, stadtstaatliche Problem hinzu: die Communal- und die Staatsverwaltung an den richtigen Stellen zu verschmelzen und in eine gemeinsame Spitze auslaufen zu lassen.

Unsere städtische Communalverwaltung ist veraltet und überholt. Die Reorganisation der Armenpflege ist uns bereits geglückt, und so ist zu hoffen, daß wir auf anderen Gebieten auch Erfolg haben und noch einen bedeutsamen Schritt weiter thun werden. Dieser Schritt wird nicht nur in der Einführung einer geordneten Wohnungspflege bestehen (vergl. oben), sondern eine Neubelebung des gesammten Communalwesens und einen allgemeineren Zusammenhang der Bürger zur Bethätigung im öffentlichen Leben und Dienste der Vaterstadt herbeiführen müssen. — Von den bestehenden Einrichtungen ist es die Steuerverwaltung, die einer gesetzlichen Neuregelung dringend bedarf. Die bisherige Eintheilung in Steuerdistricte mit z. Th. mehr als 10000 Erwerbsthätigen und mehr als 1500 Grundstücken ist durchaus unzulänglich. Welche (nicht beabsichtigte) Ungerechtigkeiten liegen vor, wenn bei uns, wo die Einkommen von 600 Mk. an zu versteuern sind, die Köchinnen und ein Theil der übrigen häuslichen Dienstboten, sowie Wittwen und kleine Gewerbetreibende mit geringstem Einkommen steuern (und gesetzlich mit Recht), während es (mit Unrecht) wohl Tausenden mit Einkommen zwischen 1000 und 2000 Mk. gelingen mag, der Besteuerung sich zu entziehen! Und welche Rücksichtnahme andererseits auf die kleinen

Steuerzahler, daß sie jährlich nur ein-, höchstens zweimal den Weg nach der Steuerkasse haben und noch dazu alle (aus der Altstadt wie aus Winterhude) ohne Vorzug nach derselben einen Kasse! Sollte man nicht darauf Bedacht nehmen, daß auch die Steuerzahler ohne Bankconto ihren Verhältnissen gemäß (monatlich oder vierteljährlich und in ihrer Gemeinde oder Stadtgegend) die Steuer entrichten könnten*)?

Ebenso nothwendig ist es, die vor 30 Jahren gebildeten und seitdem nur unwesentlich veränderten Steuerdistricte (41 im ganzen Staatsgebiete) mit ihren „Steuerschätzungsbürgern" (ohne wirkliche Commissionsgliederung) in angemessene Bezirke und zweckentsprechende Veranlagungscommissionen umzuformen. Daß nur Bürger zu den Steuereinschätzungen u. dergl. herangezogen werden dürfen, möchte nicht aufrecht zu erhalten sein, sind doch schon bisher nicht alle Steuereinschätzungsbürger Bürger gewesen.

Andere Gebiete, auf denen die Stadtverwaltung sich mehr regen müßte, sind das Sparkassenwesen und der Arbeitsnachweis. In der Sparkassenfrage, wo die Meinungen längst geklärt sind, offenbart sich hier eine merkwürdige Unthätigkeit und Starrheit. In der principiellen Vorfrage der Zweckmäßigkeit des Sparens bricht sich übrigens die Ansicht mehr und mehr Bahn, daß Sparen als Selbstzweck und unter Hintenansetzung der Körper- und Geistespflege sowie des socialen Fortschritts vom Uebel sei. Wenn man dieser Auffassung im Wesentlichen auch beipflichten wird, so bleibt doch tausendfältige Gelegenheit und Zweckmäßigkeit zum Sparen, ja selbst vielfache Veranlassung, zum Sparen anzuregen. Der Sinn des Wortes ist doch, das im Augenblick (ohne Schädigung der Erwerbsfähigkeit) entbehrliche Einkommen für Zeiten aufzusammeln, wo entweder die Einkünfte den Bedarf nicht decken oder größere als die laufenden Mittel zur Durchführung eines Unternehmens, zur Erreichung eines wirthschaftlichen und socialen Fortschritts eingesetzt werden sollen. Das Gros der „kleinen Leute", an die man zunächst allein denkt, verbraucht einen erheblichen Procentsatz seines Verdienstes für überflüssige und schädliche Genußmittel sowie für politische Parteizwecke. Sollte diesen Personen vom Sparen abgerathen werden? Jedenfalls wäre zuerst gegen die unnützen Ausgaben das Wort zu ergreifen und dann darzuthun, in welchen Fällen das Nichtsparen von

---

*) Die Einkommen unter 1000 Mark jährlich möchten wohl zweckmäßig bei Familienhaushaltungen unbesteuert zu lassen sein.

Nutzen ist. — Auf die Hamburgischen Sparkassen näher einzugehen, will ich einer etwaigen späteren Gelegenheit vorbehalten.

Auch beim Arbeitsnachweis wird Jedermann die weitreichende Bedeutung anerkennen. Außer den in wirthschaftlicher und socialer Hinsicht unmittelbar betroffenen Bevölkerungskreisen zieht zugleich das allgemeine öffentliche Wohl wie auch die Verwaltung wesentlichen Nutzen aus einem rationell eingerichteten Arbeits- und Arbeiternachweis. Die Bedenken und Schwierigkeiten liegen in der Organisation. Hier soll nicht darauf eingegangen werden; es sei jedoch bemerkt, daß diese Angelegenheit nicht den Arbeitern und Arbeitgebern ausschließlich zu überlassen ist, sondern mit zu einer Communal- und Staatssache gemacht werden muß.

Eine an Bedeutung in kurzer Zeit in erste Reihe gerückte Frage ist die Volkswohlfahrt. Auch hier reichen die Selbsthülfe und freie Vereinsthätigkeit nicht aus, Gemeinde und Staat müssen mit eintreten. Es handelt sich vor Allem um allgemeinen Unterricht der „Jugendlichen", um Volksbibliotheken, um Volksbelehrung und -Erholungen sowie um gute (Arbeiter-)Wohnungen. Das sind nun schwierige und principielle Fragen; man muß aber davon ausgehen, daß die in den letzten Decennien wesentlich veränderten innerpolitischen und Wirthschaftsverhältnisse aller Kulturstaaten nicht nach den Grundsätzen früherer Volkswirthschaften zu beurtheilen sind. Die Stellung des Staates, der Gemeinde und der Selbstverwaltung gegenüber der Privatwirthschaft muß sich mit der Entwickelung der letzteren ebenfalls ändern. Das individualistisch-privatwirthschaftliche System der freien Concurrenz hat namentlich in Deutschland bereits wesentliche gesetzliche Beschränkungen erfahren; die sociale und staatssocialistische Richtung wird zweifellos noch längere Zeit anhalten und meines unmaßgeblichen Erachtens wenigstens so lange, bis die fundamentale Wohnungsfrage von ihr vollständig erreicht ist. Dann mag eine Rückkehr einsetzen oder neue Seiten des geistigen, socialen und wirthschaftlichen Lebens mögen in den Vordergrund treten; niemals aber vermag ein einseitiges System wie der Socialismus sich durchzuringen und zu halten, am wenigsten in der Form der Socialdemokratie; denn eine rein socialistische Volkswirthschaft und gesunde persönliche Freiheit schließen sich aus. In politischer wie wirthschaftlicher Beziehung werden die Kulturstaaten sich niemals auf einer einseitig individualistischen oder ausschließlich gesellschaftlichen (socialistischen) Linie bewegen, sondern stets wird ein Parallelogramm oder Polygon der Kräfte die (ewig veränderliche) Richtung bestimmen.

Die Wohnungsfrage liegt zunächst noch in den Fesseln der freien Concurrenz des privaten Grundeigenthums. Es ist nun die Aufgabe der größeren Stadtgemeinden und der Gesetzgebung, jenes einseitige Princip, das früher unschädlich war, zu beschränken, um in der Beseitigung der städtischen Wohnungsnoth dauernden Erfolg zu erzielen. Wer nur einigermaßen die sog. volkswirthschaftlichen Gesetze kennt und versteht, wird sich sagen müssen, daß die anderwärts wie auch in Hamburg auf der Tagesordnung stehenden Verbesserungsvorschläge und Bestrebungen weder durchgreifend noch dauernd helfen können; sie scheitern an den Wirkungen der freien Concurrenz. Somit bleibt nichts übrig, als daß die Verwaltung der Städte allmählich eine genügende Bodenfläche erwirbt und der Speculation für immer entzieht. Ohne Einschreiten der Stadtverwaltungen und der Gesetzgebung, insbesondere in Hamburg, ist an gesunde und billige Wohnungen für die minder begüterten Bevölkerungsklassen nicht zu denken.

Ueber die Fortsetzung der Volksschulen in Form allgemeiner und gewerblicher Fortbildungsschulen, obligatorisch für „Jugendliche" bis zum 18. Lebensjahre und facultativ auch für ältere Personen, bemerke ich hier nur, daß zur Durchführung derselben wiederum die Ehrenamtsthätigkeit dazu berufener Bürger in Anspruch genommen werden kann und muß. —

Hieran reihe ich ferner als hervorragende Aufgabe der städtischen Verwaltung die möglichste Verbilligung der Lebensbedürfnisse, vor Allem Fleisch, Brod, Milch, Gemüse, Feuerung. Bei der Feuerung ist die Art des Ofens und Heizens ausschlaggebender als der Preis des Heizmaterials; denn die Ausnutzung des Brennmaterials erfolgt mittels der überwiegenden Mehrzahl der Oefen nur zu einem geringen Procentsatz; nach sachkundigem Urtheil pflegen über 90 Procent verloren zu gehen. Hier hätte sich demnach die Sorge der Stadtverwaltung vornehmlich auf gute Heizeinrichtungen zu legen. Bezüglich der Lebensmittel kämen besonders in Betracht: bequeme Zufuhr, möglichste Beseitigung des Zwischenhandels, Schaffung übersichtlicher, controlirbarer und bequem erreichbarer Einkaufsgelegenheiten (Markthallen).

Endlich, aber nicht in letzter Linie, hebe ich die Fürsorge der Regierung für das Verkehrswesen hervor. Je größeren Umfang die Städte annehmen, um so drängender wird das Bedürfniß, die Schwierigkeiten und wirthschaftlichen wie auch socialen Schäden der weiten Entfernungen zwischen Wohnung und Arbeitsstelle durch zweckmäßige ausgiebige Verkehrseinrichtungen zu überwinden, oder doch zum Theil auszugleichen. Die Wohnungsfrage läßt sich ohne Lösung der Verkehrsfrage nicht erledigen, es sei denn, daß man für die zahlreichen Erwerbsthätigen, deren Arbeitsstelle häufigem Wechsel unterliegt, statt der fest fundamentirten Gebäude Wohnungen auf Rädern einführen könnte.

Da es bei den Beförderungsmitteln (Pferde-, Straßen-, Eisen-, elektrischen Bahnen) innerhalb der Städte und deren Umgebung nicht nur darauf ankommt, einen vorhandenen Verkehr aufzunehmen, sondern überhaupt die Bebauung bestimmter Gegenden und die Entwickelung eines solchen zu ermöglichen, da ferner die reine privatwirthschaftliche Form nicht zum Ziele führt, so muß auch hier die Gemeinde bezw. der Staat wirksam eingreifen und, wenn es die Verhältnisse erlauben, die Bahnen in eigene Verwaltung oder doch in Besitz nehmen bezw. behalten. Dazu gehört natürlich, daß die bereits dem Privatbesitz überlassenen einträglichen Strecken einen wesentlichen Theil ihres Gewinnes dem Gemeinwesen entrichten müssen, bis sie vertragsgemäß in Gemeindeeigenthum übergehen. In Hamburg haben wir leider allein auf diesem Gebiete eine schwere Aufgabe zu lösen; die letzten Jahre haben bedauerlich geringe Leistungen aufzuweisen. —

Gedenken wir angesichts dieser Aufgaben noch einmal der Verwaltung, so ist der vielfach rege gewordene Wunsch erklärlich, auch in Hamburg an ihrer Spitze für längere Jahre eine Person zu sehen, in deren Händen alle Fäden der Verwaltung zusammenlaufen, und von der nach allen Richtungen Anregungen ausgehen. Meinerseits habe ich weiter oben darauf hingewiesen, daß man die Stellung und die Amtsdauer des Bürgermeisters zweckmäßig etwas wird ändern können, doch habe ich mich dagegen ausgesprochen, unseren ersten Bürgermeister verfassungsmäßig so zu stellen wie die binnenländischen Stadthäupter oder andererseits wie den Präsidenten einer ausländischen Republik. Die wesentlichsten Functionen des combinirten Staats- und Stadtoberhauptes in Hamburg stehen dem Senate zu. Daran wird man im Allgemeinen festhalten müssen und nicht einer einzelnen Person ohne höhere Instanz dauernd ein Uebermaß von Befugnissen und Pflichten übertragen wollen. Die Nachtheile, welche damit verbunden sind, daß ein Collegium die Spitze in Staat und Stadt bildet, können bis zu gewissem Grade unschädlich gemacht werden, indem auf communalem Gebiete dem Bürgermeister gesetzlich ein etwas größerer Einfluß eingeräumt wird als bisher, und indem eine besondere Verwaltungscontrole ins Leben tritt. Die Wahlperiode für den Bürgermeister (jetzt 2 bezw. 1jährig) hatte ich demgemäß auf 2 bis 5 Jahre (unter Zulassung der Wiederwahl) vorgeschlagen, während mit den von anderer Seite nach dem Muster der Städteordnungen anderer Staaten empfohlenen längeren (6 bis 12jährigen) Zeiträumen m. E. auch die Consequenz gezogen und die Stadtverwaltung von der Staatsverwaltung getrennt werden müßte, eine Maßnahme, zu der nicht genügende Veranlassung vorliegen dürfte.

Die entgegengesetzte Frage der staatlichen und communalen Ehrenämter, d. h. der ausgedehnten Betheiligung an der Verwaltung seitens Mitglieder der Bevölkerung, die ihrerseits einem besonderen Erwerbe oder Privatberufe obliegen, geht einerseits aus von dem Bestreben der Regierten, an dem Regieren selbst mitzuwirken, und gewinnt andererseits ihre hervorragende Bedeutung dadurch, daß die dazu Berufenen aus der einseitigen, parteiischen Kritik zur sachlichen Ueberlegung und Mitarbeit geführt werden. Obgleich nun die Inanspruchnahme der einzelnen Ehrenamtsträger in mäßigen Grenzen zu halten ist, so zeigt sie sich doch in solchem Umfange anwendbar und zweckmäßig, daß eine außerordentliche Ersparniß an besoldeten Kräften erzielt wird und zahlreiche Aufgaben, an welche sonst kaum gedacht werden könnte, auf diesem Wege ihre Lösung zu finden vermögen. Die Thätigkeit der Bürger in der Selbstverwaltung läßt sich vergleichen mit dem Turnen und den Jugendspielen der Schüler oder mit der Theilnahme an Vereinen und Genossenschaften hinsichtlich des Kräfteanspruchs; denn für jeden, der in seinem Berufe geistig und körperlich nicht gerade übermäßig angestrengt ist, wird eine nebenher gehende maßvolle Beschäftigung auf anderen Gebieten im Allgemeinen von Nutzen sein. Das gilt auch bei Beamten. Es braucht wohl kaum hervorgehoben zu werden, daß zur Theilnahme an der Selbstverwaltung möglichst alle Bevölkerungskreise heranzuziehen sind, auch die handarbeitenden, soweit dieses mit ihrer Erwerbsthätigkeit vereinbar ist. Bei den äußeren, unmittelbar ausführenden Organen im Communaldienste würde man als Erforderniß die Staatsangehörigkeit oder noch weiter den dauernden Wohnsitz (Ansässigkeit) zu Grunde legen, selbstverständlich auch die Fähigkeit zum Schöffenamt, abgesehen vom Alter, dem man keine bestimmte Schranke zu ziehen brauchte.

Die Art des communalen Zusammenlebens und Verwaltens hat eine so hohe und fundamentale Bedeutung für das gesammte Staatsleben, daß man in der richtigen ethischen und verwaltungspolitischen Ausgestaltung des ersteren das wirksamste Mittel zur Annäherung der sich immer schroffer spaltenden Gesellschaftsschichten und der zersetzenden

Tendenz der Socialdemokratie finden wird. Deshalb mit freudiger Thatkraft an den Ausbau unserer communalen Selbstverwaltung! Oder glaubt man warten zu dürfen, bis die Socialdemokratie unter dem gläsernen Dache ihrer blasirten Wissenschaftlichkeit in Ueberhebung, Größenwahn und Entsittlichung von selbst verkomme?! Nein, dann ist es zu spät, dann wäre ein Trümmerhaufen vorhanden mit schädlichen Keimen und Ueberresten, eine Wüstenei wie nach dem dreißigjährigen Kriege.

7. Die nächstliegenden besonderen Aufgaben und Arbeiten der Staats- und Stadtverwaltung.

Dieser letzte Punkt unserer Abhandlung schließt sich dem vorhergehenden eng an; es handelt sich hier um die zunächst liegenden besonderen Aufgaben der Stadt Hamburg, um Einrichtungen, die in anderen Städten z. Th. bereits längere oder kürzere Zeit zum Wohle der Bewohner bestehen, sonst aber um neue, vielumstrittene Fragen oder um Hamburgische Specialgegenstände. Ich glaube noch kurz auf eine allgemeine Erörterung zurückkommen zu dürfen, da die Vertretung der unbeugsamen grundsätzlichen Anschauungen einzelner einflußreicher Personen und ganzer Parteien bei der etwaigen Berathung jener Fragen voraussichtlich einen breiten Raum einnehmen wird.

Als am Ende des vorigen und im Laufe dieses Jahrhunderts die liberalen Ideen gegenüber den bisherigen Doctrinen und der Gebundenheits- und Bevormundungspraxis zur geistigen Herrschaft gelangten, folgte die Gesetzgebung in den deutschen Staaten zuerst ganz allmählich auf diesem Wege, nach Errichtung des Norddeutschen Bundes und des Deutschen Reiches indeß in ziemlich radicaler Weise. Man bedachte jedoch dabei nicht die Folgen der lebhaft im Gange befindlichen elementaren Veränderungen in der Privat- und Volkswirthschaft mittels der Anwendung der Dampfkraft in der Industrie und dem Verkehrswesen, nachdem die vorhandenen großen Kapitale und die beginnende Vereinigung kleiner Ersparnisse zu neuen großen Kapitalkräften in Form von Actienunternehmungen sich den neuen Ideen und Plänen dienstbar machten; die Befreiung des Grundeigenthums und der Person von allen Fesseln (soweit sie außerhalb der Strafgesetze und des Schutzes von Person und Eigenthum lagen) war die Dritte im Bunde. Viele waren mit dieser Entwickelung nicht einverstanden und sagten Unheil vorher. An ein Correlat dachte nur erst dieser und jener Theoretiker, nicht aber die Landes- und die Reichsgesetzgebung. Es schien, als ob der Nutzen einer gewaltigen Steigerung der industriellen Productionskraft alle Schmerzen einzelner Stände oder Gemeinden als belanglos oder vorübergehend zunächst unberücksichtigt zu lassen erlaube, und als ob die kleineren Volkskreise (Gewerbestände, Corporationen, Gemeinden) und Einzelstaaten jenen technischen Fortschritten und den sog. liberalen, von Reichswegen in die Praxis umgesetzten Ideen pflichtgemäß freies Spiel gewähren müßten.

Das Bild der neuesten Wirthschaftsperiode zeigt nun eine ungeahnte Bewegung der Bevölkerung (oder genauer: vorwiegend gewisser Personenkategorien: Handarbeiter sowie unverheirathete Erwerbsthätige im Allgemeinen) vom Lande in die Städte, vom Osten nach dem industriellen Westen, ein Strömen nach hohen Schornsteinen, ferner eine z. Th. fabelhafte Preissteigerung des städtischen Grund und Bodens (gegenüber einer oft erheblichen Preis- und Werthminderung ländlicher Gebäude und Grundstücke), sodann in unmittelbarer Verbindung damit das moderne Grundstücks- und Bauspeculantenwesen, weiterhin das Einlogiererthum (sowie auch den Zerfall des Gewerbehaushalts in Familie und Auslogierer) — eine kaum übersehbare, zügellose Bewegung ohne Controleur und Lenker.

Gerade wenn das Reich selbst ein gesundes Gegengewicht gegen die schädlichen Folgen der im Ganzen als nützlich und nothwendig anerkannten Freizügigkeit, gegen die allgemeine numerische Stimmberechtigung zum Reichstage, die Versammlungs- und Preßfreiheit nicht geschaffen hat, liegt es dem Einzelstaate und der Gemeinde ob, den unbeabsichtigten und z. Th. nicht vorherzusehenden Folgen, sobald sie in Willkür, Ausbeutung, sittlicher und wirthschaftlicher Gefährdung der Gesellschaft auslaufen, mit den ihnen noch zu Gebote stehenden Mitteln entgegenzuwirken. Die bösesten Feinde aller hierauf gerichteten praktischen Maßnahmen sind aber radicale Wirthschafts- und Menschheitsdoctrinen sowie Parteigrundsätze, welche übersehen, daß die vielgestaltene gesellschaftliche Entwickelung selbst neue Theorien schafft und vorhandene Parteien und Schulmeinungen trotz ihrer Unfehlbarkeit über kurz oder lang ins Grab senkt. —

Nachdem in Hamburg die Frage der Wasserversorgung soweit gelöst ist, daß die Stadt in kurzer Zeit mit unschädlichem Trink- und Gebrauchswasser versehen und hoffentlich auch bald von den widerwärtigen

Wasserkasten[1]) befreit sein wird, ist die Wohnungsfrage zweifellos an die erste Stelle getreten. Sie vereinigt mehrere Probleme in sich: 1. ist erforderlich ein umfassender wohldurchdachter Bebauungsplan, 2. eine den modernen Anforderungen entsprechende Bauordnung (Baupolizeigesetz), 3. ein Bewohnungsgesetz, 4. die Schaffung guter Straßen und schneller, billiger Bahnverbindungen, 5. die Erbauung von Wohnungen für die unbemittelten Volksklassen mit communaler oder staatlicher Hülfe, soweit die private und genossenschaftliche Bauthätigkeit den Bedürfnissen nicht entspricht, bezw. nicht zu genügen vermag.

In einem früheren Abschnitt habe ich bereits das Fehlen eines Bebauungsplanes bedauert und will hier nur die Hoffnung ausdrücken, daß auf Grund des in jüngster Zeit erlassenen Gesetzes, betr. den Bebauungsplan für die Vororte auf dem rechten Elbufer, vom 30. Dezember 1892 ein rationeller Plan erwachse[2]) und bald eine Erweiterung nach dem Landgebiete hin erfahre.

Auf die Bauordnung möchte ich hier auch nicht näher eingehen. Da sich der Senat und die Bevölkerung dieses Gegenstandes warm und entschieden angenommen haben, und die nächstbetheiligte Behörde (Baupolizei) der Lösung dieser Frage mit besonderer Hingebung und vollem Verständniß sich widmet, so darf man wohl mit Zuversicht in möglichst kurzer Frist eine durchgreifend wirkende Bauordnung erwarten. Eins wollte ich von meinem Standpunkte aus nur hervorheben: Die Hauptsorge werden trockene, helle, getrennte, gut gelüftete Räume sein müssen. Man wird sicherlich gut thun, bei der Abwägung des Wünschenswerthen und Erreichbaren, nicht zu hohe Anforderungen an den Kubikinhalt der Wohnräume zu stellen, da man durch sicher wirkende Ventilation und rationelle Heizvorrichtungen mehr erreicht als durch den größeren Raum ohne diese. Besonderes Gewicht ist dagegen auf die Trennung der Räume nach den Bedürfnissen (der Zusammensetzung) der einzelnen Haushaltungen zu legen. Sittliche Verkommenheit und Verrohung, sowie daraus sich ergebende körperliche Degeneration können durch die normalste und höchste Stockwerkshöhe und Bodenfläche nicht hintangehalten oder gut gemacht

[1]) Es ist allerdings bereits eine auffallend lange Zeit verstrichen, ohne daß die Baudeputation zu der ihr überwiesenen Wasserkastenfrage sich geäußert hätte.

[2]) Mit Ausarbeitung des Bebauungsplanes ist in Gemäßheit obigen Gesetzes eine aus 3 Mitgliedern des Senats und 6 Mitgliedern der Bürgerschaft gebildete Commission beauftragt.

werden. Auf gute Oefen und wirksame Lüftung ist unter allen Umständen besonderes Gewicht zu legen. Damit wird eine erheblich größere Sicherheit für gesundes Wohnen gewährleistet, als bei den übrigen baupolizeilichen Vorschriften. Die Lüftung würde sich bei Neubauten doch gewiß leicht und zweckmäßig in der Decke der Zimmer und nach einem analogen Princip wie die Siemensschen Wasserkocher anbringen lassen; Technikern wird es nicht schwer fallen, diese specielle Frage glücklich zu lösen. Die beiden wichtigen Factoren, mit denen in den Großstädten, ganz besonders in Hamburg zu rechnen ist, sind der eng bemessene Baugrund und die Höhe des Miethpreises, der keinen unverhältnißmäßigen Theil des Einkommens verschlingen soll. Es kommt hinzu die Nützlichkeit, ja das Bedürfniß freier Plätze und Anlagen, sodaß man wenigstens in den Haupttheilen der Stadt auf Etagenhäuser und überall auf eine Beschränkung der wilden Grundstücks- und Bauspeculation hingedrängt wird.

Ueber die Anforderungen an ein Bewohnungsgesetz wird man in allen wichtigen Punkten einig sein; die Wohnungscontroleure (Pfleger) und die sonstige behördliche Organisation wurden an früherer Stelle besprochen *).

Die nächste Aufgabe: Schaffung schneller und billiger Verbindungen zwischen den einzelnen Stadttheilen, zeigt ein äußerst unfreundliches Aussehen. Staatsseitig ist, außer bei dem Fährverkehr im Hafen, nichts geschehen, und die Privatunternehmung hat darin ebenso wenig geleistet. Es ist zu befürchten, daß über die Verkehrs- und Wegezustände in Hamburg ein allgemeiner Unwille ausbricht, der den Wasserscandal noch in Schatten stellt. Wenn wir der Sache näher treten, so erblicken wir überall das Bedürfniß nach Aenderung und nach Neuschaffung, befinden uns aber auch sogleich in rein technischen Fragen; die Bevölkerung muß sich deshalb darauf beschränken, immer von Neuem die Forderungen einer Ringbahn, einer Bahn nach Ohlsdorf und einer directen Verbindung von St. Pauli nach Steinwärder auf dem Landwege mit Nachdruck aufzustellen. In Bezug auf das letzte Problem, dem verschiedene Privattechniker schon seit Langem näher getreten sind, möchte ich mir erlauben, einen neuen Gedanken anzuregen. Ich denke, da es sich vorwiegend um den Personenverkehr handelt und

*) Inzwischen ist ein Senatsantrag auf Erlaß eines Gesetzes, betr. die Wohnungspflege unter dem 12. Mai 1893 der Bürgerschaft mitgetheilt und von dieser einem Ausschusse überwiesen worden.

nicht um die Beförderung schwerer Massengüter, kann man sich mit einer elektrischen Drahtseilbahn hoch über die Elbe hinweg begnügen. Die administrative und technische Ausführbarkeit vorausgesetzt — welche Perspective eröffnete sich da! wie bald wäre dieser Verbindungsweg herzustellen, welche Einnahmen würde der Staat aus dem Vergnügungsverkehr durch die Luft in vier- oder womöglich achtsitzigen hängenden, rollenden Wagen ziehen! Die Arbeiter könnten nahezu umsonst befördert werden. Denkt man sich den Anfang der Bahn am Millernthor hinter dem Seemannshause, und das Ende, oder besser zwei Enden auf Steinwärder und dem Kleinen Grasbrook, so würde sich eine ziemlich bedeutende Strecke ergeben; diese käme aber fast allen Benutzern ganz zu gute. — Möge der Gedanke zum Nutzen der Bewohner und des Gemeinwesens sich verwirklichen lassen!

Als fünften Punkt der Wohnungsfrage hatte ich die Erbauung von Wohnungen mit gemeindlicher bezw. staatlicher Hülfe aufgeführt. Die principielle Erörterung ist bereits vorangegangen; das Bedürfniß an kleinen gesunden Wohnungen ist notorisch, die Befriedigung desselben auf dem Wege der Bauspeculation und der freien Privatthätigkeit ist, wenigstens in annähernder Hinlänglichkeit, ausgeschlossen. Von entscheidender Wichtigkeit ist hierbei noch, daß im letzten Jahrzehnt zahlreiche Arbeiterwohnungen (Gr. Grasbrook) von Staatswegen niedergelegt worden sind, und daß jetzt beabsichtigt wird, die in der Stadt vorhandenen schlechten Quartiere ebenfalls von Staatswegen zu beseitigen.

Vor Allem ist ein Generalplan vonnöthen, was abgerissen, was, wie und wann aufgebaut werden soll. Man wird sich hüten müssen, bei einiger Platzverlegenheit zum Schaden der Zukunft sogleich öffentliche Anlagen und freie Plätze mit Arbeiterwohnungen zu bebauen. In der Nähe des Hafens könnte zunächst auf der Veddel mit dem Bau einiger Häuser mit schönen, kleinen Wohnungen (natürlich größere zwei- bis dreistöckige Häuser mit Gärten u. s. w.) begonnen werden. Die Eiskuhle und der Pilatuspool (am Ende der Straße „Bei den Hütten") könnten sofort niedergelegt und nach dem aufzustellenden Plane alsbald mit größeren Häusern wieder bebaut werden. Gleichzeitig wäre der Versuch zu machen, unbenutzte Speichergebäude der Altstadt neu oder zum Theil zu Wohnungen umzubauen. Die neuen Häuser an der Eiskuhle und am Pilatuspool würden wohl eine größere Bewohnerzahl als bisher bequem aufzunehmen vermögen. Auch eine Anzahl anderer Grundstücke und Lagerplätze, zum Theil dem Staate gehörig, werden für den vorliegenden Zweck zur Bebauung geeignet sein, so daß der

Grüne Sood nebst Umgebung, ein Theil des Steinstraßenviertels und des sog. Gängeviertels in der Neustadt im Abbrechen bald nachfolgen könnten. Je nachdem der Generalplan umfassendere Aenderungen in den Straßenzügen und den Niveauverhältnissen derselben vorsieht, muß auch die vorgängige Herrichtung von neuen Wohnungen eingeleitet werden. Bei dem Südertheil der Neustadt werden sich derartige eingreifende Umgestaltungen der Straßenzüge und ihrer Höhenlage vermuthlich als sehr erwünscht herausstellen. Ferner erfordert der Neue Steinweg mit seinen tiefen Höfen nach der Mühlenstraße, der Schlachterstraße, dem Großen Neumarkt und nach der Peterstraße auf der anderen Seite mit in erster Linie Berücksichtigung. Die Verhältnisse in den Vororten gestatten einem neuen Baupolizei- und Wohnungsgesetz, dortselbst wirksame Abhülfe zu schaffen, und die directe Erbauung von Häusern mit kleinen, billigen Wohnungen kann zunächst einmal auf vereinzelte Fälle beschränkt, andererseits eher den größeren gewerblichen Unternehmungen wie genossenschaftlichen und sonstigen Vereinigungen oder Privatpersonen unter staatlicher Controle überlassen werden.

Eine verständige Wohnungspolitik kann den im Flusse befindlichen Bestrebungen und den praktischen Erfordernissen sehr zu Hülfe kommen. Die übermäßige Nachfrage nach Arbeiterwohnungen im Innern der Stadt oder in ungünstig gelegenen Straßen muß nach Möglichkeit beseitigt werden. Das kann z. B. geschehen, indem bei Fabrikconcessionen diesem Gesichtspunkte Rechnung getragen wird, in der Hauptsache aber dadurch, daß Verkehrsverbindungen geschaffen werden, die den Erwerbsthätigen sicher, schnell und billig von einer Stadtgegend in die andere, von der Arbeitsstelle in ein gesundes, angenehmes Heim befördern.

Mit dem soeben besprochenen Gegenstande im Allgemeinen noch in Verbindung stehend ist die Kanalisationsfrage, die aber stark auf das ökonomische Gebiet hinübergreift. Die Stadt Hamburg hat das Siel- oder Schwemmkanalisations-System bei sich durchgeführt, indem alle Abwässer und menschlichen Unrathstoffe durch Röhren und Kanäle (Siele) in die Elbe geleitet werden. Diese Art der Stadtreinigung hat selbst unter den Hygienikern noch Befürworter; man hat dafür die Redensart von der „Selbstreinigung der Flüsse" erfunden. Da ich weder in technischen, noch in hygienischen Dingen Fachmann bin, muß ich mich auf allgemeine Erwägungen beschränken, in welchen auch Laien das Wort gestattet ist, denen im Streite der Fachleute bekanntlich oft genug die Entscheidung anheimfällt; ich will mir hier indeß keineswegs eine solche anmaßen. Jedenfalls wird die Elbe durch die Sielausflüsse arg verunreinigt, und zwar doppelt so stark, als vor zwei Jahrzehnten, wo nicht die halbe Bevölkerungsmasse wie heute ihre Auswurfstoffe dorthin abführte, und mit der ferneren Zunahme der Bewohner werden sich die vorhandenen Uebelstände noch steigern, da die Wassermasse der Elbe hierauf keine Rücksicht nimmt. Man sollte jetzt wenigstens aufhören, neue, im Außenbezirk liegende Straßen noch an die Elbsiele anzuschließen. Aber auch im Ganzen ist es ökonomisch höchst bedauerlich, daß so gewaltige Mengen werthvollen Düngers dem Elbstrome preisgegeben werden. Sollte es nicht etwa angängig sein, die Fäkalien an der Elbe, der Bille, Alster u. s. w. in Tankschiffe laufen oder pumpen zu lassen und dann einer nutzbringenden landwirthschaftlichen Verwendung zuzuführen? Der Flußverunreinigung durch die abzulassenden Wassermassen könnte vorgebeugt werden, indem die Tankschiffe oder die Sammelstellen am Lande mit Filtereinrichtung versehen würden. Auch ein etwa für erforderlich oder zweckmäßig erachtetes Abkochen der Sielstoffe möchte sich auf den eisernen Schiffen technisch ohne besondere erhebliche Kosten bewerkstelligen lassen.

Auf jeden Fall sind wir an dem Zeitpunkte längst angekommen, wo mit allem Nachdruck der Weiterführung unserer Kanalisationsart ein Halt geboten werden muß. Mit dem Wunsche, daß die Behörden in Uebereinstimmung mit der Bevölkerung dieser Frage energisch sich annehmen mögen, gehe ich nun zu einem anderen Gegenstande über.

Im vorhergehenden Abschnitte betonte ich die Nothwendigkeit, eine Verbilligung der hauptsächlichsten Lebensbedürfnisse anzustreben. Das sind Wohnung, Feuerung und Nahrungsmittel. Die Verwaltungspolitik und Gesetzgebung werden zunächst ihr Augenmerk auf das vom Großen bis zum Kleinsten sich erstreckende Makler- und Zwischenhändlerunwesen zu richten und dann directe zweckdienliche Veranstaltungen zu treffen haben. Es liegt mir vollständig fern, den Maklern und Zwischenhändlern zu nahe zu treten, es handelt sich hier vielmehr um ein System und um Verhältnisse, die in einer ganz überwiegend Handel treibenden Stadtbevölkerung, im Rahmen einer früheren Wirthschaftsordnung und der damaligen politischen Lage besonderen Bedürfnissen entsprungen sind, unter den jetzt herrschenden Gesetzen und Freiheiten ungehindert sich entwickeln konnten und ungeachtet der eingetretenen Veränderungen der socialen und wirthschaftlichen Zusammensetzung der Bevölkerung Hamburgs Stand gehalten haben. Die zunehmende Concurrenz verbilligt nun zwar, wenn aber die Concurrenten innerhalb einer bestimmten Klasse zahlreicher werden, als den Waaren-

Bedürfnißmengen entspricht, so beansprucht die Unreellität Bürgerrecht. Vor Allem aber entbehrt die privatwirthschaftliche Form des gewerbsmäßigen Zwischenhandels und Vermittlerthums der Nothwendigkeit und selbst der wirthschaftlichen Zweckmäßigkeit. Man denke hier z. B. an das Heuerbaasunwesen. Ich will nicht näher darauf eingehen.

Zu den unmittelbaren staatsseitigen Verbilligungs-Maßnahmen, die in erster Linie stehen, gehören die Sorge für gute Oefen und richtiges Heizen, sowie die Markthallen.

In Bezug auf die Feuerung sollte der Hebel schon in der Schule angesetzt werden, und den Kindern auch Unterweisung im Heizen bezw. in der Behandlung des Ofens ertheilt werden.

Die Markthallen dienen nicht nur zur Verbilligung der Waaren, sondern auch der größeren Gewähr ihrer Güte, einer besseren Auswahl und durchgreifender gesundheitspolizeilicher Ueberwachung. In Folge der günstigen Wasserverbindung Hamburgs mit dem Binnen- und Auslande sollte man einen besonders wohlfeilen Lebensunterhalt erwarten; indeß ist das Gegentheil Thatsache. Allerdings muß dabei mancherlei bemerkt werden. Abgesehen von den verhältnißmäßig hohen Ansprüchen an die Lebenshaltung in Hamburg, zeigen die Einkaufsverhältnisse weitergehende Qualitätsunterscheidungen und eine verschiedenartige Behandlung der Käuferklassen. Der Mittelstand steht sich am ungünstigsten dabei. Es ist Sitte, daß den wohlhabenden Ständen fast alle Waaren ins Haus gebracht werden; natürlich werden die daraus erwachsenden Kosten dem Waarenpreise aufgeschlagen, aber allgemein, sodaß auch die Käufer im Laden, welche das Gekaufte mitnehmen, denselben Preis zahlen müssen. Bei den unteren Volksklassen pflegt jedoch auf den Einheitspreis bezw. das Gewicht nicht genau gesehen zu werden; sie kaufen billiger, fordern vielfach nicht eine bestimmte Menge, sondern für ein (kleines) Stück Geld. Die Einheitspreise mancher Waaren im Kleinhandel sind zwar nicht auffallend hohe, dagegen tritt eine bedenkliche Erscheinung zu Tage: das Pfund oder Viertelpfund einer gekauften Waare wiegt fast niemals voll, das bezahlte Liter mißt nachher nicht ein Kubikdecimeter. Wer z. B. im Jahre nominell 500 Liter Milch verbraucht, hat thatsächlich im Durchschnitt wohl nicht mehr als 400 bis 450 l erhalten. Die Maße und Gewichtsstücke mögen richtig sein, aber sie werden nicht voll geliefert. Auffallend ist immerhin auch, daß man im Binnenlande Hamburger Fische billiger kauft als in Hamburg selbst. Das beruht aber außer auf den hohen Arbeitspreisen, dem Inshausbringen und dem mehrfachen Zwischenhandel auch darauf, daß der Verbrauch dieser Nahrungs- und Genußmittel in Hamburg ein regelmäßigerer, ständiger ist, während auswärts der Fischverbrauch vorwiegender in den Zeiten starken Angebots stattfindet und bei geringer Zufuhr und höheren Preisen wesentlich eingeschränkt wird und z. Th. gänzlich aufhört.

Bezüglich des Markthallenbaues könnte nun entgegnet werden, die Hamburgische Bevölkerung äußere kein Verlangen danach und zöge die bisherige bequemere Bezugsart vor*). Solche Aeußerung würde aber wenig Werth haben; denn einmal ist die Bevölkerung im Ganzen noch nicht in die Lage gekommen, diese Frage zur Kenntniß zu nehmen, und ferner findet sich der Hamburger schwerer mit einem neuen Gedanken als mit einer vollendeten Thatsache ab; ja es ist nicht unwahrscheinlich, daß bei allgemeiner Befragung die überwiegende Mehrheit zunächst sagen würde: „Das geht gar nicht". Ist es nachher dennoch gegangen, so lebt er sich leicht in die neuen Verhältnisse ein und wird bald stolz darauf. Die praktische Ausführung des Markthallensystems leidet allerdings nicht Mangel an Schwierigkeiten. Gedenken wir vorerst nur der Platzfrage. Für die Neustadt (Südertheil) liegt es nahe, das alte Schlachthaus („Küterhaus" am Hafen, zwischen Vorsetzen und Bleichergang an der Langenreihe) als Markthalle einzurichten. Es könnte sich nur fragen, ob man dasselbe nicht noch zweckmäßiger als Seemanns- oder überhaupt als Krankenhaus umbauen sollte. Dann ließe sich am Stubbenhuk wohl ein passender Platz ausfindig machen; vielleicht wäre es auch angängig, auf der Grenze der Altstadt an der Slamatjenbrücke zwischen Küterwall und Herrlichkeit unter Mitbenutzung des an der betreffenden Stelle zu überwölbenden Fleets eine Markthalle zu errichten. Weiter käme die Gegend des Meßbergs nach der Steinstraße zu in Frage, wo etwa am Klingberge ein geeigneter Punkt sein würde. Der Lage nach günstig ist auch die Gegend bei der alten Börse (Brodschrangen). Für jeden Stadttheil genügt eine Markthalle. Die Auswahl bezw. den Vorschlag von Plätzen will ich indeß hier nicht weiter versuchen, sondern Berufeneren überlassen, zumal diese Angelegenheit seitens der maßgebenden Körperschaften noch nicht ernstlich in Erwägung genommen zu sein scheint. In der Stadt haben wir z. Zt.

*) Mit besonderer Freude habe ich jüngst einen Bericht des Neustädter Bürgervereins gelesen. Höchst selten findet man in derartigen Vereinen eine communale Angelegenheit von allgemeinster Bedeutung mit gleichem einsichtsvollen Verständniß behandelt. Die nächstliegende Forderung geht dahin, das alte frei gewordene Schlachthaus am Hafen als Markthalle einzurichten.

drei Marktplätze für Gemüsehandel, auf dem Hopfenmarkte bei der Nikolaikirche, am Meßberge und Hansaplatz. Das ist Alles. Die vorortliche Bebauung ließ ihrer historischen Entwicklung gemäß einen allgemeinen Marktverkehr außer Betracht. Sobald aber der Zug nach den Großstädten — nicht an letzter Stelle auch bei Hamburg — im Verein mit dem regelmäßigen natürlichen Wachsthum der Bevölkerung die innerstädtischen Wohnstätten besetzt fand und bald überfüllte, strömten auch die zuwandernden Arbeitermassen und Kleingewerbetreibenden in die Außenbezirke, die bisher fast nur aus Gruppen von Landstellen (Bauernhöfen) und in steigendem Maße aus Villen (Sommersitzen und ständigen Wohnungen) der wohlhabenden Stadtbewohner bestanden. War hier zunächst ein Bedürfniß nach Marktplätzen nicht vorhanden, so huldigte man auch bei veränderter Besiedelung der Vororte der Anschauung, die Verhältnisse sich frei entwickeln lassen zu müssen. Ein vorsorgendes Eingreifen des Staats unterblieb. Was überhaupt an offener oder an Einfamilienhaus-Bebauung ganzer Straßen und an freien Plätzen dauernd gesichert wurde, geschah auf dem Wege grundbuchmäßiger Verclausulirung. Dann (1872 und 1882) wurde wenigstens auf baupolizeilichem Gebiete eingeschritten. Indessen, die meisten Vororte zeigen noch zahlreiche und unbebaute Bodenflächen, die ein Bebauungsplan oder ein besonderes staatliches Unternehmen zu Marktzwecken in Aussicht nehmen kann. —

Ueberall fanden wir ein ausgedehntes Arbeitsfeld; sorge ein Jeder nach seinen Kräften — mit der Hand, dem Kopfe und der Feder — dafür, daß thatkräftig ans Werk gegangen und mit unverdrossener Ausdauer und Opferwilligkeit bis zum guten Abschluß gearbeitet werde.

Schlußwort.

Aus den vorliegenden Erörterungen ist jeder persönliche Angriff fern gehalten, in ihnen auch auf die Parteiansichten und Bestrebungen, welche in der „Bürgerschaft", in der Presse, in Bürgervereinen hinsichtlich einer „Reorganisation" ans Licht getreten sind, nicht polemisch näher eingegangen. Das öffentliche Leben befindet sich zur Zeit in lebhafter Bewegung. Außer den Verwaltungsmaßnahmen und Gesetzen, die im gewöhnlichen Verlaufe der Zeit ebenfalls erfolgt wären, hat die Regierung seit dem vergangenen Sommer eine fieberhafte Thätigkeit entfaltet. Die bekannte Veranlassung dazu war das Auftreten der Cholera. Neben den mannigfachen Verordnungen und Einrichtungen ad hoc wurde von Senat und Bürgerschaft durch Beschluß vom 14./15. September 1892 eine „gemischte Commission [3 Senats- und 6 Bürgerschaftsmitglieder] zur Prüfung der sanitären Verhältnisse Hamburgs" gebildet und dieser am 23. November auch der Bürgerschaftsantrag, betr. Beseitigung ungesunder und Schaffung gesunder Wohnungen, vom Senate überwiesen. Zu derselben Zeit, am 23. November 1892, beantragte die Bürgerschaft, daß eine gemischte Commission niedergesetzt werde, um zu prüfen, „in welchen Beziehungen eine Reform unserer Verwaltung erforderlich ist, und ob und inwieweit im Zusammenhang mit derselben eine Aenderung unserer Verfassung und Gesetzgebung geboten ist". Diese „gemeinschaftliche Commission wegen Reform der Verwaltung u. w. d. a." kam am 30. Januar 1893 in der Zusammensetzung von 5 Senats- und 6 Bürgerschaftsmitgliedern zu Stande. Die Commission beräth seitdem über die schwierigen Fragen; ein Bericht liegt bis jetzt nicht vor. Dagegen ist bereits vor längerer Zeit von der erstgenannten

Commission ein (erster) Bericht erstattet worden, und auf Grund desselben hat der Senat sogleich zwei Gesetzentwürfe ausarbeiten lassen und der Bürgerschaft zur Mitgenehmigung vorgelegt. Der eine, die Novelle zum Baupolizeigesetz, wurde unter dem 28. April 1893 schon Gesetz, während die Vorlage eines Wohnungsgesetzes (Senatsantrag vom 12. Mai 1893) z. Zt. in einem bürgerschaftlichen Ausschusse berathen wird. Die bei der Epidemie freiwillig gebildeten Gesundheitscommissionen[1]) wurden nach Maßgabe der Bekanntmachung vom 16. Dezember 1892 vorläufig bis 30. Juni 1893 in Wirksamkeit belassen. Noch am 28. Dezember 1892 ordnete ein Gesetz die Errichtung eines Hygienischen Instituts an, und am 1. Februar 1893 wurde auch der übrige Theil des Senatsantrages vom 5. Dezember 1892, betr. Reorganisation des Medicinalwesens, von der Bürgerschaft angenommen.

Die verheerende Choleraepidemie hat nicht das Verdienst, wohl aber den heilsamen Erfolg gehabt, die Augen aller maßgebenden Kreise auf mancherlei Schäden und berechtigte Wünsche gerichtet zu haben. Man nahm allgemeiner — und thut es noch heute — zwischen dem Ausbruch der Krankheit und ihrer Bekämpfung einerseits, den (Wasser- und) Wohnungsverhältnissen, sowie unseren Verwaltungseinrichtungen andrerseits einen engen Zusammenhang an. Es mag deshalb auffallen, daß ich bei der Besprechung unserer staatlichen Verhältnisse und der Wünsche für die Zukunft nicht die Cholera zur Unterstützung hinzugezogen oder auch nur erwähnt habe. Das ist geschehen, weil die Beobachtung des Verlaufs der vorjährigen Epidemie mich in der Ueberzeugung bestärkt hat, daß die Wohnungsverhältnisse, wie die Lage nach Geest und Marsch für die Cholera ganz secundärer Bedeutung sind, und eine mit gutem Trink- und Gebrauchswasser versehene Stadt einen umfangreicheren Choleraeinbruch niemals zu befürchten haben wird. Ist meine Auffassung zutreffend, so wird die Mahnung umsomehr zu beherzigen sein, bei der in lebhafte Thätigkeit versetzten Gesetzgebung auf dem Gebiete staatlicher Fürsorge und Wohlfahrtspflege nicht zu sehr oder ausschließlich von jenem einen äußeren Anstoße sich beherrschen zu lassen. Gerade hinsichtlich anderer Krankheiten, sowie der socialen und sittlichen Gefahren zeigen schlechte Wohnungsverhältnisse ihren wesentlichsten und schädlichsten Einfluß.

*) Vgl. § 5 der Verordnung, betr. Maßnahmen zur Unterdrückung der Cholera, vom 5. Oktober 1892.

Die räumliche Ausdehnung der Krankheit über die ganze Stadt, das gleichzeitige Auftreten, Anschwellen und Abfallen in allen Stadttheilen war nur möglich, wenn eine allgemeine Uebertragungsgelegenheit in der Luft, im Boden (Untergrund, Grundwasser) oder in der Wasserleitung vorlag. Deductiv ist keines der Drei als Träger des Krankheitskeimes in Hamburg erwiesen, dagegen ist inductiv der Beweis geführt worden, daß Luft und Grundwasser hierbei nicht wesentlich in Frage kommen, vielmehr das Leitungswasser den Einbruch der Cholera vermittelte. Diesbezüglich brauche ich nur auf die bisher erfolgten amtlichen Veröffentlichungen hinzuweisen. Ferner aber stellt sich als inductiv erwiesen heraus, daß ohne jene Vermittelung des Keimes eine Ansteckung von anderen Gegenständen und vom Menschen zum Menschen (wie vom Wasser zum Menschen) auf dem Wege durch Mund und Magen stattgefunden hat. Der einzelne Fall, in welchem diese Art der Ansteckung als vorliegend erachtet wurde, bleibt immer zweifelhaft und kann nicht maßgebend sein, wohl aber das zahlreiche, in die Hunderte gehende Material. Diese secundäre Form der Krankheitsübertragung beruht im Wesentlichen auf Unvorsichtigkeit und Nachlässigkeit; sie wird für den Betroffenen verhängnißvoll (wie bei der primären Ansteckungsart), wenn das Gift in wirksamer Verfassung und ev. größerer Menge gestörte Verdauungsorgane antrifft. Das ist das Ergebniß der Beobachtungen bei der Hamburger Epidemie von 1892, und ich zweifle nicht, daß die vom Reichsgesundheitsamte veranlaßte eingehende Untersuchung dies zu überzeugendem Ausdruck bringen wird, obgleich es sehr schwierig ist, die Bevölkerung in Vorsichtige und Unvorsichtige, in starke und schwache Magen, sowie in solche Personen, die einer größeren oder geringeren Berührungsgefahr ausgesetzt sind, zu zerlegen. Man ist genöthigt, gewisse Aushülfsmittel zu verwenden. Ein besonderes Interesse erregen die nach Geest- und Marschland (angeschwemmter Boden im Elbthale) verschiedenen Theile der Stadt und ihrer Nachbarschaft. Wer hier einfach die Cholera auf dem Geest- und Marschgebiete gegenüberstellt, wie das schon (auch von Pettenkofer) geschehen ist, kann natürlich zu den verkehrtesten Schlüssen kommen. Diese Gebiete lassen sich summarisch als Wohn- und als Arbeits- oder Wassergegend unterscheiden. Die Bevölkerung beider Theile ist wesentlich verschieden zusammengesetzt.

Was auch dem Laien an den Werken M. von Pettenkofer's auffallen muß, ist die Kritiklosigkeit, mit welcher Angaben über die früheren Choleraepidemien als Material und Thatsachen wiedergegeben werden; das gilt z. B. von den Daten der ersten und letzten Erkrankungsfälle. Jedermann weiß jetzt, was von den Nachrichten über die älteren Epidemien zu halten ist. Ferner war der Ausspruch befremdend, gewisse Orte, Zeiten und Menschen seien immun gegen Cholera. Bisher hatte dieses Wort doch eine andere Bedeutung. Das Verschontbleiben und eine jeweilige Widerstandskraft gegen Krankheitsangriffe kann man nicht als Immunität bezeichnen. Das Pferd ist unempfänglich gegen Cholera, wie der Mensch gegen Klauenseuche der Spalthufer, wenn ich recht unterrichtet bin; doch nennt man z. B. nicht eine Kuh, die während des Herrschens der Klauenseuche von ihr ohne experimentelle Einwirkung verschont bleibt, immun. Sodann gefällt dem Laien nicht eine Gleichung mit drei Unbekannten — selbst nicht als Gleichniß. Ist einem wissenschaftlichen Gegenstande auf dem Wege des exacten Experiments und des deductiven Beweises, wie bisher bei der Cholera, nicht beizukommen, so bleibt nur der inductive Weg: aus den Aeußerungen und Erscheinungen in der großen Menge nach den Anforderungen wissenschaftlicher Methodik Schlüsse zu ziehen. Wo älteres Material (Beobachtungen) vorliegt, bildet die erste Aufgabe eine kritische Prüfung desselben; ebenso ist ein ängstlich genaues Vorgehen bei Vergleichungen verschiedener Erscheinungsreihen erforderlich. Bei der Cholera ist in Bezug auf ihr Entstehen, ihre Veranlassung bei den einzelnen Erkrankten die Ansteckungszeit, nicht aber ein weiteres Stadium der Krankheit oder der von anderen äußerlichen Verhältnissen abhängige Tag des Bekanntwerdens oder der Todestag zu berücksichtigen. Nach ärztlichen Beobachtungen soll nun zwischen der Ansteckung und dem Fühlbarwerden der Krankheit eine Zeit von mindestens einem Tage bis etwa zu zehn Tagen liegen (sog. Incubationsperiode). Hat v. Pettenkofer alles das in Rücksicht gezogen?

Da ich oben die Wohnungsfrage im Allgemeinen in den Vordergrund des öffentlichen Interesses gestellt, in der Cholerafrage aber ihr eine secundäre, dem Trink-, Gebrauchs- und Verkehrswasser dagegen die erste Stelle eingeräumt habe, so mußte ich wenigstens meinen Standpunkt als Nicht-Mediciner im Rahmen dieses Schlußwortes kurz zu begründen suchen. —

Was nun auch in jener schweren Zeit, sei es an sich berechtigt oder unberechtigt, zutreffend oder unzutreffend, dazu beitrug, das öffentliche Leben in Aufregung zu versetzen, den Gemeinsinn zu wecken und allgemein zum Vorwärtsstreben zu drängen — es muß uns in der

Wirkung willkommen sein als ein Glück im Unglück. Die Pflicht der Regierung und eines jeden guten Bürgers ist es, das öffentlich oder im Stillen abgelegte Gelübde eifriger Mitarbeiterschaft im Communalleben, am Fortschritt auf allen Gebieten des gemeinen Wohles treu zu bewahren. Und wenn von vornherein erfahrene Stimmen dahin sich verlautbarten, daß der lebhafte Anlauf unserer Gesetzgebungskörperschaften wohl bald genug nachlassen und nicht bis zu den erhofften Zielen führen werde, so theile ich diese ungünstige Meinung nicht, möchte aber zum Schlusse an alle Mitbürger die Bitte richten, nicht nur in aufmerksamer Theilnahme unsere staatlichen und communalen Angelegenheiten zu verfolgen, sondern auch, soweit an ihnen ist, ihre werkthätige Hülfe und Mitarbeit bereit zu stellen. Als der in gesegnetem Andenken stehende Bürgermeister Dr. Abendroth seine „Wünsche bei Hamburgs Wiedergeburt im Jahre 1814" schrieb, hoffte man nach der vorangegangenen drückenden Fremdherrschaft bei der „Wiedergeburt" auf viele zeitgemäße Umgestaltungen der alten Verfassungs- und Verwaltungszustände, und wohl Niemand hat bei Einsetzung der gewiß verdienstvollen Reorganisations-Deputation („Zwanziger") vom 27. Mai 1814 gefürchtet, daß Jahrzehnte darüber vergehen würden und ein neues schweres Unglück, der Brand von 1842, der Erfüllung mancher sehnlicher Wünsche noch zuvorkäme. Indessen heute liegen die Verhältnisse wesentlich anders, auch die treibenden Kräfte scheinen von genügender Stärke und werden schon von der allgemeinen politischen Bewegung im Flusse erhalten.

Für eine Umgestaltung unserer Verfassung und Verwaltungseinrichtungen haben Viele ihre besonderen Recepte bereit. Einzelne Mixturen enthalten solche starke Säuren und Gifte, daß man kaum wagen möchte, den Stöpsel zu lösen, andere wiederum milde homöopatische Dosen, um der „sich selbst helfen müssenden Natur" sanft nachzuhelfen. Zweifellos ist auch die Zahl solcher Reformer nicht gering, die ohne Recept erscheinen, nur nach Hörensagen urtheilen, aber eine gründliche Diagnose gar nicht angestellt haben — häufig mangels der nöthigen Vorbedingungen. Nochmals möchte ich betonen, daß man in das geschichtlich Gewordene und jetzt Bestehende nur bei überzeugender Nothwendigkeit, und soweit diese reicht, eingreifen soll, derart ferner, daß man bei den verschiedenen ungesunden Stellen ohne Störung und heftige Reaction des Organismus, aber mit richtigen wirksamen Mitteln einsetzt.

Westphalen wußte in dem unten angeführten Werke viele Stellen am Staatsorganismus zu bezeichnen, an denen Wechsel und Besserung geschaffen werden müsse, aber er war doch bei seiner früher (1832) geäußerten Ansicht geblieben: „Der vollkommenste Staat ist unstreitig der, wo die Wohlfahrt der Gesammtheit vermittelst möglichst geringer Beschränkungen der individuellen Rechte eines jeden Einzelnen gefördert wird. . . . Soweit nun irgend menschliche Institute zur Vollkommenheit emporreifen können, entspricht Hamburg allen jenen Anforderungen; dies die Quelle aller Segnungen, die es über seine Bewohner ausströmt, dies der unerschütterliche Grund, auf welchem die Liebe des Hamburgers zu seinem Hamburg beruht, und sollte auch sein Blick nie zu dessen Tiefe hinabgedrungen sein.“ Das mag zu optimistisch klingen, es soll aber wenigstens unser ernstes, aufrichtiges Streben sein, jenem Ziele nahe zu bleiben und näher zu rücken. Seit etwa dreißig Jahren stehen wir in einer neuen politischen und wirthschaftlichen Bewegung, der die Staatsgewalt zunächst die Thore öffnete, deren mächtigen Zügen sie dann jedoch gleichsam als einem Naturereignisse schweigend gegenüberstand. Hat noch ein Wort Gültigkeit wie: „die Liebe des Hamburgers zu seinem Hamburg“, nachdem die Fremdgeborenen die Ueberzahl gewonnen haben, und man nicht mehr weiß, wo Hamburg anfängt und aufhört? Nach einer weiteren und wahrscheinlich kürzeren Spanne Zeit stehen wir voraussichtlich vor anderen Verhältnissen, welche hoffentlich schon an sich das Bedürfniß nach Zusammenschluß und die Befriedigung desselben fördern werden. Inzwischen müssen Gesetzgebung und Verwaltung das Ihre thun. Hat auf dem schwierigen Gebiete des Staatslebens und der Kulturentwickelung im Allgemeinen die richtige Kenntniß der Vergangenheit stets ein unentbehrliches Mittel für die Beurtheilung von Maßnahmen in der Gegenwart gebildet, so wird jetzt auch immer mehr die weitere Anforderung gestellt, an die gewonnene Erkenntniß der Vergangenheit diejenige der augenblicklichen Tendenzen anzufügen, um die künftige Entwickelung vorherzusehen und in Rücksicht zu ziehen.

Den gegenwärtigen Zuständen und einem Ausblick in die Zukunft ist diese Schrift gewidmet; wegen der Vergangenheit und der Literatur im Allgemeinen*) verweise ich in erster Linie auf die nachstehenden Veröffentlichungen:

*) In allerletzter Zeit ist noch eine kleine, sehr beachtenswerthe Broschüre: „Revision der Hamburgischen Verfassung.“ Gedruckt (als Manuscript) von Hungerland Wwe & Co., 15 S., erschienen, die ich nicht unerwähnt lassen möchte.

Bartels (Dr., Bürgermeister), Einige Abhandlungen über Gegenstände der Hamburgischen Verfassung. Hamburg 1838.

Dr. N. A. Westphalen, Hamburgs Verfassung und Verwaltung in ihrer allmählichen Entwickelung bis auf die neueste Zeit. Zwei Bände. Hamburg 1846 (und die daselbst angeführte ältere Literatur).

Dr. J. Wolffson, Das Staatsrecht der freien und Hansestadt Hamburg, im III. Bande von Marquardsens Handbuche des öffentlichen Rechts. 1884.

Dr. W. von Melle, Das Hamburgische Staatsrecht. Verlag von L. Voß. Hamburg und Leipzig, 1891.

Alb. Wulff, Hamburgische Gesetze und Verordnungen. 2 Bde. Hamburg, 1889 und 1891. Oberstedt & Schering.

Senatsantrag (Gesetzentwurf nebst ausführlicher Begründung) vom 1. März 1893, betreffend die Vereinigung der Vorstadt St. Pauli, der Vororte u. w. d. a. mit der Stadt.

Hamburgische Gesetzsammlung.

Amtsblatt der freien und Hansestadt Hamburg. Gedruckt bei Lütcke und Wulff.

Zu Kapitel 4 auf Seite 30.

B. Gegenwärtige Organisation der Verwaltungsabtheilungen, Deputationen und Collegien (Mai 1893).

Vorbildung und Qualification der Beamten werde ich, soweit mir Angaben darüber zur Verfügung stehen, mit folgenden Abkürzungen unterscheiden: Abgeschlossene Universitätsbildung mit „academisch gebildet" (acad.), zugleich mit praktischer Vorbildung im Justizdienste = Jurist, mit praktischer Vorbildung im höheren Verwaltungsdienste = höherer Verwaltungsbeamter (acad. Verw.); abgeschlossene technische Vorbildung (auf einer technischen Hochschule nebst Praxis) = höherer Techniker (höh. Techn. oder h. Fachm.). Die Oberbeamten der Deputationen u. dergl., soweit sie nicht Vorstände oder Oberbeamte besonderer Behörden (Verwaltungen, Bureaux) sind, heißen in Hamburg Secretär; dieselbe Bezeichnung führen jedoch auch die Bibliothekare (wissensch. Assistenten) der Stadtbibliothek, der zweite wissenschaftliche Beamte der Kunsthalle und der erste Bureaubeamte der Staatsanwaltschaft.

Die Dienstbezeichnungen habe ich wenigstens für die leitenden oder oberen Beamten überall hinzugefügt (Director, Vorstand, Secretär, Rath, Schulrath, Oberingenieur, Oberbeamter, Inspector, Oberinspector u. s. w.), ebenso auch die Titel (Professor); dagegen unterließ ich die Mittheilung der Gehaltssätze der einzelnen Beamten oder Klassen, was Mancher bedauern wird. Auch die Art der Regelung dieser Frage ist von erheblicher Bedeutung, nicht nur für die Beamten selbst; aber da die Gehaltsregulirung für die unteren, die überwiegende Zahl der mittleren und eine Reihe technischer Beamten, sowie für die Elementarlehrer neuerdings erledigt worden ist, ferner für die übrigen gerade in Berathung sich befindet, so schien mir der jetzige Zeitpunkt und diese Gelegenheit nicht geeignet; wäre doch auch einer grundsätzlichen Erörterung nicht zu entrathen gewesen.

Der amtliche Staatskalender und sonstige Quellen gehen bei ihrer systematischen Anordnung von den Deputationen (senatorischen und bürgerlichen Mitgliedern) zu den zugehörigen ausführenden Verwaltungsstellen oder Bureaux mit der Ueberschrift „Beamte" über. Es wäre verfehlt, in dieser auf den Sachverhalt gerichteten Darstellung jener Form nachzuahmen.

Auf andere Mängel der amtlichen Unterlagen weise ich nachstehend an gegebener Stelle noch hin. Die gesetzliche Basis unserer heutigen Verwaltungsorganisation beruht im Wesentlichen (außer auf der Verfassung) auf dem im Anhange mitgetheilten Gesetze vom 15. Juni 1863.

[**Verwaltungsabtheilung für die Finanzen.** Vorstand: Der Präses der Finanzdeputation.]

1. Finanzdeputation.

Besteht aus drei Senatsmitgliedern (darunter seit Langem 1 Syndicus; der Präses ist rechtsgelehrter, der zweite Senator kaufm. Senator) und 10 von der Bürgerschaft erwählten bürgerlichen Mitgliedern (sämmtlich kaufm.). Diese werden vor dem Senate auf getreue Amtsführung vereidigt *).

Geschäftskreis: Vertretung des Hamburgischen Staates und der Stadt in vermögensrechtlicher Beziehung, Aufsicht über die Verwaltung und Controle des Hamburgischen Staatseigenthums, der Staatseinnahmen und -Ausgaben, des Staats-

*) Eine Vereidigung anderer bürgerlicher Deputationsmitglieder (mit Ausnahme der eigentlich nicht dahin zu rechnenden pharmaceutischen Assistenten des Medicinalcollegiums) findet nicht statt.

schuldenwesens, der Hauptstaatskasse (als der einzigen selbständigen öffentlichen Staatskasse), Verdingung aller Staatslieferungen (soweit es sich nicht um Beträge unter 360 Mark handelt oder von Seiten des Senats im einzelnen Falle die Erlaubniß ertheilt ist, vom Verdingungswege abzusehen), Verkäufe und Verpachtungen von Staatseigenthum.

Die bürgerlichen Mitglieder der Finanzdeputation nehmen in ausgedehntem Maße an der Kassenführung bezw. -Revision wie an sonstigen Geschäften und der Verwaltung verschiedener, der Deputation unterstellter Betriebe theil.

Die Finanzdeputation delegirt in mehrere andere Behörden je ein oder zwei ihrer Mitglieder, namentlich um auf eine gleichmäßige Kassenführung hinzuwirken. Sie ist die wichtigste unserer Deputationen. Ihr steht indeß nicht die Befugniß der Rechnungscontrole (eines Controlhofes) zu. Die Hauptstaatskasse ist verpflichtet, alle vorschriftsmäßig gegen Quittung eingeworbenen Beträge auszuzahlen und die dorthin abgeführten Gelder zu vereinnahmen.

Die Hauptarbeit fällt natürlich den einzelnen besonderen Verwaltungen und Bureaux zu, die ihren Dienstzweig meistens selbständig bearbeiten.

Die Sitzungen der Finanzdeputation finden gewöhnlich zweimal wöchentlich statt.

Secretäre: zwei (Juristen).

Secretariat: 20 Bureaubeamte und dergl.

Bureaux und Verwaltungen.

a. Kassenverwaltung (Hauptstaatskasse).

Beamte: 1 Director der Hauptstaatskasse (*), 1 Controlebeamter (*), 20 Bureaubeamte (einschl. Schreiber) und 1 Einnehmer von den öffentlichen Vergnügungen.

b. Domänenverwaltung.

1 Domäneninspector (höherer Techniker) und 12 Bureaubeamte &c., 1 Inspector der Pachtgüter, 1 Förster und 5 Holzvögte; ferner 2 Aufseher und 1 Assistent an den Landungsplätzen der Hafenstraße und am Pinnasberg.

c. Staatsschuldenverwaltung.

1 Buchführer (*), 1 Bureaubeamter und 1 Protokollist für die Umschreibungen von Staatsschulddocumenten (Jurist), sowie 6 Kanzlisten und Schreiber.

Bemerkung: Die eingeklammerten Sterne (*) hinter einzelnen (Subaltern-) Beamten in wichtigeren oder leitenden Stellungen bedeuten, daß sie in derselben Behörde, oder auch von einer anderen Hamburgischen Behörde aus, zu ihrem jetzigen Posten emporgekommen sind.

d. Lombardverwaltung (drei Staatsleihhäuser).

Leihhausordnung vom 29. Dezember 1882 und Bekanntmachung vom 19. Februar 1892, betr. Aenderung derselben.

1 Lombardinspector (*), 3 Verwalter und 13 Beamte (Pfandbuchführer, Lagermeister, Bureaubeamte 2c).

e. Verwaltung der Zollvereinsniederlage.

1 Buchhalter und Kassierer (als erster Beamter), 1 Kanzlist, 1 Aufseher und 1 Bote.

Diese Beamten der vormaligen Actiengesellschaft sind auf Grund Senats- und Bürgerschaftsbeschlusses vom 11. Januar/15. März definitiv vom Staate angestellt.

f. Section der Finanzdeputation für das Beleuchtungswesen.

Besteht aus 1 Syndicus als Präses und 2 bürgerlichen Mitgliedern der Finanzdeputation.

aa. Städtische Gaswerke.

Höhere leitende Beamte: 1 Director (höherer Techniker, vordem Inspector des Beleuchtungswesens) und 1 Subdirector (höherer Techniker), 4 Techniker (zur Zeit noch unbesetzt), 1 Werkführer auf der Steinwärder Gasanstalt.

bb. Baubureau.

1 Ingenieur.

Nach dem Senats- und Bürgerschaftsbeschlusse vom 5. Januar 1891 u. s. w. und 4. April 1892 ist auch der Betrieb der Gaswerke (bisher in Verpachtung) in unmittelbare Staatsverwaltung übernommen und die Finanzdeputation ermächtigt worden, für die zwei nächsten Betriebsjahre von Aufstellung eines specialisirten Budgets für die Gaswerke abzusehen, auch die Gehalte der Angestellten des bisherigen Pächters aus den laufenden Einnahmen zu bestreiten. Es sind hier daher nur die neuangestellten Directoren aufgeführt. Bezüglich der Beamten des Beleuchtungsinspectorats ist vorläufig nichts verändert.

Der Staat hatte, außer den vorgenannten sog. städtischen Gaswerken auf dem Grasbrook und in Barmbeck, schon bisher eine Gasanstalt auf Steinwärder in eigener Verwaltung. Die Etats beider sind nunmehr vereinigt worden.

Die Gasanstalten u. s. w. liefern die Leuchtstoffe, während das nachstehende Inspectorat die Verwendung derselben und insbesondere die Versorgung der Stadt mit Licht zu beaufsichtigen hat. Auch der Betrieb der Elektricitätswerke (die im Jahre 1893 in Verpachtung übergehen werden) liegt der Direction der Gaswerke vorläufig noch ob. Diese Verwaltungen befinden sich also in einem Uebergangsstadium.

cc. Beleuchtungsinspectorat.

1 Inspector (höherer Fachmann, fehlt zur Zeit), 3 Assistenten (Techniker), 3 Bureaubeamte; ferner 2 Feuerungscontroleure für die Aufsicht der Brennmateriallieferung an alle Staatsbehörden und Anstalten.

2. Deputation für directe Steuern.

(Steuerdeputation).

Besteht aus 2 Senatsmitgliedern (zur Zeit beide kaufm.), 1 aus der Finanzdeputation delegirten und 5 von der Bürgerschaft erwählten bürgerlichen Mitgliedern (sämmtlich Kaufleute).

Geschäftskreis: Die Steuerdeputation (nebst Bureau) ist zwar eine Staatsbehörde und übt einige specifisch-staatliche Functionen aus, doch gleicht sie in ihrer Hauptthätigkeit und im Wesen einer Communalbehörde. Ihr liegt die Prüfung der Steuerreclamationen, die Festsetzung von Strafen wegen Steuerhinterziehungen u. s. w. ob. Zu der Revision der Steuerrollen werden Revisionscommissionen gebildet, und zur Erledigung der regelmäßigen Einsprachen gegen die behördlicherseits erfolgten Einschätzungen zur Einkommen- und zur Grundsteuer, der Gesuche um Steuererlaß u. s. w. finden in der betr. Jahreszeit zahlreiche mündliche Verhandlungen (Sitzungen) statt, an denen außer dem Präses nur je ein bürgerliches Mitglied und ein Steuerschätzungsbürger theilnimmt (Reclamationsausschuß). Im Plenum hält die Steuerdeputation monatlich eine Sitzung ab (jährlich 11 bis 13, siehe Verw.-Bericht).

Für Beschwerden oder Reclamationen in Einquartierungssachen bildet die Steuerdeputation die letzte Instanz. Für diesen Dienstzweig ist im Uebrigen eine „Section für Einquartierung", bestehend aus 1 Senator und 2 bürgerlichen Mitgliedern, abgezweigt worden, über die indeß wenig zu erfahren ist. Nach den Verwaltungsberichten übt das Statistische Bureau*) zugleich die Functionen eines Einquartierungsamtes aus. Sitzungen der Section werden nicht verzeichnet. Zu der Aufstellung der Einquartierungskataster werden übrigens die Steuerschätzungsbürger der betreffenden Bezirke hinzugezogen (Hamburgisches Einquartierungsgesetz von 1875).

Das Amt der Steuerschätzungsbürger ist der Sache nach ein communales Ehrenamt für Staatszwecke.

Secretäre: Keine.

Bureaux: Steuerverwaltung und Steuerkasse. Die leitenden Beamten sind: 1 Generalcontroleur(*), 1 Controleur(*); ferner ein Obereinnehmer(*, jetzt Gehaltsklasse 13). Sonstige Beamte: 29 für die Steuerverwaltung und 8 für die Steuerkasse.

---

*) Die jährlichen Verwaltungsberichte behandeln das Statistische Bureau als selbständiges Anhängsel der Steuerdeputation.

Das Bureau der Steuerverwaltung hat die Einschätzungsformulare für die Einkommensteuer an die Bewohner auszusenden, die Steuerlisten für die Einkommen- und Grundsteuer aufzustellen und von den Steuerschätzungsbürgern prüfen zu lassen. Letztere haben insbesondere die Einschätzung der Einkommen vorzunehmen, wo Selbsteinschätzungen fehlen, desgleichen bei den Miethen der vom Eigenthümer selbst benutzten Gebäude und Grundstücke.

Die Steuerkasse erhebt nicht nur die directen Staatssteuern nebst Strafgeldern (in Stadt und umliegendem Gebiete direct), sondern auch die städtischen Wasserbeiträge, das Schulgeld für die höheren Staatsschulen, die sogen. Jahreszulagen für Sielanlagen sowie die Deichbeiträge (aus der Stadtmarsch). Die eingehenden Gelder sind baldigst, gewöhnlich täglich, wenigstens aber zweimal wöchentlich an die Staatskasse abzuführen. — Revidirtes Gesetz, betr. die Einkommensteuer vom 7. Januar 1881, Grundsteuergesetz vom 4. Juli 1881 und Bonitirungsgesetz von demselben Tage.

2ª. Das Statistische Bureau.

Höhere Beamte: zwei, 1 Vorstand (acad. Verw.) und 1 zweiter Oberbeamter (acad. Verw.). Bureaubeamte: 12.

Geschäftskreis*): Fortlaufende oder periodisch wiederkehrende Arbeiten des Statistischen Bureaus sind: Die Bevölkerungsaufnahmen und deren Bearbeitung, die Statistik der Eheschließungen, Geburten und Sterbefälle, die Auswanderer-, Montan-, Ernte-, Anbaustatistik und Viehzählung, sowie die Aufnahme der Flußfahrzeuge — für Reichs-, Staats- und Gemeindezwecke; die Statistik der Miethen, des Grundeigenthums, der Einkommensteuer, der Anmeldungen zum Gewerbebetriebe, der Streitfälle vor dem Gewerbegerichte (bis 1893 auch die Aufstellung der Impflisten), sowie des Verzeichnisses der Straßen und Ortschaften u. s. w., die Begutachtung der Vorschläge betr. Straßenbenennung u. A.

Nebenbei fungirt das Statistische Bureau als Einquartierungsamt für das Staatsgebiet ohne Bergedorf und Ritzebüttel.

Als ausführende Behörde der Centralwahlcommission hat das Statistische Bureau die Bürgerrolle und ein allgemeines Wählerverzeichniß fortlaufend zu führen und danach die Wählerlisten für die Wahlen zum Reichstage und zur Hamburgischen Bürgerschaft aufzustellen, die Reclamationen entgegenzunehmen und die sonstigen Wahlgeschäfte zu erledigen. Seit Errichtung des neuen Gewerbegerichts ist auch die Vorbereitung und Leitung der hierbei erforderlichen Beisitzerwahlen der Centralwahlcommission und dem Statistischen Bureau übertragen worden.

Auch die Urliste für die Wahl der Schöffen und Geschworenen ist von ihm alljährlich aufzustellen.

---

*) Hierüber liegen genauere gedruckte Nachrichten vor sowohl in den Verwaltungsberichten, wie in den amtlichen Veröffentlichungen der Behörde und in sonstigen Zeitschriften u. s. w.

Die Beamten werden von der Steuerdeputation, als der vorgesetzten Behörde angestellt. Eine statistische Commission als berathendes Organ besteht nicht.

Endlich liegt ihm ob die Redaction des „Amtsblattes" und des damit verbundenen „Oeffentlichen Anzeigers" (Bekanntmachung vom 15. Dezember 1886).

Außer den statistischen Uebersichten im „Oeffentlichen Anzeiger" läßt das Statistische Bureau ein „Statistisches Handbuch für den Hamburgischen Staat" und Hefte der „Statistik des Hamburgischen Staates" erscheinen.

3. Deputation für indirecte Steuern und Abgaben.

Besteht aus 3 Senatsmitgliedern (zur Zeit ein rechtsgelehrter, ein kaufmännischer Senator und 1 Syndicus), 2 von der Finanzdeputation, 2 von der Handelskammer delegirten und 8 von der Bürgerschaft erwählten (bürgerlichen) Mitgliedern.

Geschäftskreis: An indirecten Steuern und Abgaben bestehen zur Zeit noch: 1. die „Declarationsabgabe" (1 ‰ für seewärts zur Einfuhr, und $^{1}/_{10}$ ‰ für seewärts zur Ausfuhr declarirte Waaren, Gesetz vom 12. Oktober 1888), 2. das „Tonnengeld" (10 bezw. 5 Pfennig für ein cbm der einkommenden Seeschiffe, Revidirte Verordnung vom 28. März 1881), 3. Stempelabgaben (vom Jahre 1814 ab eingeführt; vergl. Gesetze vom 5. Mai 1876 und 13. Mai 1892) a. Hamburgische (von See-, Feuer- und Lebensversicherungen, von Kauf-, Schuld- u. s. w. Verträgen, Gebührenstempel der Behörden und Gerichte, Stempelbogen, Waarendeclarationen u. a.), b. Reichsstempelabgaben (Wechselstempelsteuer, Reichsstempelabgaben von Werthpapieren, Schlußnoten und Lotterieloosen)[1]. Die Consumtionsabgaben (städtische Accise) wurden durch Gesetz vom 16. Juli 1888 am 31. August desselben Jahres aufgehoben.

Die Deputation bildet zwei Sectionen, eine „für Waarendeclaration", die andere „für Stempel". Die Inanspruchnahme der bürgerlichen Deputationsmitglieder ist unerheblich: Sitzungen des Plenums finden nur in seltenen Fällen statt[2].

Secretäre: 2 (zugleich für das Zollwesen — acad. Verw.).
Bureaubeamte: 3.

Besondere Bureaux:

a. Declarationsbureau und Handelsstatistisches Bureau.

1 Oberinspector (*), 1 Bureauvorstand des Handelsstatistischen

---

[1]) Die Erhebung und Verrechnung der Reichsstempelsteuer für Loose der Hamburgischen Stadtlotterie erfolgt durch die Finanzdeputation.

[2]) Näheres ist den Verwaltungsberichten weder über die Deputation noch über die Geschäftsführung der Bureaux und Beamten zu entnehmen, wie denn unsere Verwaltungsberichte, als einheitliches Ganzes betrachtet, insbesondere aber in Bezug auf einige andere Verwaltungen, unter aller Kritik sind. — Die Eintheilung der Dienstzweige und Beamten bei dieser Deputation (wie auch sonst wohl) zeigt sich in verschiedener Gestalt, je nachdem man den Staatshaushaltsetat, den amtlichen Staatskalender oder das Adreßbuch zu Rathe zieht. Ich folge bei dieser Deputation der in letztgenannter Quelle gegebenen Gliederung, die der Wirklichkeit am nächsten kommt.

Bureaus (*), 1 zweiter Beamter am Handelsstatistischen Bureau, 1 Kassirer und 68 sonstige Beamte.

Geschäftskreis: Beide Bureaux scheinen thatsächlich im Beamtenpersonal von einander gesondert zu sein. — Das Declarationsbureau hat die über alle seewärts ein- oder ausgehenden Waaren von den Schiffern, Rhedern, Schiffsmaklern u. s. w. einzuliefernden Declarationen zu bearbeiten und die betr. Declarationsabgabe zu erheben. Auf Grund desselben Materiales, der Ladungsverzeichnisse und der Schiffslisten bearbeitet das Handelsstatistische Bureau die Statistik des Hamburgischen Schiffs- und Waarenverkehrs (Gesetz vom 12. Oktober 1888 und Bekanntmachung vom 19. Dezember 1890). Auch einige verwandte Verkehrszusammenstellungen werden von demselben regelmäßig vorgenommen und in dem jährlich erscheinenden Tabellenwerke „Hamburgs Handel und Schiffahrt" oder seitens der Handelskammer (in den „Statistischen Auszügen in Bezug auf Hamburgs Handelszustände") veröffentlicht.

b. Stempelcomptoir (Stempelbureau).

Höhere Beamte: 1 „Erster Beamter am Stempelcomptoir und Reichsstempelrevisor" (Jurist). Bureaubeamte: 12.

Geschäftskreis: Erhebung bezw. Vereinnahmung der verschiedenen Hamburgischen Stempelabgaben, Gebührenstempel, Lieferung der Stempelbogen (für Eingaben an hiesige Behörden), desgleichen der Reichsstempelabgaben von Werthpapieren, Schlußnoten und Lotterieloosen, ferner die Revisionen (von Actiengesellschaften u. s. w.) in Gemäßheit des Reichsstempelgesetzes vom 1. Juli 1881 und des Gesetzes vom 29. Mai 1885. Die Verfolgung von Uebertretungen der Vorschriften des Wechselstempelgesetzes sind durch Senats-Bekanntmachung vom 30. Juli 1890 von diesem Tage ab der Zollverwaltung übertragen worden, die nun auch die Requisitionen auswärtiger Behörden in dieser Angelegenheit zu erledigen hat.

Ueber die verschiedenartige amtliche Darstellung der Dienststellen und Beamten sei hier noch bemerkt, daß die Staatshaushaltsrechnung bei der Deputation für indirecte Steuern u. s. w. keine Bureaux unterscheidet und die Bureaubeamten als einheitlichen Körper nur nach den Gehaltsklassen gliedert, während der Staatskalender bis 1893 das Stempelcomptoir, das Adreßbuch aber ferner noch drei Beamte als Deputationsbeamte (keiner Einzelverwaltung angehörend) abtrennt, und endlich amtliche Mittheilungen für literarische Veröffentlichungen außerdem das Handelsstatistische Bureau ausscheiden.

Wegen des sachlichen und zum Theil auch personellen Zusammenhanges schließe ich hier die Zollverwaltung an.

4. Verwaltungsabtheilung für das Zollwesen.

Vorstand: 1 Senator (rechtsgelehrter), Verwaltungsabtheilung: 3 Senatsmitglieder, darunter der Vorstand (zur Zeit 1 rechtsgelehrter, 1 kaufmännischer Senator und 1 Syndicus).

Geschäftskreis: Dem Vorstande stehen die Befugnisse einer Deputation zu: er bildet die Aufsichts- und Beschwerdeinstanz in Zoll- und Reichssteuersachen. An Stelle einer Deputation hat das Gesetz, betr. die Organisation der Zollverwaltung vom 11. Mai 1888 nur eine „Berathungsbehörde für das Zollwesen" geschaffen. Den Vorsitz in dieser führt der Vorstand der Verwaltungsabtheilung; ordentliche Mitglieder sind: 4 vom Senate ernannte, nämlich der Director des Chemischen Staatslaboratoriums, der Director des Botanischen Museums und des Laboratoriums für Waarenkunde, der Director des Museums für Kunst und Gewerbe und der Fabrikinspector; ferner 4 von der Handelskammer und 2 von der Gewerbekammer erwählte Mitglieder. Die Zahl der außerordentlichen, vom Senate bestimmten Mitglieder ist 23, darunter 1 Syndicus und der Generalzolldirector, im Uebrigen Kaufleute u. dergl.

Secretäre: 2 (dieselben, wie für die Deputation für indirecte Steuern und Abgaben). Bureaubeamte: 7, darunter ein Bureauvorsteher.

Generalzolldirection.

1 Generalzolldirector (acad. Verw.); Mitglieder: 1 Oberregierungsrath, 5 Regierungsräthe (desgl.); Hülfsarbeiter: 1 Assessor.

Bureau: 1 Bureauvorsteher und 56 andere Bureaubeamte.

Hauptzollämter (5) und Hauptzollkasse: 5 Oberzollinspectoren (Fachmänner), 1 Hauptzollkassen-Rendant, 5 Oberzollrevisoren, 1 Hauptzollkassen-Controleur, 15 Zollrevisions-Inspectoren, 30 Obergrenz-, Oberzoll- oder Obersteuer-Controleure, 5 Hauptzollamts-Controleure, 505 weitere Zoll- und Steuerbeamte, ferner 964 Grenz-, Zoll- und Steueraufseher, 45 Maschinisten auf Zollbarkassen u. s. w. Die einzelnen, den Hauptzollämtern unterstellten Zollabfertigungsstellen, -Assistenturen, Obergrenzcontrolen und anderen Dienststellen, deren Beamte oben mit enthalten sind, brauchen hier nicht besonders namhaft gemacht zu werden.

Geschäftskreis: Die im Jahre 1888 mit dem Anschlusse Hamburgs an den Zollverein für das Hamburgische Staatsgebiet errichtete Generalzolldirection hat in allen wesentlichen Punkten dieselben Aufgaben und Befugnisse wie eine preußische Provinzial-Steuerdirection: doch erstreckt sich die Thätigkeit der ersteren (außer auf die Erhebung der Reichszölle und der Reichsverbrauchssteuern auf Zucker, Branntwein, Bier, Salz) nicht auf die landesgesetzliche Erbschaftsabgabe, die Stempel u. s. w. (mit Ausnahme der Reichs-Wechselstempelsteuer, s. oben).

Dem Generalzolldirector steht auch eine gewisse Strafgewalt zu (Gesetz betr. das Strafverfahren in Zoll- und Reichssteuersachen von 1888), ebenso wie demselben den untergebenen Beamten gegenüber ausgiebige Strafbefugnisse (Verweis, Geldstrafe, Arrest für Unterbeamte, selbst Entlassung von letzteren) durch das Gesetz über die Organisation der Zollverwaltung von 1888 eingeräumt worden sind, während den Directoren anderer Hamburgischer Behörden (mit gewissen Ausnahmen, siehe §§ 30 und 30a des Disciplinargesetzes — im Anhange) nur beschränktere, in der Regel gar keine Strafbefugnisse zustehen.

Als Reichsbevollmächtigter für Zölle und Steuern bei der Generalzolldirection in Hamburg (und der Oberzolldirection in Bremen) fungirt ein preußischer höherer Beamter, und Stationscontroleure bei den Hauptzollämtern in Hamburg sind ein sächsischer Zoll- und ein preußischer Steuerinspector.

5. Pensionskasse-Deputation.

Besteht aus 1 Senator (kaufmännisch) als Präses, 1 von der Finanzdeputation abgeordneten und 3 von der Bürgerschaft erwählten Mitgliedern.

Geschäftskreis: Verwaltung der Pensionskasse für die Wittwen und Waisen der Angestellten des Hamburgischen Staates. Staatsrechtlich wird die Pensionskasse nicht als staatliches, sondern als ein Privatinstitut betrachtet (Revidirte Ordnung der Pensionskasse vom 15. Juli 1885). Als im Jahre 1890 die bis dahin vom Gehalt einbehaltenen Beiträge der Beamten auf die Staatskasse übernommen wurden, blieb die Deputation und die Kasse nichtsdestoweniger bestehen. Mitglieder der Kasse sind allerdings auch eine kleine Anzahl von nicht zu den Staatsbeamten gehörigen Personen. Die Kosten der Pensionskasse (Beamte u. s. w.) werden aus den Einnahmen bestritten und finden keine Aufnahme im Staatshaushalt.

Beamte: 3 (ein erster und ein zweiter Bureaubeamter, sowie ein Schreiber).

[**Verwaltungsabtheilung für Handel und Gewerbe.** Vorstand: der Präses der Deputation für Handel und Schiffahrt.]

6. Deputation für Handel und Schiffahrt.

Besteht aus 2 Senatsmitgliedern (Präses zur Zeit kaufmännisch, der zweite Senator rechtsgelehrt), 1 aus der Finanzdeputation, 2 von der Handelskammer abgeordneten und 3 von der Bürgerschaft erwählten bürgerlichen Mitgliedern.

Geschäftskreis: Die Aufgaben dieser wichtigen Deputation ergeben sich aus den nachstehenden Einzelverwaltungen und Organen, die ihr unterstellt sind oder mit derselben in gesetzlich geregelter, enger Beziehung stehen. Die Deputation pflegt wöchentlich eine Sitzung abzuhalten.

Secretäre: 2 (1 früherer Architect, dann erster Beamter der Feuerkasse, der andere acad. Verw.). Bureaubeamte: 5, darunter als erster der Schiffsregistrator (s. unten).

Einzelverwaltungen.

a. Dispachewesen („Dispachecomptoir").

Beamte: 1 Dispacheur (*), 5 Bureaubeamte.

Geschäfte: Aufmachung von Dispachen, d. h. protokollarische Aufnahme und Anerkennung von Schadenersatzansprüchen, Hülfeleistungen u. s. w. bei Strandungen oder anderen Seeunfällen von Schiffen und deren Ladungen (Havareien, Tarif vom 18. Februar 1887).

b. Aichwesen (Hauptaichamt Hamburg, Nebenaichamt Ritzebüttel und Communalaichamt Bergedorf).

Beamte: Mit den Functionen des Aichinspectors ist vorläufig beauftragt der Münzdirector (s. unten); 3 Aichmeister und 1 Aichmeistergehülfe (abgesehen von Bergedorf).

c. Quaiverwaltung.

Höhere wissenschaftliche oder technische Beamte: Keine. Leitende Beamte: 1 Director (?), 1 Quai-Betriebscontroleur (*), 1 Bureauvorsteher, 1 Bahn-Betriebscontroleur, 1 Obermaschinenmeister, 64 andere Beamte, außerdem 8 Bureaubeamte für die Quaispeicher A und B.

Mit Ausnahme einiger verpachteter Quaistrecken sind die (Staatseigenthum bildenden) Quais auch im Staatsbetriebe, desgleichen zwei Quaispeicher, während der Bau und die Nutzung der übrigen großen Freihafenspeicher an eine „Freihafen-Lagerhaus-Gesellschaft" auf Actien vertragsmäßig überlassen worden ist, auch ein oder einzelne Privatspeicher daselbst erbaut worden sind. Die Quaibahnstrecken (Staatseigenthum) sind fast ausschließlich an die preußische Staatsbahnverwaltung verpachtet.

d. Auctionswesen.

8 beeidigte Auctionatoren für die mit Seehandel und Schiffahrt zusammenhängenden Gegenstände, sowie für den Verkauf von Fischen und anderen Meereserzeugnissen in der St. Pauli-Markthalle.

e. Schiffsvermessungsbehörden (Schiffsvermesser für Hamburg und Cuxhaven).

Der Marineinspector (s. unten) und 1 beeidigter Schiffsvermesser; außerdem nicht fest angestellte Hülfsschiffsvermesser.

Sowohl die Seeschiffe, die noch nicht anderweit vorschriftsmäßig vermessen sind, wie auch die Flußfahrzeuge gelangen zur Vermessung, wofür Gebühren zu entrichten sind. Gewisse Vermessungen erfolgen zu besonderen Zwecken, wie für die Fahrt durch den Suezkanal. Durch den Hafenmeister (s. unten) werden außerdem die Flußpassagierdampfer auf die zulässige Zahl von Passagieren vermessen.

f. Navigationsschule.

1 Director und 6 weitere Lehrer, außerdem einige nicht fest angestellte Lehrer.

g. Commission für Seeschiffer- und Steuermannsprüfungen.

Der Director der Sternwarte als Vorsitzender, 4 Navigationslehrer, darunter der Director der Navigationsschule als stellvertretender Vorsitzender, 2 Seeschiffahrtskundige (Schiffscapitäne, darunter der Director der Deutschen Seemannsschule auf Steinwärder). — Reichsprüfungsinspector ist ein Kaiserlicher Regierungsrath.

h. Commission für die Prüfungen der Maschinisten auf Seedampfschiffen.

Vorsitzender: wie oben; technisches Mitglied: ein Maschineningenieur; Lehrer und Vertreter des Vorsitzenden: der Director der Navigationsschule; ferner 2 Stellvertreter des technischen Mitgliedes und 1 Stellvertreter des Lehrers. — Reichsprüfungsinspector ist der Hamburgische Fabrikinspector.

Beide Commissionen stehen in engem Zusammenhange mit der Navigationsschule.

i. Schiffsregistratur.

Ein Schiffsregistrator (s. oben bei dem Bureau der Deputation).

Außer dem von diesem zu führenden Register über Seeschiffe gibt es auch solche über die Flußschiffe, Fischerfahrzeuge, Schuten u. s. w.

k. Seemannsämter.

aa. Seemannsamt in Hamburg.

1 Wasserschout (früher Schiffscapitän), 14 Bureaubeamte 2c.

bb. Seemannsamt in Cuxhaven.

Der Hafenmeister (Wasserschout) daselbst (früher Capitän).

Der Geschäftskreis der Seemannsämter erstreckt sich auf: An- und Abmusterungen der Seeleute für Seeschiffe, Auszahlung oder Verrechnung der Matrosenheuer, die ersten Untersuchungen von Unfällen, die Registrirung von Sterbefällen auf Seeschiffen, Heimschaffung hülfsbedürftiger, Regelung oder Auszahlung des Nachlasses verstorbener Seeleute; auch für gewisse Klagesachen (Straf- und Civil-) ist das Seemannsamt zuständig (Deutsche Seemannsordnung vom 27. Dezember 1872), insbesondere für die Untersuchung und Entscheidung (Verhängung von Geldstrafen) bei Dienstpflichtverletzungen seitens der Schiffsmannschaft. Auf Beschwerde eines Schiffmannes hat das Seemannsamt auch eine Untersuchung des betreffenden Schiffes und seiner Vorräthe zu veranlassen.

l. Hafen-, Loots-, Leucht- und Tonnenwesen (Marine).

aa. In Hamburg.

Leitender Beamter: Der Marineinspector (früher Schiffscapitän*); Bureaubeamte 2c.: 5, darunter 1 Kassierer; Ausführungsbeamte: 1 Oberhafenmeister, 4 Hafenmeister, 4 Hafenmeistergehülfen, 1 Capitän des Wachtschiffs am Jonas und Brückenmeister an den St. Pauli-Landungsbrücken (sämmtlich früher Capitäne) und 1 Maschinist des Staatsdampfers.

bb. In Cuxhaven.

Leitender Beamter: Der Commandeur und Lootseninspector (früher Capitän, dann Oberhafenmeister); Bureaubeamte: 2 Schreiber. Außerdem 1 Ordonnanz. Ferner: 1 Hafenmeister, 1 Arsenalaufseher (s. auch oben Seemannsamt) und 16 Capitäne von Lootsgalioten und dergl.

Geschäftskreis: Die Marineverwaltung regelt und überwacht den See- und Flußschiffahrtsverkehr in den Hamburgischen Häfen wie auf der Elbe und an den Landungsstellen. Die von See kommenden oder in See gehenden Schiffe werden mit Lootsen bedient, das Fahrwasser wird ständig beobachtet, durch Tonnen und Leuchtfeuer gekennzeichnet. Auch das Quarantäne- und das Rettungswesen gehört mit hierher, ebenso wie der Verkehr im Petroleumhafen. Das Offenhalten des Fahrwassers bei Frost durch Eisbrecher geschieht dagegen seitens der II. Section der Baudeputation.

m. Strandämter.

aa. Strandamt in Hamburg.

Mitglieder: 1 Senator (der Präses der Deputation) und 2 bürgerliche (kaufmännische) Mitglieder.

Strandvögte: 2 (1 in Hamburg — der Marineinspector — und 1 in Finkenwärder).

bb. Strandamt in Ritzebüttel.

Mitglieder: Der Amtsverwalter, der Commandeur-Lootseninspector und der Hafenmeister.

Strandvögte: 3 (der Hafenmeister in Cuxhaven, 1 Vogt in Duhnen und 1 Vogt auf Neuwerk).

Aufgabe der Strandämter: Aufsicht über gestrandete Gegenstände, Regelung und Entscheidung in streitigen Hülfslohn- und Bergungslohnsachen (unter Freilassung des gewöhnlichen ordentlichen Rechtsweges).

7. Commission für die Münzstätte.

Besteht aus 2 Senatoren (kaufmännisch), 2 von der Finanzdeputation und 1 von der Deputation für Handel und Schiffahrt abgeordneten bürgerlichen Mitgliedern.

Die Thätigkeit der Commission ist eine geringe; der Jahresbericht enthält nichts darüber.

Münzstätte (Münze).

Leiter: 1 Münzdirector (höherer Techniker); Beamte: 1 Wardein, 1 Münzwardein, 1 Vorstand des Hüttenlaboratoriums und Gegenwardein der Münzstätte, 1 Betriebsingenieur, 1 Medailleur, 1 Werkmeister, 1 Buchhalter und Kassierer.

Betriebsthätigkeit: Im Auftrage des Reiches werden Deutsche Reichsmünzen (mit dem Münzzeichen J) ausgeprägt; ferner stellt die Münzstätte Medaillen her, theils auf Anordnung des Senats zum Zwecke von Ehrengeschenken in Form von ganzen oder halben „Portugalesern", theils auf Bestellung von Corporationen (Ausstellungscomités) und sonstigen Privaten. Außer den Betriebsproben für die Münzstätte selbst werden auch für Private Gold-, Silber- u. s. w. Proben, sowie Analysen von Erzen ausgeführt. In letzterer Beziehung ist im Jahre 1892 eine Betriebserweiterung gegen früher herbeigeführt.

8. Aufsichtsbehörde für die Innungen.

Besteht aus 1 Senator (Präses, rechtsgelehrt) und 2 von der Gewerbekammer abgeordneten Mitgliedern. Sie wurde durch die Bekanntmachung des Senats vom 2. Juni 1882, betr. die Zuständigkeit der Behörden für das gewerbliche Innungswesen, ins Leben gerufen.

Secretär: der Secretär der Gewerbekammer (s. unten).

Geschäftskreis: Aufsicht über die im Aufsichtsbezirke vorhandenen (zur Zeit 28) Innungen und ihrer Nebeninstitute (Genossenschaften, Anstalten, Kranken- und Sterbekassen, Herbergen u. s. w.); Genehmigung (bezw. Ablehnung) von Innungsstatuten oder Aenderungen derselben; Befinden über beantragte Ertheilung der Rechte von §§ 100 e u. folg. der Gewerbeordnung (Vorrecht des Lehrlingshaltens, obligatorische Meisterprüfung u. s. w.); Entscheidung über Beschwerdesachen von Innungen und deren Mitgliedern. Beschwerdeinstanz für Entscheidungen dieser Behörde ist der Senat bezw. die Recurssection des Senats (s. S. 28).

Der Aufsichtsbezirk der Behörde deckt sich weder mit dem Staats- noch mit dem Stadtgebiete; im Allgemeinen trifft letzteres zu, nur wenn und soweit sich Gewerbe des Landgebiets einer Innung der Stadt Hamburg (mit Einschluß der Vororte) angeschlossen haben, fallen auch sie unter die Aufsicht obiger Behörde (anderenfalls unter diejenige des Magistrats zu Bergedorf bezw. einer durch die Landherrenschaft event. zu bestimmenden Stelle).

9. Sonstige Organe, Institute (öffentlich-rechtlicher Natur) und Behörden auf dem Gebiete von Handel und Gewerbe.

a. Handelskammer.

Besteht aus 24 von und aus der „Versammlung Eines Ehrbaren Kaufmanns" durch Stimmenmehrheit gewählten Mitgliedern (Gesetz, betr. die Handelskammer vom 23. Januar 1880, s. auch Art. 93 der Verfassung).

Die Handelskammer ist unter dreierlei Gesichtspunkten zu betrachten.

Erstens bildet sie ein selbständiges Organ der Hamburger Kaufmannschaft, einschließlich Großgewerbe („Versammlung eines Ehrbaren Kaufmanns"); als solches verwaltet sie die Börse in Bezug auf Ordnung, Aufsicht, Polizei und Erhebung eigener Börsengelder, nach einer vom Senate zu genehmigenden Börsenordnung, ernennt von dem Präses der Deputation für Handel und Schiffahrt zu beeidigende Personen als Sachverständige, Taxatoren u. s. w. in Handelssachen und schlägt auch die vom Senate zu ernennenden Handelsrichter vor; fördert die Handelsinteressen theils selbständig (auch mittels einer vorzüglichen Bibliothek), theils durch Anträge an die Staatsbehörden (Deputation für Handel und Schiffahrt) und stellt ihre Beamten selbständig an.

Zweitens erscheint die Handelskammer als berathendes Organ der Staatsverwaltung in Handels- und Schiffahrtsangelegenheiten.

Drittens nimmt sie in besonderen Formen an der Staatsverwaltung theil, indem sie je 2 ihrer Mitglieder in die Deputation für indirecte Steuern und Abgaben, sowie in die Deputation für Handel und Schiffahrt, 3 in die Behörde für das Auswandererwesen abordnet und 4 Mitglieder der Berathungsbehörde für das Zollwesen wählt.

Seit dem Jahre 1885 bezieht die Handelskammer einen auf 50 000 Mk. festgestellten jährlichen Staatszuschuß.

Beamte: 2 (demnächst 3) Secretäre und 1 Bibliothekar der Commerzbibliothek (sämmtlich academisch gebildet), ferner 1 Kanzlist und 1 Castellan.

Seit dem Jahre 1866, bis wohin die Handelskammer den Namen „Commerz-Deputation" führte, hat sich die staatsrechtliche Stellung derselben etwas geändert; sie ist indeß nicht unter eine bestimmte Rubrik unterzubringen, muß vielmehr in ihrer Sonderart nach den obigen Gesichtspunkten aufgefaßt werden. Hervorzuheben ist noch, daß die Beamten der Handelskammer in Bezug auf Pensionirung, Entlassung, sowie auf die staatsbürgerlichen Rechte den Staatsbeamten gleichgestellt sind und demgemäß auch nicht in die Bürgerschaft gewählt werden können, ferner daß die gegenwärtigen oder die gewesenen Mitglieder der Handelskammer (ebenso bei der Gewerbekammer) zu den sogenannten Notabeln gehören, d. h. zu den Mitgliedern der Verwaltungsbehörden u. s. w., die als besonderer Wahlkörper 40 Abgeordnete der Bürgerschaft erwählen.

b. Commission zur Liquidation und Verwaltung der Seemannskasse.

Mitglieder derselben sind: 1 aus der Handelskammer abgeordnetes Mitglied als Vorsitzender, 3 von der Kaufmannschaft erwählte Rheder, 1 vom Patron der Schiffer ernannter Schiffer-Alter, der Wasserschout und 1 von der Commission ernannter Capitän.

Als Secretär fungirt ein Secretär der Handelskammer. Bureaubeamte: 1 Buchhalter. Vergl. Verordnung vom 26. Februar 1873.

c. Schiffer-Alte.

Patron der Schiffer: Ein Senator (z. Zt. der Präses der Deputation für Handel und Schiffahrt).

Schiffer-Alte: 4 (Capitäne oder gewesene C.).

Bureaubeamte: 1 Protokollist.

d. Gewerbekammer.

Besteht aus 15 von und aus den Gewerbetreibenden zu wählenden Mitgliedern.

Die Errichtung einer Gewerbekammer wurde in Art. 93 der Verfassung vorgesehen und durch das Gesetz vom 18. Dezember 1872 ausgeführt. Die Gewerbe (Handwerker u. s. w.) sind in 15 Abtheilungen zerlegt (Anhang zu jenem Gesetze), deren jede einen Vertreter wählt, der jedoch nicht derselben Abtheilung anzugehören braucht. Wahlberechtigt und wählbar sind nur solche Gewerbetreibende, die das Wahlrecht zur Bürgerschaft besitzen und im städtischen Gebiete wohnhaft sind. Die Gewählten sind (wie Deputationsmitglieder) zur Annahme der Wahl verpflichtet. Ueber Weigerungsgründe oder Entlassungsgesuche entscheidet der Senat. — Dasselbe gilt analog von der Handelskammer. —

Die Gewerbekammer ist berufen, die Interessen des Hamburgischen Gewerbestandes zu vertreten und über gewerbliche Angelegenheiten dem Senate gutachtlich zu berichten oder bezügliche Anträge zu stellen. Sie bestellt ferner gewerbliche Sachverständige für die ordentlichen Gerichte, die von dem Vorstande der Verwaltungsabtheilung für Handel und Gewerbe in Eid genommen werden, entsendet zwei Mitglieder in die Verwaltung der Gewerbeschule, wählt zwei Mitglieder in die Berathungsbehörde für das Zollwesen und ordnet zwei Mitglieder in die Aufsichtsbehörde für die Innungen ab, welch' letztere außer diesen nur noch aus einem Senator als Vorsitzenden besteht. Das Bureau ist beiden gemeinsam, so daß hier mehr als ein enger Zusammenhang zwischen Behörde und Gewerbekammer statthat.

Einnahmen und Ausgaben der Gewerbekammer sind dem Staatshaushalt eingefügt, während die Handelskammer dem Senat alljährlich nur Rechnung abzulegen hat und einen Zuschuß aus der Staatskasse bezieht. Staatsrechtlich muß nach dem Gesagten also ein Unterschied zwischen der Gewerbe- und der Handelskammer gemacht werden, obgleich beide Institutionen im Wesentlichen gleichartig sind.

Bureau: 1 höherer Beamter, Secretär (acad. Verw.) außerdem 1 Kanzlist.

Diese Beamten genießen die Rechte und Vortheile der Staatsbeamten und lassen sich von denselben nur in der formellen Stellung unterscheiden. Wegen der anderweiten Functionen des Secretärs ist auf S. 79 und 108 zu verweisen.

Das Gewerbegericht (s. S. 97) ist der Oberaufsicht der Verwaltungsabtheilung für das Justizwesen überwiesen worden (§ 13 des Gesetzes vom 12. II. 1892).

e. Schiedsgerichte.

aa. Schiedsgerichte für Unfallversicherungssachen.

Commissar des Senats: 1 Syndicus (s. oben S. 28).

Die hiesigen 17 Schiedsgerichte für die „Ausführungsbehörden" der Staatsbetriebe sowie für Sectionen oder Bezirke von Berufsgenossenschaften und für die Hamburgische Landwirthschaftliche Berufsgenossenschaft beruhen auf den Reichs-Unfallversicherungsgesetzen und bestehen aus einem rechtsgelehrten Vorsitzenden, einem Stellvertreter desselben (Amtsrichter) und Beisitzern der Arbeitgeber und Versicherten aus den einzelnen betreffenden Genossenschaften.

Bureaubeamte: 4, darunter 1 Secretär (*, s. S. 96 Schätzungscommission).

bb. Schiedsgericht für die Invaliditäts- und Altersversicherung (s. S. 108).

10. Seeamt Hamburg.

Besteht aus 1 Vorsitzenden (rechtsgel.), 2 Stellvertretern desselben (z. Zt. 1 Landrichter und 1 Rechtsanwalt) und z. Zt. 57 Beisitzern (meistens Capitänen, einigen Navigationslehrern, Ingenieuren u. s. w.). Ein Reichscommissar (Contreadmiral z. D.) als Anklagebehörde.

Das Seeamt ist eine collegiale Behörde und verhandelt in der Zusammensetzung von einem Vorsitzenden und 4 Beisitzern. Nach dem Reichsgesetze vom 27. Juli 1877 liegt ihm die Untersuchung von Seeunfällen (Schiffscollisionen, Strandungen, Sterbefällen u. ä. auf See) ob; es kann Schiffern und Maschinisten durch Erkenntniß die Befugniß zur Ausübung des Schiffergewerbes entziehen. Aufsichtsbehörde ist der Senat, „Vorstand" ein Senator (Revidirte Ausführungsverordnung vom 30. Juni 1880), und die Berufungsinstanz bildet das Ober-Seeamt in Berlin.

Bureaubeamte: 4, darunter 1 Protokollführer.

[**Verwaltungsabtheilung für das Bauwesen.** Vorstand: der Präses der Baudeputation.]

11. Baudeputation.

Besteht aus 3 Senatsmitgliedern (1 rechtsgel. Senator als Präses, 1 kaufm. Senator und 1 Senatssecretär), 2 von der Finanzdeputation abgeordneten und 8 von der Bürgerschaft erwählten bürgerlichen Mitgliedern.

Die Deputation tritt als Plenum nur in seltenen Fällen (etwa 6 Mal im Jahre) zusammen. Eine Eigenthümlichkeit ist, daß nicht alle Mitglieder der drei Sectionen dem Plenum angehören (s. Section III).

Secretär: 1 (Jurist), Bureaubeamte: 2, darunter 1 Secretariats-Assistent.

Außer den Beamten des Plenums und bei den einzelnen Sectionen werden gewöhnlich noch 2 Assessoren sowie zahlreiche technische und Kanzlei-Hülfskräfte in vorübergehender Stellung beschäftigt.

Section I, für den Hochbau und das Ingenieurwesen.

Besteht aus 2 Senatsmitgliedern und 6 bürgerlichen Mitgliedern.

In jeder Woche pflegt eine Sitzung stattzufinden.

A. Hochbau.

Oberster Hochbau-Beamter: der Baudirector.

Directionsbureau: Weitere höhere Baubeamte: 2 Bauinspectoren (darunter der Bureauchef), 5 Baumeister. Bureaubeamte: 3.

Drei Hochbau-Abtheilungen: Mit je einem Bauinspector und insgesammt 4 Baumeistern (höh. Techn.); 3 Bauschreibern (Techn.), 3 Bauaufsehern und 1 Maschinisten (letzterer bei Abtheilung 2).

B. Ingenieurwesen.

Leitender Ingenieur: der Oberingenieur.

Centralbureau: Weitere höhere Techniker: 2 Bauinspectoren, 5 Baumeister (darunter der Bureauchef), 1 Maschineningenieur. Bureaubeamte, Techniker und Aufseher: 14. Außerdem 3 Bureaubeamte (Buchhalter).

a. Fünf Ingenieur-Abtheilungen:

5 Bauinspectoren, 14 Baumeister (höh. Techniker), 7 Bauschreiber, 2 Bauzeichner (Techniker), 1 Stadtgärtner (bei der ersten Abtheilung), 1 Lagermeister (bei der letzten Abtheilung) und 16 Bauaufseher.

b. Sielbetrieb:

Höhere Techniker: 2 Baumeister. Andere Beamte: 1 Bauschreiber und 3 Aufseher.

c. Straßenreinigungsbetrieb:

Leiter: 1 Inspector; weitere Beamte: 1 technischer Assistent, 1 Bauschreiber, 1 Materialverwalter und 7 Aufseher.

d. Vermessungsbureau.

Leiter: Der Obergeometer; weitere Beamte: 1 Geometer und Bureauchef (!), 3 Abtheilungsgeometer, 9 Geometer I. Klasse, 9 Geometer II. Klasse, 1 Registrator, 6 Zeichner, 1 Vorsteher der Kupferstecherei, 2 Kupferstecher.

e. Stadt-Wasserkunst (s. unten, Section III.)

Section II, für den Strom- und Hafenbau.

Besteht aus 2 Senats- und 4 bürgerlichen Mitgliedern.

Oberster Wasserbaubeamter: Der Wasserbaudirector. Directionsbureau: Weitere höhere Techniker (außer dem Director): 1 Wasserbauinspector und Bureauvorsteher, 1 Baumeister. 13 Bureaubeamte und Techniker, nämlich 1 Geometer, 1 Verwalter der Plankammer, 1 Bauzeichner, 1 Buchhalter, 1 Registrator, 1 Buchhalterassistent („Versicherungsbeamter"), 3 Bauschreiber, 4 Kanzlisten und Schreiber.

a. Wasserbaubezirk Hamburg.

Höhere Techniker: 3 Wasserbauinspectoren, 1 Maschineningenieur, 8 Baumeister. Techniker und Bureaubeamte: 2 Bauzeichner, 4 Bauschreiber, 1 Kanzlist.

b. Wasserbaubezirk Cuxhaven.

Höhere Techniker: 1 Wasserbauinspector, 2 Baumeister, 2 Wasserbauconducteure. 4 Techniker u. s. w.: 1 Geometer, 1 Bauzeichner, 1 Bauschreiber, 1 Kanzlist.

Section III, für die Stadt-Wasserkunst.

Besteht aus 2 Senats- und 4 bürgerlichen Mitgliedern des Plenums sowie außerdem 2 bürgerlichen Mitgliedern der Feuerkasse-Deputation.

Oberster technischer Leiter: Der Oberingenieur (s. oben).

Ingenieurbureau: Leitender Techniker: Der Ingenieur der Stadtwasserkunst; weitere höhere Techniker: 2 Betriebsinspectoren, 1 Baumeister. 16 Bureaubeamte und Techniker, darunter 1 Registrator und 3 Bauschreiber.

Verwaltungsbureau: 13 Bureaubeamte, darunter 1 Bureauvorstand.

12. Verwaltungsabtheilung für das Militärwesen.

Vorstand: Ein (rechtsgel.) Senator.

Die Militärcommission des Senats, bestehend aus 3 Senatoren (Präses ist der Vorstand der Abtheilung; außerdem 1 kaufmännischer und 1 rechtsgelehrter Senator), ist bereits auf Seite 28 aufgeführt. Sie bildet die Civil-Ersatzbehörde dritter Instanz. Deputationsartige Einrichtung fehlt.

Militär=Ersatzbehörden.

A. Civil=Ersatzbehörde dritter Instanz.

Die Militärcommission des Senats (s. vorstehend).

B. Ober-Ersatzcommissionen.

Civilvorsitzender: 1 Senatsmitglied (z. Zt. 1 Syndicus).

Außerordentliches bürgerliches Mitglied: 1 (Kaufmann), sowie 1 Stellvertreter (Jurist).

C. Ersatzcommissionen.

Ersatzcommission I.

1 Civilvorsitzender (Staatsbeamter, Jurist).

Außerordentliche bürgerliche Mitglieder: a. für den Aushebungsbezirk Hamburg: 14 aus der Stadt, je 2 aus St. Pauli, den Geestlanden, den Marschlanden; b. für den Aushebungsbezirk Ritzebüttel: 4 nebst ebensovielen Stellvertretern.

Ersatzcommission II.

1 Civilvorsitzender (Staatsbeamter, Jurist).

Außerordentliche bürgerliche Mitglieder: a. für den Aushebungsbezirk Hamburg: 14 Mitglieder aus der Stadt und je 2 aus St. Pauli, den Geestlanden, den Marschlanden; b. für den Aushebungsbezirk Bergedorf: 4 nebst ebensovielen Stellvertretern.

Beamte der Ersatzcommissionen: Außer den beiden Civilvorsitzenden (s. oben) 1 Inspector, 2 Registratoren (je einer für die beiden Commissionen) und 19 andere Bureaubeamte.

D. Aushebungscommission.

1 Civilmitglied (z. Zt. 1 Syndicus).

Prüfungscommission für Einjährig=Freiwillige.

Civilmitglieder: a. ordentliche: 1 Senatsmitglied (Syndicus, wie oben) als Vorsitzender und der Civilvorsitzende der Ersatzcommission I; b. außerordentliche Mitglieder; 3 Oberlehrer von höheren Staatsschulen. Protokollführer: der Inspector der Ersatzbehörden (s. oben).

Außerdem sind zur Vollständigkeit hier zu nennen: 15 zur Disposition stehende Offiziere und Militärbeamte des vormaligen Hamburgischen Bundescontingentes.

[**Verwaltungsabtheilung für das Unterrichtswesen.** Vorstand: Der Präses der Oberschulbehörde.]

13. Oberschulbehörde.

Besteht aus 3 Senatsmitgliedern (1 rechtsgelehrter Senator als Präses, 1 kaufmännischer Senator und 1 Syndicus), 2 aus dem „geistlichen Ministerium" abgeordneten Mitgliedern (z. Zt. 1 Hauptpastor und 1 Pastor), 2 vom Senate ernannten Schulmännern (z. Zt. Director des Johanneums und 1 Gewerbeschuloberlehrer), 2 Mitgliedern vermöge ihres Amts (der Schulrath für das Volksschulwesen sowie der Seminardirector), 6 von der Bürgerschaft auf 6 Jahre erwählten Mitgliedern (3 Juristen, 1 academisch gebildeter Industrieller, 1 Kaufmann, 1 Handwerker) und 2 aus der Schulsynode abgeordneten Mitgliedern (1 Hauptlehrer und 1 Realschuldirector), im Ganzen aus 17 Mitgliedern. Der Oberbeamte (Schulrath) für das höhere Schulwesen nimmt zwar, wie bei den übrigen Deputationen die Oberbeamten, an den Sitzungen theil, wird aber (in Folge Einspruchs der Bürgerschaft) nicht mehr als Mitglied geführt.

Die organisatorischen Bestimmungen über das neuere Hamburgische Schulwesen sind in den nachstehend aufgeführten Gesetzen enthalten: Gesetz, betr. das Unterrichtswesen vom 11. November 1870; Gesetz vom 11. Februar 1874 und 13. Februar 1885, betr. einige Zusätze zu dem Gesetze vom 11. November 1870; Gesetz, betr. das Schulwesen in den Vororten [und Elbinseln] vom 14. Mai 1877; Gesetz, betr. das Schulwesen in den Landgemeinden vom 12. Dezember 1879.

Gesetz, betr. Auflösung des Gymnasiums und Veränderung in der Organisation der wissenschaftlichen Anstalten vom 21. Mai 1883, Bekanntmachung vom 31. März 1890, betr. die Directoren bezw. die Assistenten an den wissenschaftlichen Anstalten. Bekanntmachung des Senats, betr. Constituirung der Oberschulbehörde vom 6. Januar 1871 und Beschluß der Oberschulbehörde vom 13. Juni 1874.

§ 2, Absatz 1 des Unterrichtsgesetzes bestimmt: „Die Oberschulbehörde besteht aus drei Mitgliedern des Senats, sechs von der Bürgerschaft gewählten Mitgliedern, von denen nicht mehr als zwei dem Lehrerstande angehören dürfen, zwei Deputirten des Ministeriums, je einem vom Senate ernannten Vertreter des Gelehrtenschulwesens und des Real- und Gewerbeschulwesens, dem Schulrath (!)*) dem Seminardirector und zwei aus der Zahl der Leiter von öffentlichen oder Privatschulen erwählten Deputirten der Schulsynode. Besoldete Beamte können Mitglieder dieser Behörde sein."

Geschäftskreis: „Das gesammte öffentliche Unterrichts- und Erziehungswesen im Hamburgischen Staat wird durch die Oberschulbehörde, theils unmittelbar, theils mittelbar geleitet, verwaltet und beaufsichtigt. Auch das gesammte nicht öffentliche

---

*) Mit dem Etat für 1893 ist auch dem Oberbeamten für das höhere Schulwesen die Bezeichnung Schulrath beigelegt worden.

Unterrichtswesen für die im schulpflichtigen Alter stehende Jugend fällt in den Bereich der Aufsicht dieser Behörde." (§ 1 des Unterrichtsgesetzes.)

Hinsichtlich der Allgemeinen Gewerbeschule, die eine selbständige Verwaltung hat, trifft dies übrigens, trotz ausdrücklicher Aufführung im § 9, nicht zu, ebensowenig für die Kunsthalle (s. unten).

Die Thätigkeit des Plenums beschränkt sich auf wenige allgemeine Fragen der Organisation und gewisse Verwaltungsacte, wie Beamtenanstellung, Entscheidung über Entlassungsgesuche von Schulpflegern und dergl. Für die eigentliche Geschäftsthätigkeit ist die Behörde in 4 Sectionen gegliedert.

Höhere schulwissenschaftliche Beamte: 1 Oberbeamter für das höhere Schulwesen (Schulrath, Professor) und 1 Schulrath für das Volksschulwesen (s. auch bei den Sectionen).

Beamte des Plenums und der I., II. und IV. Section: 1 Secretär (acad., z. Zt. unbesetzt); 6 Bureaubeamte und dergl.

Section I, für die wissenschaftlichen Anstalten.

Besteht aus 8 Mitgliedern der Oberschulbehörde, darunter der Präses und als zweites Senatsmitglied der Syndicus.

Beamte: wie vorstehend.

a. Stadtbibliothek.

Hierfür ist noch eine besondere „Bibliothek-Commission" eingesetzt: 1 Senatsmitglied (Syndicus, wie oben) als Vorsitzender, der Vorstand des Staatsarchivs (Senatssecretär), 1 Pastor, 1 Gelehrter (mit Vorlesungen beauftragter Beamter) — nicht Mitglieder der Oberbehörde — und 1 bürgerliches Mitglied der Behörde (Rechtsanwalt). Revidirte Gesetze für die Hamburgische Stadtbibliothek vom 1. März 1844.

Beamte: 1 Director (Professor), 4 Secretäre (acad.) und 2 Schreiber.

Die Stadtbibliothek ist eine große öffentliche Staatsbibliothek allgemein wissenschaftlicher Werke, die Jedermann zugänglich ist und durch ständige Neuanschaffungen bereichert wird. Die Bücher können auf der Bibliothek benutzt oder auch von dort entliehen werden.

b. Botanischer Garten.

1 Director (fehlt z. Zt.); 1 Inspector (gärtnerisch gebildet).

Die Aufsicht über die Verwaltung des botanischen Gartens wird von der nach dem Tode des früheren Directors eingesetzten Commission geführt. Sie besteht aus 1 Senator (Präses der Oberschulbehörde), 2 bürgerlichen Mitgliedern der Behörde, dem Director des Botanischen Museums und 1 Schulinspector.

c. Sternwarte.

1 Director (Professor) und 1 Observator (acad.).

Außer auf die wissenschaftliche Beobachtung des Himmels erstreckt sich die Thätigkeit der Sternwarte auf den Betrieb einer Normaluhr und zweier sympathetischer Uhren sowie der Zeitbälle in Hamburg, Cuxhaven und Bremerhaven. Ferner ist das Chronometer-Prüfungsinstitut (Abtheilung IV) der Deutschen Seewarte der Direction der Sternwarte unterstellt.

d. Chemisches Staatslaboratorium.

1 Director (Professor) und 1 wissenschaftlicher Assistent.

Neben den regelmäßigen chemischen Untersuchungen öffentlicher Art (Nahrungsmittel ꝛc.) und den auf Veranlassung von Verwaltungsbehörden abzugebenden Gutachten liegen die chemischen Untersuchungen für die Gerichte dem Laboratorium (und dem Hygienischen Institut) ob. Zur Controle der Nahrungsmittel werden auch regelmäßig Polizeibeamte technisch ausgebildet und verwendet. Außerdem werden aus eigenem Antriebe wissenschaftliche Versuche angestellt, und Private können dort Rath und Auskunft erlangen. Gesetz, betr. Reorganisation des chemischen Laboratoriums vom 6. Mai 1878, sowie das Gesetz von 1883 (s. oben).

e. Physikalisches Staatslaboratorium.

1 Director (Professor) und 1 wissenschaftlicher Assistent.

Ferner werden gewöhnlich einige Praktikanten und wissenschaftliche Hülfsarbeiter beschäftigt.

Außer den Untersuchungen und Gutachten für die Staatsbehörden werden solche auch für Private ausgeführt. Die Prüfungen betreffen meistens Instrumente für Luft-, Licht- und Wärmemessung sowie technische Anlagen verschiedener Art. Der Director hält auch regelmäßig öffentliche Vorlesungen im Auftrage der Oberschulbehörde.

f. Naturhistorisches Museum.

Hierfür besteht wieder eine besondere Commission: 1 Senatsmitglied (Syndicus, s. oben) als Präses und 5 andere Mitglieder, darunter 1 Mitglied der Oberschulbehörde und der Director des (privaten) Zoologischen Gartens.

Beamte: 1 Director (Professor), 2 Custoden (acad.); ferner 2 Präparatoren (fachtechnisch), 1 Zeichner und Schreiber und 5 Unterbeamte.

g. Museum für Kunst und Gewerbe.

Das von einer Commission der Gesellschaft zur Beförderung der Künste und nützlichen Gewerbe gegründete Museum wurde durch Bekanntmachung vom 31. Januar 1877 zur Staatsanstalt erhoben.

Auch hierfür ist eine Commission eingesetzt: 1 Senator als Präses und 8 andere Mitglieder (darunter 1 bürgerliches Mitglied der Oberschulbehörde und der Director der Allgemeinen Gewerbeschule).

Beamte: 1 Director (Professor), 1 Assistent; ferner 5 niedere Beamte, darunter 1 Kanzlist und 1 Oberaufseher.

Der Director hält auch öffentliche Vorträge über kunstgewerbliche Gegenstände.

h. Museum für Völkerkunde.

Commission: 1 Senatsmitglied (Syndicus, s. oben) als Vorsitzender und 4 andere Mitglieder (darunter der Vorsteher des Museums*).

Beamte: Der Vorsteher des Museums (Kaufmann), im Uebrigen nur 1 Aufseher.

i. Sammlung vorgeschichtlicher Alterthümer.

Commission: 5 Mitglieder, nämlich 1 Senatsmitglied der Oberschulbehörde (der Syndicus) als Vorsitzender, 1 bürgerliches Mitglied der Behörde, der Director des Museums für Kunst und Gewerbe, der Director einer Realschule und der Vorsteher des Museums für Völkerkunde.

Besondere festangestellte Beamte sind nicht vorhanden.

k. Sammlung Hamburgischer Alterthümer.

Die Verwaltung besteht aus einer Commission von 4 Mitgliedern, von denen z. Zt. 1 (rechtsgel.) bürgerliches Mitglied Vorsitzender und 1 anderes Mitglied der Vorsteher des Museums für Völkerkunde ist, die beiden anderen sind 1 Landrichter und 1 Apotheker.

l. Botanisches Museum und Laboratorium für Waarenkunde.

Auch hierfür ist neuerdings eine Commission eingesetzt: 1 Syndicus (s. oben) und 2 bürgerliche Mitglieder der Oberschulbehörde.

Beamte: 1 Director (Professor), 1 wissenschaftlicher Assistent.

Das Laboratorium dient vorzugsweise praktischen Zwecken des Hamburgischen Handels (Gebührenordnung vom 27. Juni 1892). — Die Institute f, h, i und l befinden sich in einem Gebäude.

---

*) Im Jahrgang 1893 des Staatskalenders aber nicht wieder als Mitglied aufgeführt.

Endlich ist ein staatsseitig mit öffentlichen historischen Vorlesungen beauftragter Beamter (Gelehrter mit dem Titel Professor) zu nennen.

Im Auftrage der Oberschulbehörde halten außer den oben genannten Directoren wissenschaftlicher Anstalten noch andere Gelehrte (meist Lehrer höherer Staatsschulen) öffentliche Vorlesungen.

Section II, für die höheren Schulen und das Privatschulwesen.

Besteht aus 9 Mitgliedern der Oberschulbehörde, darunter der Präses und als zweites Senatsmitglied der Syndicus.

Beamte: 1 Oberbeamter (Schulrath, Professor, siehe oben) und 1 Schulinspector (acad.) — seit 1888, Bekanntmachung vom 6. Juli 1888. Im Uebrigen das Bureau des Plenums.

Höhere Schulen.

2 Gymnasien: „Gelehrtenschule des Johanneums" und „Wilhelm-Gymnasium" mit je 1 Director (Professor), 10 bezw. 6 „Professoren", 9 bezw. 11 anderen Oberlehrern, 4 bezw. 7 ordentlichen wissenschaftlichen, 3 bezw. 2 ordentlichen technischen Lehrern und (—) 1 Elementarlehrer.

1 Realgymnasium: „Realgymnasium des Johanneums" mit 1 Director, 8 Professoren, 9 anderen Oberlehrern, 4 ordentlichen wissenschaftlichen, 4 ordentlichen technischen Lehrern und 1 technischen Hülfslehrer, ferner 6 Vorschullehrern.

5 Realschulen: „Realschule vor dem Holstenthore," „vor dem Lübeckerthore", „an der Weidenallee" (in Eimsbüttel), „am Eilbeckerweg" (in Eilbeck) und „in Cuxhaven" mit je 1 Director (davon 4 mit dem Titel Professor), 15 Oberlehrern, 23 ordentlichen wissenschaftlichen Lehrern, 1 ordentlichen Mittelschullehrer, 6 ordentlichen technischen, 20 Vorschul- und 2 Elementarlehrern.

Außerdem sind im Ganzen z. Zt. 20 Candidaten des höheren Schulamts an den höheren Staatsschulen beschäftigt.

Als öffentliche höhere Schule ist noch die „Hansaschule in Bergedorf" (städtisches Realprogymnasium) zu nennen, und prüfungsberechtigte halböffentliche (Stiftungs-) Schulen bestehen vier: „Paulinum" (Progymnasium und höhere Bürgerschule des Rauhen Hauses), „Realschule der reformirten Gemeinde", „Stiftungsschule von 1815" und „Talmud-Tora", während die Zahl der höheren Privatschulen 7 beträgt. Von Aufführung der niederen Privatschulen ist hier abzusehen.

Section III, für das städtische Volksschulwesen.

Besteht aus 2 Senatoren (darunter der Präses) und 7 anderen Mitgliedern der Oberschulbehörde, darunter der Schulrath und der Seminardirector.

Leitender Beamter: 1 Schulrath für das Volksschulwesen (s. oben), Vorsitzender sämmtlicher Schulcommissionen; Schulinspectoren: 2 (nichtacad.); 7 Bureaubeamte, darunter 1 Bureauvorsteher.

105 öffentliche Volksschulen mit 102 Haupt-, 2 Ersten, 913 festangestellten, 166 nicht festangestellten Lehrern, 332 festangestellten und 262 nicht festangestellten Lehrerinnen.

Hinsichtlich der communalen Selbstverwaltung der Volksschulen ist das städtische Gebiet in 10 Schulbezirke eingetheilt. Dazu kommt die Schule in Waltershof (Elbinsel) sowie die in St. Georg gelegene Strafschule und die Schule der Taubstummenanstalt. Die vorortlichen Schulbezirke 7 bis 10 sind durch Gesetz vom 14. Mai 1877, welches das Volksschulwesen der Vororte, ähnlich dem innerstädtischen regelt, eingerichtet worden.

Die Schule der Erziehungs- und Besserungsanstalt Ohlsdorf*) und die Schule des Waisenhauses unterstehen anderen Behörden, und die Schule der Blindenanstalt gehört dieser Privat-Wohlthätigkeitsanstalt an.

Seminar (Lehrer- und Lehrerinnenseminar) zur Ausbildung von Lehrern und Lehrerinnen für die Hamburgischen Volks- und höheren Mädchenschulen.

1 Director, 4 Oberlehrer und 4 andere Lehrer, ferner 3 festangestellte Präparandenlehrer und 2 erste Lehrer an den (mit dem Seminar verbundenen Volks-) Seminarschulen.

Die Schule der Taubstummenanstalt ist seit 1882 Staatsschule (mit einem Director).

Der Strafschule, welcher auf 8 Tage bis höchstens 8 Wochen aus allen Volksschulen Kinder überwiesen werden können, bei denen die gewöhnlichen Schulstrafen nicht ausreichen, steht ein Hauptlehrer vor.

Section IV, für das Landschulwesen.

Besteht aus 3 Senatsmitgliedern (Präses der Oberschulbehörde und beide Landherren, von denen einer nicht Mitglied der Oberschulbehörde) und 6 anderen Mitgliedern der Oberschulbehörde.

---

*) Bis 1884 mit dem Werk- und Armenhause verbunden gewesen.

Beamte: 1 Schulinspector (früher Rector der Berged. Volksschule).

Die Commissionen zur Abnahme der Lehrer- und Lehrerinnenprüfungen für öffentliche Volksschulen, für Mittelschullehrer und Fachlehrer bezw. Lehrerinnen werden von der Oberschulbehörde eingesetzt.

Zu erwähnen ist hier ferner die **Schulsynode** (auf Grund des Unterrichtsgesetzes von 1870), bestehend aus den Vorstehern und fest angestellten Lehrern der öffentlichen Schulen sowie den Vorstehern der Privatschulen des Staates.

Sie stellt ihre Geschäftsordnung selbständig fest, erwählt einen Vorstand von 5, einen Ausschuß von 10 Mitgliedern, entsendet 2 Vertreter in die Oberschulbehörde und erwählt je 2 Mitglieder der Schulcommissionen; sie hat ferner der Oberschulbehörde auf Erfordern Gutachten zu erstatten und kann selbständige, das Schulwesen betreffende Anträge stellen.

14. Verwaltung der Allgemeinen Gewerbeschule und der Schule für Bauhandwerker.

Besteht aus 3 Mitgliedern der Oberschulbehörde [dem kaufmännischen Senator derselben als Präses, einem weiteren Senatsmitgliede (Syndicus) und einem anderen (z. Zt. rechtsgel.) Mitgliede], 4 von der Bürgerschaft erwählten (worunter übrigens auch ein Mitglied der Oberschulbehörde sich befindet), 2 aus der „Gesellschaft zur Beförderung der Künste und nützlichen Gewerbe*) entsandten, 2 aus und von der Gewerbekammer abgeordneten Mitgliedern und dem Director der Schule vermöge seines Amts (zusammen 12).

Die Organisation dieser Verwaltung ist demnach eine deputationsartige, sodaß die formelle Unterstellung unter die Oberschulbehörde, wie dieses auch im Staatskalender zum Ausdruck kommt, hier als bedeutungslos behandelt ist, zumal die Gewerbeschule keiner Section angehört.

Festangestellte Lehrer: 1 Director (acad.), 14 ordentliche Lehrer (davon einige acad.), 6 erste Lehrer der Abtheilungsschulen.

Bureau: 1 Bureauvorsteher und 1 zweiter Bureaubeamter.

Die Allgemeine Gewerbeschule umfaßt: A. eine Knabenzeichenklasse; B. eine Abend- und Sonntagsgewerbeschule, und zwar die Hauptschule (am Steinthorplatz) und 6 in den verschiedenen Stadttheilen gelegene, seit 1875 nach und nach eingerichtete Abtheilungsschulen: C. eine Tagesschule für 5 Abtheilungen. — Das Lehrercollegium der Hauptschule bestand im Jahre 1893 außer dem Director aus

*) Von ihr ist die Schule 1864/65 begründet worden, aber sogleich Staatsanstalt geworden.

73 Lehrern, darunter waren 11 festangestellte (s. oben): in den Abtheilungsschulen waren neben den 6 ersten Lehrern (s. oben) noch im Ganzen 79 Lehrer thätig, und in der Tagesschule unterrichteten 18 Lehrer. — Die Schüler sind zum überwiegenden Theile Handwerksbeflissene (auch einzelne Präparanden und Lehrer), in Klasse A Schulknaben.

Die Schule für Bauhandwerker besteht aus 4 auf einander folgenden bezw. aus 5 Klassen (darunter eine sog. Prüfungsklasse). Die staatlich beaufsichtigten Abgangsprüfungen finden unter Mitwirkung der Baugewerksinnung „Bauhütte zu Hamburg" unter dem Vorsitze des Staatsbaudirectors statt.

Der Director sowie die 30 Lehrer sind mit Ausnahme von 10 oben bereits mit aufgeführt. Die Zahl der Schüler, fast ausschließlich Maurer, Steinmetzen und Zimmerer, beträgt seit 1890 über 300 (im Winter 1892/93: 327) gegen etwa 150 im Jahre 1886/87.

Sodann sind hier aufzuführen **„verschiedene Unterrichtsanstalten"** (halböffentlicher Art), an deren Verwaltung staatliche oder kirchliche Organe mitwirken.

A. Unterrichtsanstalten des Klosters St. Johannis (Lehrerinnen-Seminar und höhere Mädchenschule).

Dem Curatorium gehören an (außer 2 bürgerlichen Vorstehern des Klosters und dem Director der Unterrichtsanstalten) 3 Delegirte der Oberschulbehörde.

B. 4 Kirchenschulen (zu St. Nicolai, St. Jacobi, St. Michaelis und St. Pauli), theilweise aus der Staatskasse unterstützt.

C. 4 Stiftungsschulen. 1. Die Freischule der St. Nicolai-Kirche, in deren Patronat ein Senator als Kirchspielsherr vertreten ist; 2. die Paßmannsche Schule, unter deren 6 Patronen sich 2 Senatoren befinden; 3. die Rumbaumsche Schule (wie bei 2); 4. die Wetkensche (St. Michaelis-District-) Schule (unter den 5 Patronen ist allerdings kein Senator).

15. Commission für die Verwaltung der Kunsthalle.

Besteht aus 2 Senatoren (Präses, kaufm., zweiter S. rechtsgel.), 2 von der Bürgerschaft erwählten, 2 aus dem Kunstvereine*) abgeordneten Mitgliedern und dem Director der Kunsthalle vermöge seines Amts.

Beamte: 1 Director (Professor), 1 Secretär, 1 Restaurator.

---

*) von welchen die öffentliche Gallerie (Kunsthalle) ins Leben gerufen wurde.

[**Verwaltungsabtheilung für das Justizwesen.** Vorstand: 1 Senator.]

16. Justizverwaltung.

Besteht aus 1 Senator (!) als Vorstand.

Geschäftskreis: Aufsicht über das gesammte Justizwesen des Hamburgischen Staates.

Secretäre: 1 (Jurist).

Bureaubeamte: 5, darunter 1 Rechnungsrevisor.

I. Gerichte.

a. Hanseatisches Oberlandesgericht (mit Lübeck und Bremen gemeinsam): 1 Präsident, 1 zweiter und 1 dritter Präsident, 15 Räthe (Richter). Bureau bezw. Kanzlei: 1 Secretär (Jurist); 8 Bureaubeamte (Gerichtsschreiber 2c.).

Drei Civilsenate, davon der dritte zugleich Strafsenat.

b. Landgericht. Richter: 1 Präsident, 9 Directoren, 38 Landrichter, 36 Handelsrichter (Kaufleute, vom Senate auf Vorschlag der Handelskammer ernannt).

Bureau und Kanzleien: 1 Secretär des Landgerichts (Jurist), 70 Gerichtsschreiber, Kanzlisten 2c.

Sechs Civilkammern, sechs Kammern für Handelssachen, ein Bureau für das Handels-, Genossenschafts-, Markenschutz- und Musterschutzregister (für letzteres 1 besonderer Registrator), drei Strafkammern. Gerichtskasse: 2 Bureaubeamte (oben mit enthalten).

c. Amtsgerichte. 1. Hamburg: 1 Oberamtsrichter, 26 Amtsrichter. Bureau, Kanzleien 2c.: 1 Secretär (Jurist), 105 Gerichtsschreiber, Kanzlisten 2c.

Fünf Schöffengerichte, 13 Civilabtheilungen, je eine Abtheilung für Concurssachen und nichtstreitige Gerichtsbarkeit, für Requisitionen in Strafsachen, für Prätursachen, für den gerichtlichen Verkauf von Immobilien, für Miethedepositionen, für Verklarungen (Gesetz vom 30. Januar 1891), für Aufgebotssachen.

Gerichtskasse: 2 Gerichtsschreiber und 5 andere Beamte (bereits oben); Archiv- und Materialverwaltung: 1 Gerichtsschreiber (siehe oben).

Schreibstube: 1 Amtsrichter (schon oben aufgeführt), 2 Bureaubeamte (desgl. oben).

2. Amtsgericht Ritzebüttel: 1 Amtsrichter, 2 Gerichtsschreiber 2c., 1 Gerichtsvollzieher.

3. Amtsgericht Bergedorf: 1 Amtsgerichtsschreiber 2c., 2 Gerichtsvollzieher.

II. Staatsanwaltschaft.

a. Bei dem Oberlandesgericht: 1 Oberstaatsanwalt, 1 Stellvertreter desselben (siehe unten).

b. Bei dem Landgerichte: 1 Oberstaatsanwalt (dieselbe Person wie oben), 8 Staatsanwälte (davon 1 Vertreter des Oberstaatsanwaltes), 2 Staatsanwaltsgehülfen.

c. Bei dem Amtsgerichte Hamburg: 5 Amtsanwälte (Juristen), in Ritzebüttel und Bergedorf je 1 Amtsanwalt (Nichtjuristen, Bureauassistent, bezw. Polizeisergeant).

Bureau der Staatsanwaltschaft: 39 Bureaubeamte, darunter der Secretär (*).

III. Gerichtsassessoren

sind z. Zt. 12, Referendare 70 im Hamburgischen Dienste beschäftigt, einige davon in der Verwaltung.

IV. Gerichtsvollzieheramt.

Chef: 1 Senator (Vorstand der Verwaltungsabtheilung). Bureaubeamte: 1 Inspector (früher Gerichtsvollzieher) und 1 Controleur. 3 Abtheilungen mit je 1 Bureauvorsteher und zusammen 73 anderen Bureaubeamten (Gerichtsvollzieher ꝛc.), darunter 2 Registratoren und 1 Kassierer. —

Revidirte Instruction für die Angestellten des Gerichtsvollzieheramts ꝛc. vom 28. Juli 1882.

V. Vormundschaftsbehörde.

Besteht aus 3 Mitgliedern des Landgerichts und 8 nicht rechtsgelehrten (aus einem von der Behörde vorzulegenden Auffatze) von der Bürgerschaft erwählten Mitgliedern.

Die Zahl der Letzteren kann durch den Senat vermehrt werden. Die 3 Mitglieder des Landgerichts werden von dessen Präsidium alljährlich bestimmt; ebenso wird bestimmt, wer von ihnen den Vorsitz führen soll (§ 96 der Vormundschaftsordnung vom 14. Dezember 1883). Durch Gesetz vom 4. April 1892 wurden einzelne Paragraphen der Vormundschaftsordnung abgeändert.

In den Landherrenschaften Ritzebüttel und Bergedorf werden die Vormundschaftssachen von den dortigen Amtsgerichten mit verwaltet.

Bureau. Secretäre: 2 (Juristen). Ferner 1 Bureauvorsteher, 1 Buchhalter und 6 andere Bureaubeamte.

VI. Schätzungscommission für Expropriationssachen.

Besteht aus 4 rechtsgelehrten, vom Senate ernannten Mitgliedern, darunter der Vorsitzende (z. Zt. der Landgerichtspräsident), und 24 nicht rechtsgelehrten von der Bürgerschaft erwählten Mitgliedern die vom Senate beeidigt werden (Gesetz vom 11. Mai 1883, betr. Anwendung des Expropriationsverfahrens zur Ausführung des Zollanschlusses). Die Neubildung der Commission nach § 16 des Expropriationsgesetzes vom 5. Mai 1886 hat bis Anfang nächsten Jahres zu geschehen.

Beamte: 2 Protokollführer (Bureaubeamte, der eine zugleich Secretär der Schiedsgerichte für Unfallversicherung, der zweite Gerichtsschreiber).

Die Commission gliedert sich in Sectionen, die in der Zusammensetzung von 3 Mitgliedern entscheiden.

VII. Sachverständigen-Vereine.

Fünf: Literarischer, Musikalischer, Künstlerischer, Photographischer, Gewerblicher Sachverständigen-V.

In Gemäßheit der Reichsgesetze vom 11. Juni 1870, sowie 9., 10. und 11. Januar 1876 zu gutachtlicher Vernehmung in bezüglichen Streitfällen vor Gerichten gebildet.

VIII. Notariat.

Die Notariatskammer besteht aus 5 Notaren und dient zur Vertretung gemeinschaftlicher Angelegenheiten der Notare, zur Begutachtung der das Notariat betreffenden Fragen auf Erfordern des Senats oder des Vorstandes der Verwaltungsabtheilung, sowie zur Aufrechterhaltung eines guten Rufes der Notare, einer ordnungsmäßigen und gleichartigen Geschäftsführung. Die Kammer wird von einer Versammlung aller Notare mit Stimmenmehrheit der Anwesenden erwählt; alljährlich treten abwechselnd 2 oder 3 Mitglieder aus, die erst nach Ablauf eines Jahres wiedergewählt werden können.

Notare sind in der Stadt Hamburg 12, in Ritzebüttel und Bergedorf je 2 zugelassen.

Das Notariat ist im Hamburgischen Staate, mit Ausnahme der Landherrenschaften Ritzebüttel und Bergedorf, von der Rechtsanwaltschaft getrennt. Im Amtsgerichtsbezirk Hamburg müssen die Notare, die zur Ausübung von Notariatsgeschäften im ganzen Hamburgischen Staatsgebiete befugt sind, die Fähigkeit zum Richteramt besitzen. Vergl. Revidirte Notariatsordnung vom 29. Juni 1883.

IX. Beeidigte Dolmetscher und Uebersetzer.

Zur Zeit sind 17 Personen als solche bei den hiesigen Gerichten beeidigt. —

Auch die **Rechtsanwälte** mögen hier erwähnt sein. Auf Grund des Gesetzes vom 14. Juli 1879, betr. Ausführung der Rechtsanwaltsordnung, sind bei den Hamburgischen Gerichten im Ganzen 153 Rechtsanwälte zugelassen.

Für den Bezirk des Hanseatischen Oberlandesgerichts ist eine gemeinsame Anwaltskammer mit einem Vorstande eingesetzt worden.

Dieser besteht aus zusammen 13 Rechtsanwälten aus Lübeck, Bremen und Hamburg.

X. Hamburgisches Gewerbegericht.

Besteht aus einem vom Senate ernannten rechtsgelehrten Vorsitzenden (nicht richterlicher Beamter) und einem rechtsgelehrten Stellvertreter (z. Zt. Rechtsanwalt), ferner aus 42 Arbeitgebern und 42 Arbeitnehmern als Beisitzern (aus allgemeinen Wahlen der gewerblichen Arbeiter und Arbeitgeber hervorgegangen). Bureaubeamte (Gerichtsschreiber ꝛc.): 4.

In Gemäßheit des Reichsgesetzes vom 29. Juli 1890, betr. die Gewerbegerichte, trat mit dem 31. März 1892 durch das Hamburgische Gesetz vom 12. Februar 1892 an die Stelle des seit 1875 (Gesetze von 1875 und vom 10. Oktober 1887) bestandenen „Gewerblichen Schiedsgerichts" das „Hamburgische Gewerbegericht" für den städtischen Bezirk in Thätigkeit „für die Entscheidung von gewerblichen Streitigkeiten zwischen Arbeitern einerseits und ihren Arbeitgebern andererseits, sowie zwischen Arbeitern desselben Arbeitgebers".

Für das Landgebiet hat der Senat durch Bekanntmachung vom 14. März 1892 Bestimmung getroffen. Die im Reichsgesetze dem Gemeindevorsteher zugewiesenen Verrichtungen in Betreff der vorläufigen Entscheidung von Streitigkeiten zwischen Arbeitern und ihren Arbeitgebern sind dem Gemeindevorsitzenden (oder einem Stellvertreter desselben), in der Stadt Bergedorf dem Bürgermeister daselbst, im Amte Ritzebüttel aber dem Amtsverwalter in seiner Eigenschaft als Vorsitzenden der Landesversammlung übertragen worden.

17. Hypothekenamt.

„Die Verwaltung des Grundeigenthum- und Hypothekenwesens ist dem Hypothekenamt unterstellt, zu welchem der Senat eines seiner Mitglieder und für den Fall der Verhinderung desselben ein zweites Senatsmitglied als Vorstand delegirt" (Gesetz vom 4. Dezember 1868 über Grundeigenthum und Hypotheken).

Beide Senatoren (rechtsgelehrt) werden wohl auch noch „Hypothekenherren" genannt. Das Staatshandbuch bezeichnet den Vorstand als „Chef". Eine nennenswerthe Amtsthätigkeit ist mit dem Posten nicht verknüpft, diese liegt vielmehr fast ausschließlich den einzelnen Hypothekenbureaux ob.

a. Stadthypothekenbureau.

3 Oberbeamte (Juristen), 5 Bureaubeamte, darunter 1 Stadtbuchschreiber (amtlich als „Unterbeamte" bezeichnet).

Die Oberbeamten haben Richterqualität, gehören aber nicht zu den richterlichen Beamten.

b. Landhypothekenbureau.

3 Oberbeamte (Juristen), 11 Bureaubeamte, darunter 1 Landbuchschreiber. Vergl. vorstehend.

c. Hypothekenbureau zu Ritzebüttel.

d. Hypothekenbureau zu Bergedorf.

Werden von dem Amtsrichter daselbst und dessen Gerichtsschreibern verwaltet.

18. Erbschaftsamt.

„Das Erbschaftsamt wird von zwei Mitgliedern des Senats verwaltet."

Der erste Senator (seit Langem ein kaufm.) führt im Staatshandbuch die Bezeichnung „Chef". Vor dem Gesetz vom 21. Dezember 1868, betr. die Behandlung von Verlassenschaften, hieß die Behörde „Zehnten-Amt", die beiden Senatoren wurden „Zehntenherren" genannt.

Geschäftskreis: Entgegennahme, Aufbewahrung und Publication von Testamenten und sonstigen letztwilligen Verfügungen, Sicherstellung und Verwaltung von Verlassenschaften (Erbmassen), Erhebung der Abgabe und des Stempels, Sorge für die Auslieferung vacanten Gutes an den Fiscus und Ertheilung von Erbgezeugnissen, sowie auch Vertretung gewesener Pupillen unter gewissen Umständen (§ 90 der Vormundschaftsordnung).

Bureau des Erbschaftsamtes.

Höhere Beamte: 3 Actuare (Juristen, nicht richterliche Beamte); ferner 3 Buchhalter und 4 sonstige Bureaubeamte.

19. Disciplinargericht
für die nicht richterlichen Beamten.

Besteht aus 1 Mitgliede des Senats (z. Zt. Vorstand der Justizabtheilung) als Vorsitzenden und fünf Mitgliedern des Landgerichts oder der Amtsgerichte (z. Zt. 2 Landgerichtsdirectoren und 3 Landrichter).

Die Mitglieder des Disciplinargerichts, sowie eine gleiche Anzahl Stellvertreter, werden vom Senate auf die Dauer von fünf Jahren ernannt, und zwar die richterlichen Mitglieder auf Vorschlag des Präsidenten des Landgerichts.

Disciplinarstrafen sind: 1. Ordnungsstrafen (Warnung, Verweis, Geldstrafe bis zum einmonatigen Diensteinkommen, auch Geldstrafe nebst Verweis), 2. Dienstentlassung.

Ordnungsstrafen können auch von den Behörden oder deren Vorständen (Chefs, Präsidenten 2c.) verhängt werden, während der Strafe der Dienstentlassung ein förmliches Disciplinarverfahren vor dem in erster und letzter Instanz entscheidenden Disciplinargericht vorhergehen muß. Gegen die unteren Beamten, deren Dienst auf militärische Weise geregelt ist, kann auch Arreststrafe verhängt, sowie die Suspension oder Entlassung von der Behörde selbst auf Grund der von einem ihrer rechtsgelehrten Beamten geführten Disciplinaruntersuchung erkannt werden (Polizei, Feuerwehr, indirecte Steuern, Gefängnisse, Zollwesen). Das Disciplinargesetz vom 7. Januar 1884 hat durch die Gesetze bez. Bekanntmachungen vom 4. Mai 1887, 11. Mai 1888, 4. April und 19. August 1892 sowie die Bekanntmachung vom 2. Oktober 1891 einige unwesentliche Ergänzungen gefunden.

[**Verwaltungsabtheilung für polizeiliche und innere Angelegenheiten.** Vorstand: der Chef der Polizeibehörde, erste Polizeiherr.]

20. Polizeibehörde.

Besteht aus 2 rechtsgelehrten Senatsmitgliedern, Polizeiherren.

Höhere Beamte: 1 Polizeidirector (Jurist, Vertreter des Polizeiherrn), 3 Räthe (Juristen, Abtheilungsvorstände) und 1 Polizeisecretär (Jurist). Gesetz vom 25. Oktober 1875, betr. Reorganisation der Polizeibehörde, und Gesetz vom 21. Oktober 1892, betr. Abänderungen in der Organisation.

A. Central-Polizeistelle.

Präsidialbureau und Polizeisecretariat.

1 Polizeisecretär (Jurist s. oben); 2 Polizeicommissare (*), 12 sonstige Bureaubeamte.

Abtheilung I, Allgemeine und Wohlfahrtspolizei.

1 Rath (Jurist) als Abtheilungsvorstand.

Inspection A. (für allgemeine Angelegenheiten): 1 Polizeiinspector (*), 1 Polizeicommissar (*), 13 andere Bureaubeamte und 1 Polizeisergeant.

Inspection B. (für Wohlfahrtspolizei): 1 Polizeiinspector (academischer Jurist, Ausland), 2 Polizeicommissare (*), 4 andere Bureaubeamte, 1 Polizeisergeant, 2 Leichenhausaufseher.

Bei dieser Inspection ist seit Anfang 1893 (Bekanntmachung vom 3. Februar 1893) das Impfbureau eingerichtet (bis dahin im Medicinalbureau): 2 Beamte.

Von Senat und Bürgerschaft wurde am 29. März / 12. April 1893 die Errichtung einer Desinfectionsanstalt mit 1 Inspector (Gehaltsklasse XII), 3 anderen Bureaubeamten, 2 Obermaschinisten, 2 Maschinisten, 4 Oberdesinfectoren und 24 Desinfectoren und 2 Materialverwaltern beschlossen.

Abtheilung II, Criminal- und politische Polizei, Sittenpolizei.

1 Rath (Jurist) als Abtheilungsvorstand.

Inspection A. (für Criminalsachen): 1 Polizeiinspector(*) 3 Polizeicommissare(*), 12 andere Bureaubeamte, 3 Polizeisergeanten.

Inspection B. (für politische Polizei und Sittenpolizei): 1 Polizeiinspector(*), 2 Polizeicommissare(*), 14 andere Beamte, 3 Polizeisergeanten.

Sittencommissariat: 1 Polizeicommissar(*), 6 andere Beamte, 1 Sergeant.

Abtheilung III, Gewerbe- und Verkehrspolizei.

1 Rath (acad. Verw.) als Abtheilungsvorstand.

Inspection A. (für Gewerbesachen): 1 Polizeiinspector (*), 1 Polizeicommissar(*), 13 andere Bureaubeamte, 2 Controlebeamte für Maße und Gewichte und 2 Marktaufseher.

Inspection B. (für Verkehrswesen): 1 Polizeiinspector (*), 1 Polizeicommissar(*), 8 andere Bureaubeamte und 1 Pulvermagazin-Aufseher.

Abtheilung IV, Polizeiwachdienst.

1 Polizeihauptmann (Major a. D.) als Chef, 4 Polizeilieutenants (Lieutenants a. D.), 9 Oberwachtmeister; 36 Polizeiwachen.

Abtheilung V, Hafen-, Alster- und Schiffahrtspolizei.

1 „Capitän“ als Leiter, 1 Polizeiassistent, 5 „Commandeure“ (frühere Officianten).

Abtheilung VI, Einwohner-Meldebureau, Fremden-, Paß- und Gesindepolizei.

1 Polizeiinspector (*) als Leiter, 1 Bureauvorsteher(*), und 27 andere Bureaubeamte. —

Das neue Gesetz, betr. das Einwohner-Meldewesen, vom 6. Mai 1891, trat am 1. Februar 1892 in Kraft.

Abtheilung VII, Kassen- und Rechnungswesen.

1 Polizeiinspector(*) als Leiter, 1 Kassierer(*), 3 Polizeicommissare(*), 21 andere Bureaubeamte, 1 Magazinverwalter (1 Castellan, 2 Portiers). Ferner gehört der „Frohn“ zu dieser Abtheilung (Dienstinstruction für die Frohn vom 11. April 1876).

B. Bezirksbureaux der Polizeibehörde.

7 Bezirksbureaux (St. Pauli, Eimsbüttel, Harvestehude, Barmbeck, Borgfelde, Billwärder Ausschlag, St. Georg) mit je 1 Bezirkscommissar, zusammen 44 anderen Beamten und 2 Polizeisergeanten.

Die Bezirksbureaux sind Filialstellen der Polizeibehörde; sie unterstehen generell dem Polizeiherrn und dem Polizeidirector und in den einzelnen Dienstzweigen auch den betreffenden Abtheilungsvorständen oder Polizeiinspectoren.

C. Medicinalpolizei.

Drei Polizeiärzte mit bestimmt abgegrenzten Bezirken.

Die Hauptthätigkeit dieser beamteten Aerzte besteht in der Ausstellung amtlicher Todtenscheine für nicht von praktischen Aerzten behandelte Gestorbene.

Im übrigen Staatsgebiete sind für dieselben Zwecke Districtsärzte angestellt, die in den Vororten (9) ebenfalls dem Polizeiherrn unterstellt sind (§ 6 des Polizeigesetzes vom 25. Oktober 1875). Dieser Dienstzweig hängt übrigens eng mit der Medicinalverwaltung im Allgemeinen zusammen, wie auch der Medicinalinspector in gewisser Beziehung Vorgesetzter obiger Aerzte ist (s. unten).

D. Veterinärpolizei.

Ein Staatsthierarzt (Instruction vom 1. August 1873) und ein Districtsthierarzt für die innere Stadt mit St. Pauli zur Beaufsichtigung der Trichinenschau (Fleischschau, und des Viehverkehrs in Bezug auf ansteckende Krankheiten u. s. w., siehe auch S. 107).

Die 3 Districtsthierärzte für das übrige Staatsgebiet unterstehen theils der Polizeibehörde (Vororte), theils der Landherrenschaft (vergl. auch diesbezüglich unten, Medicinalverwaltung).

E. Baupolizei.

I. Baupolizeibureau.

Das städtische Gebiet ist in 5 Districte zerlegt mit je einem Baupolizeiinspector (höherer Techniker) und einmal 3, sonst je 2 technischen Assistenten. Die Zahl der sonstigen Bureaubeamten beträgt 6.

Eine obere Fachleitung im Baupolizeibureau fehlt. Die Inspectoren bearbeiten ihre Districte selbständig; einem derselben liegt außerdem die Erledigung der allgemeinen Sachen ob.

Baupolizeigesetz vom 23. Juni 1882 (Abänderung der §§ 105 und 11 durch Gesetz vom 9. Oktober 1891), Novelle dazu vom 28. April 1893.

II. Dampfkesselrevisionsbureau.

1 Inspector (höherer Techniker) als Vorstand, 8 Revisoren (Techniker), 2 Assistenten (Techniker), 1 Zeichner, 2 Kanzlisten und Schreiber.

Vorschriften über den Betrieb und die Revision der Dampfkessel vom 23. April 1880, Gesetz vom 7. Juli 1882, betr. Prüfung und Revision der Dampfkessel.

F. Fabrikinspection.

3 Fabrikinspectoren (1879 bis 1891 ein Inspector, seit Anfang 1893 drei Inspectoren; Techniker), 2 Polizeiassistenten und 2 Officianten.

Gewerbeordnung des Deutschen Reichs vom 21. Juni 1869, 17. Juli 1878 und 1. Juni 1891.

Der Fabrikinspector hat die staatliche Aufsicht über die Fabriken (Arbeitsräume mit Motorenbetrieb und größere Werkstätten) sowie über die darin beschäftigten männlichen, weiblichen und jugendlichen Personen in Bezug auf Unfallverhütungsmaßregeln, bezw. Arbeitszeit, Arbeits- und Pausenregelung, gesundheitliche Vorkehrungen und Trennung der Geschlechter in gewissen Betrieben u. s. w. auszuüben und dem Senate und durch diesen dem Reichskanzler alljährlich ausführlich zu berichten (vergl. die angeführte Gewerbeordnung).

Die Fabrikinspection wurde in Hamburg 1879 eingeführt.

21. Aufsichtsbehörde für die Standesämter.

Besteht aus 2 Senatoren (Chef, kaufmännisch, und 1 zweiter Senator, rechtsgelehrt). — Deputationsartige Einrichtung fehlt.

Bureau: 1 Inspector und erster Beamter (Jurist), 1 zweiter Beamter (Jurist), 1 Registrator, 2 Schreiber.

Außer der Aufsicht über die 23 Standesämter des Staatsgebietes übt die Behörde noch im Allgemeinen die Functionen einer Heimatbehörde aus, indem sie für die Aufnahme in den Staatsverband, die Entlassung aus demselben, die Naturalisationen und für Anträge auf Erwerbung des Bürgerrechts (Gesetz vom 7. November 1864) zuständig ist. In der Landherrenschaft Ritzebüttel wird sie in dieser Beziehung durch den Amtsverwalter vertreten. Ferner haben solche Personen, die aus einer staatlich anerkannten Religionsgemeinschaft auszutreten wünschen, die Entgegennahme der Austrittserklärung gemäß dem Gesetze vom 12. Dezember 1888 bei der Aufsichtsbehörde für die Standesämter zu beantragen.

Von den 23 Standesämtern sind die 7 im städtischen Gebiete gelegenen mit Standesbeamten ohne Nebenamt (ausschließlich staatsbeamtet) und ebensolchen Stellvertretern besetzt. Den Standesamtsbezirk 11 bildet die Stadt Bergedorf, und Nr. 18 das Amt Ritzebüttel.

22. Feuerkassedeputation.

Besteht aus 2 Senatsmitgliedern (1 kaufmännischer Senator als Präses und 1 Senatssecretär), 1 Abgeordneten aus der Finanzdeputation und 12 von der Bürgerschaft erwählten Mitgliedern. Als Protokollführer fungirt ein Rechtsanwalt.

Die Feuerkasse nimmt eine analoge Stellung wie die Pensionskasse ein, indem sie als Privatinstitut (auf Gegenseitigkeit aller Mitglieder) von einer Staatsbehörde verwaltet wird.

Durch Gesetz vom 20. April 1891 wurde der allgemeine Versicherungszwang (von allen im Bau fertigen Gebäuden) vom 1. Januar 1892 ab auf das gesammte Staatsgebiet ausgedehnt. Bis dahin umfaßte die „Hamburger Feuerkasse" nach dem revidirten Gesetze vom 20. Februar 1885 die Stadt mit Vororten (außer Steinwärder und Kl. Grasbrook), ferner aber Groß Borstel, auch konnten in ihr verbleiben diejenigen Gebäude außerhalb dieses Rayons, welche im Jahre 1867 der mit ihr vereinigten Feuerkasse außerhalb der Stadt Hamburg bereits angehörten.

Bureau: 1 erster Beamter (höherer Techniker); 14 Kassen- und sonstige Bureaubeamte und 5 technische Beamte (davon 4 mit der Bezeichnung Inspector).

Das Landgebiet ist in 12 Districte zerlegt und für jeden 1 daselbst ansässiger Deputirter nebst Stellvertreter bestellt.

Außerdem amtiren 3 beeidigte Revisoren (Privatarchitecten), 12 Taxatoren (Techniker, Architecten) für den Stadtbezirk und 30 für das Landgebiet.

23. Deputation für das Feuerlöschwesen.

Besteht aus 2 Senatsmitgliedern (Präses, rechtsgelehrt und 1 Senatssecretär), 1 aus der Finanzdeputation, 1 aus der Baudeputation (Section für die Stadtwasserkunst), 2 aus der Feuerkassedeputation abgeordneten und 3 von der Bürgerschaft erwählten Mitgliedern. Als Protokollist fungirt wie bei Nr. 22 ein Rechtsanwalt.

Geschäftskreis: Verwaltung des Feuerlöschwesens im ersten Löschdistricte (Stadtgebiet) und Beaufsichtigung desselben im zweiten Löschdistricte (Landgebiet).

Städtische Feuerwehr.

Leiter: 1 Branddirector (höherer Techniker); 5 Brandmeister (höhere Techniker); 4 Bureaubeamte am Centralbureau.

Gegenwärtig bestehen 8 ständige Feuerwachen. Neben der ständigen Feuerwehr ist auch die „nichtständige" in beschränktem Umfange beibehalten. Gesetz wegen des Feuerlöschwesens vom 2. März 1868: letzte Vermehrung des Personals durch Senats- und Bürgerschaftsbeschluß vom 20./29. März 1893.

24. Behörde für das Auswandererwesen.

Besteht aus 2 Senatoren (rechtsgelehrt) und 3 aus der Handelskammer abgeordneten Mitgliedern.

Geschäftskreis: Staatliche Aufsicht über das Auswandererwesen nach Maßgabe des Gesetzes vom 14. Januar 1887 und der in Ausführung desselben erlassenen Verordnung vom 13. Mai 1887, ferner Bekanntmachungen vom 8. März, vom 23. Oktober und 20. Dezember 1889, betr. Abänderung oder Zusatz.

Angestellte: 3 Untersuchungsärzte für die Auswanderer; 4 Besichtiger der Auswandererschiffe (früher Capitäne); 2 Bureaubeamte (1 Inspector und 1 Assistent).

25. Gefängnißdeputation.

Besteht aus 2 Senatsmitgliedern (1 rechtsgel. Senator als Präses und 1 Syndicus), 1 von der Finanzdeputation abgeordneten und 8 von der Bürgerschaft auf 8 Jahre erwählten Mitgliedern.

Als Protokollführer fungirt zur Zeit ein Assessor.

Höhere Beamte: 1 Gefängnißdirector (vordem auswärts Staatsanwalt).

a. Centralgefängniß und Correctionsanstalt in Fuhlsbüttel.

Wissenschaftlich gebildete Angestellte: 1 erster Pastor, 1 zweiter Pastor, 1 Arzt. Aufsichts- und Verwaltungspersonal: 1 Oberinspector, 1 Oberinspector der Correctionsanstalt, 1 Inspector und Rechnungsführer, 1 Wirthschaftsinspector, 1 Inspector und Registrator; ferner 2 Lehrer.

b. Städtische Gefängnisse.

1 Pastor und 1 Arzt für die verschiedenen Gefängnisse.

1. Untersuchungsgefängniß: 1 Oberinspector, 1 zweiter Inspector.

2. Kur- und Detentionshaus: 1 Oberinspector, 1 zweiter Inspector und Buchhalter und 2 Assistenten.

Das Kurhaus dient nicht nur als Gefangenenlazareth, sondern auch als Polizeilazareth, Reinigungsanstalt und Leichenhaus für aufgefundene Leichen, Selbstmörder u. s. w.

3. Raboisenwache (Gefängniß in der Ferdinandstraße): 1 Inspector.

Zum Geschäftsbereich der Gefängnißdeputation gehörte bis 1. April d. Js. noch das Werk- und Armenhaus.

26. Behörde für Zwangserziehung.

Besteht aus 2 Senatsmitgliedern (1 kaufm. Senator als Präses und 1 Syndicus), je einem Mitgliede aus der Finanzdeputation, der Oberschulbehörde (Volksschulrath) und dem Armencollegium, sowie 4 von der Bürgerschaft (aus einem Aufsatze von 3 Personen auf 6 Jahre) erwählten Mitgliedern.

Geschäftskreis: Das gesammte Zwangserziehungswesen einschließlich der Leitung der Erziehungs- und Besserungsanstalt Ohlsdorf. Gesetz, betr. die Zwangserziehung verwahrloster jugendlicher Personen, vom 6. April 1887.

Secretäre u. dergl.: Keine. Beamte der Erziehungs- und Besserungsanstalt Ohlsdorf: 1 Oberlehrer, 3 Lehrer; ferner 1 „Vogt und Bote“.

27. Schlachthofdeputation.

Besteht aus 2 Senatsmitgliedern (1 kaufmännischer Senator als Präses und 1 Syndicus), 1 Mitgliede der Finanzdeputation und 5 von der Bürgerschaft auf je 5 Jahre erwählten Mitgliedern.

Geschäftskreis: Oberaufsicht über die Verwaltung des neuen Schlachthauses, des Viehhofes Sternschanze sowie des Viehmarktes am Heiligengeistfelde. Durch Senats- und Bürgerschaftsbeschluß vom 28. Februar / 4. März 1891 wurde diese Deputation errichtet; bis 1. Mai 1891 unterstand dieser Verwaltungszweig der Finanzdeputation (Bekanntmachung des Senats vom 20. April 1891). Schlachthofsordnung vom 16. August 1892. Die Eröffnung des neuen Schlachthofes fand am 10. Oktober 1892 statt.

Schlachthof- und Viehmarktverwaltung.

1 Director (früher landwirthschaftlicher Generalsecretär), 1 Inspector für die Viehmärkte(*) nebst 1 Assistenten, 1 Inspector für den Schlachthof(*) nebst 1 Assistenten, 1 Bureauvorsteher mit 3 anderen Bureaubeamten; ferner 2 Aufseher und 1 Futtermeister.

28. Sanitätsverwaltung. Medicinalcollegium.

Das Medicinalcollegium setzt sich wie folgt zusammen: 2 Senatsmitglieder (juristische Senatoren), 5 Physici (von denen einer als „Medicinalinspector", Director des Gesundheitswesens, fungirt), der Director des Neuen Allgemeinen Krankenhauses, 3 vom Senate erwählte praktische Aerzte, 1 ärztlicher Assessor (praktischer Arzt, Beamter), 1 Assessor für die Pharmacie (Apothekenbesitzer, beamtet), 1 Assessor für die Chemie (bisher der Director des Chemischen Staatslaboratoriums) und je 1 Delegirter der Gefängnißdeputation und des Armencollegiums.

Geschäftskreis: Die Berathung wichtiger Angelegenheiten der öffentlichen Gesundheitspflege und Beschlußfassung über Maßnahmen und Anordnungen der Medicinalverwaltung sowie über die inneren behördlichen Angelegenheiten. Die Geschäftsführung (Executive) liegt den Beamten und Instituten dieses Verwaltungszweiges ob*).

Die Gesetze, welche zur Zeit auf diesem Gebiet Anwendung zu finden haben, sind: Medicinalordnung für die freie Hansestadt Hamburg und deren Gebiet, vom 19. Februar 1818; Bekanntmachung vom 8. Juni 1888, betr. Zusatz zu jener; Gesetz, betr. Reorganisation des Gesundheitsraths, vom 26. Oktober 1870 (seit 15. November 1871 in Kraft); Gesetz vom 28. Dezember 1892 (Hygien.-Inst.); Senats- und Bürgerschaftsbeschluß vom 5. Dezember 1892/1. Februar 1893, betr. Reorganisation des Medicinalwesens, und Gesetz vom 24. März 1893 (Hafenarzt); vergl. im Einzelnen: Dr. Reincke,

---

Wegen der eingeklammerten Sterne (*) vgl. die Bemerkung S. 68.

*) Die systemlose und confuse Darstellung im Staatskalender gewährt allerdings keinen Einblick in die thatsächliche Amtsthätigkeit der Medicinalbehörde.

Das Medicinalwesen des Hamburgischen Staates, Hamburg 1877, sowie die angeführten neueren Gesetze). Monatlich pflegt eine Sitzung des Collegiums stattzufinden.

Sanitätsverwaltung.

Die Leitung des technischen Theiles der Medicinalverwaltung ist einem Medicinalinspector (Physicus) übertragen.

Dieser nimmt die Stellung eines Directors auf dem gesammten Gebiete der öffentlichen Gesundheitspflege und Medicinalpolizei ein. Er führt den ungeeigneten Titel „Medicinalrath“ (Bekanntmachung vom 11. November 1878) und hat ein besonderes Beamtenpersonal (Bureau, technische Hülfsarbeiter u. s. w., s. unten). In den laufenden Verwaltungsgeschäften ist ihm ein „Verwaltungsphysicus“ zur Seite gestellt, der auch im Uebrigen die Stellvertretung übernimmt. Unter dem Vorsitz des Medicinalinspectors sollen in der Regel allwöchentlich Versammlungen der ärztlichen Mitglieder des Medicinalcollegiums stattfinden, vergl. Gesetz vom 26. Oktober 1870, §§ 13, 17: „Der Medicinalinspector hat die sanitäts- und medicinalpolizeiliche Aufsicht für den ganzen Umfang des Hamburgischen Staatsgebiets zu führen“ *): §§ 18—21 des Gesetzes vom 26. Oktober 1870: „... Derselbe fungirt als nächster Rathgeber des Chefs der Polizei in allen sanitäts- und medicinalpolizeilichen Dingen.“ Vergl. auch den oben genannten Senats- und Bürgerschaftsbeschluß und vor Allem den betreffenden Senatsantrag vom 5. Dezember 1892, betr. Reorganisation des Medicinalwesens.

Wissenschaftliche Hülfskräfte bezw. Beamte: 1 ärztlicher Assessor (Arzt), 1 Assessor für die Pharmacie (Apotheker), 1 Assessor für die Chemie (siehe oben unter den Mitgliedern des Collegiums), 4 pharmaceutische Assistenten (Apotheker, unbesoldet; vom Medicinalcollegium aus einem Aufsatze auf je 6 Jahre erwählt — zur Unterstützung des betr. Physicus und des Assessors bei der Apothekenrevision), 2 ärztliche Hülfsarbeiter (Beamte auf Zeit unter Belassung freier ärztlicher Praxis); ferner 5 Bureaubeamte, darunter 1 Bureauvorsteher.

Besondere Anstalten.

a. Hygienisches Institut.

1 Director (Arzt), 4 Assistenten (academ., Chemiker, Aerzte), 1 Schreiber.

Durch Gesetz vom 28. Dezember 1892 neu errichtet.

b. Anatomie.

1 Physicus als Vorsteher, 1 Prosector (beamteter Arzt mit freier Praxis); 1 Custos (Unterbeamter).

---

*) Es zeigt sich hier, wie bei anderen Deputationen oder Collegien, daß diesen im Gesetze Aufgaben zugewiesen werden, die ihnen gar nicht zukommen und daher auch nothwendigerweise in demselben Gesetze gleichzeitig bestimmten Aemtern bezw. Beamten übertragen werden.

c. Entbindungsanstalt.

Die Direction besteht aus einem Senator (dem Präses des Medicinalcollegiums) als Präses, 1 bürgerlichen Mitgliede des Medicinalcollegiums für die Oekonomie und 1 Physicus für die Administration. Als Aerzte sind angestellt: 1 Oberarzt und 1 Assistent (beide mit Privatpraxis).

d. Oeffentliche Impfanstalt.

1 Oberimpfarzt und 3 Impfärzte (mit freier Praxis).

e. Hafenarzt.

1 Hafenarzt (Beamter, bisher Marinestabsarzt) und 2 Assistenten (Aerzte, noch fehlend) zur Ueberwachung der Gesundheitsverhältnisse im Hafen auf den ankommenden und abgehenden Schiffen.

Neugeschaffen durch Gesetz vom 24. März 1893.

f. Veterinärwesen.

1 Staatsthierarzt, 5 Districts- und 7 Hülfsthierärzte zur Ueberwachung des Schlacht- und Gebrauchsviehes in Bezug auf ansteckende Krankheiten, der gesundheitlichen Controle der Viehmärkte, des Schlachthofes und der Trichinenschau.

29. Todtenladendeputation.

Besteht aus einem Senator als Präses und 10 von der Bürgerschaft auf 5 Jahre erwählten Mitgliedern (Commissaren für je eine Anzahl Laden), § 67 des Verwaltungsgesetzes vom 15. Juni 1863.

Diese Deputation ist allmählich bedeutungslos geworden, wenngleich noch 124 Todtenladen und Kassen nach der „Revidirten Verordnung vom 13. November 1828 wegen der Todtenladen, Sterbekassen und Krankenladen" bestehen.

Ein Bureau ist nicht erforderlich; etwaige Versammlungen der Deputation (höchstens einmal monatlich) finden im Saale der Stadtlotterie statt. Der Beamtenkörper besteht aus 1 „Schreiber und Boten".

30. Behörde für Krankenversicherung.

Besteht aus 1 Senatsmitgliede (rechtsgel. Senator) als Vorsitzenden und 4 von der Bürgerschaft auf je 4 Jahre erwählten bürgerlichen Mitgliedern.

Geschäftskreis: Die Senats-Bekanntmachung vom 14. März u. 3. Okt. 1884 bestimmt, daß dieser für das städtische Gebiet (mit Elbinseln) zu errichtenden Behörde die im Reichs-Krankenversicherungsgesetze vom 15. Juni 1883, bezw. in der Novelle vom 10. April 1892 bestimmten Functionen der Gemeinde, des Gemeindevorstandes, der Gemeindebehörde, der Aufsichtsbehörde und auch der höheren Verwaltungsbehörde (mit gewissen Ausnahmen) übertragen werden. Ferner sind der Behörde überwiesen durch Gesetz vom 16. Juli 1890 die Geschäfte der am 1. November 1890 ins Leben getretenen Dienstboten-Krankenkasse in der Stadt Hamburg. Sodann wurde noch durch Senats-Bekanntmachung vom 19. November 1890, betr. die Ausführung des Reichsgesetzes über die Invaliditäts- und Altersversicherung vom 22. Juni 1889, für die Ausstellung und den Umtausch der Quittungskarten, die Ersetzung verlorener 2c. eine Ausgabestelle für die Stadt und die beiden Landherrenschaften der Geest- und Marschlande im Bureau der Krankenversicherungsbehörde errichtet, desgleichen zur Einziehung der Beiträge bestimmter Kategorien von Versicherten, jedoch für das städtische Gebiet (immer einschließlich der Elbinseln) allein, eine Hebestelle.

Secretäre und sonstige höhere Beamte: keine.

Bureau: 5 „Beamte" *), 6 Bureauvorsteher, 73 andere Bureaubeamte und 12 Einkassierer.

30a. Invaliditäts- und Altersversicherung.

Commissar des Senats: 1 rechtsgelehrter Senator.

Hanseatische Versicherungsanstalt für Invaliditäts- und Altersversicherung verbunden mit der Geschäftsstelle für die Invaliditäts- und Alters-Versicherung der Seeleute (mit dem Sitze in Lübeck).

Ständige Mitglieder des Vorstandes: 1 Director (acad. Verw.) und 1 Rath (desgl.).

Controlstelle in Hamburg: 3 Controlbeamte.

Staatscommissar für Hamburg: der Gewerbekammersecretär (acad. Verw.).

Schiedsgericht für Hamburg.

1 Vorsitzender (Amtsrichter) und 1 Stellvertreter (Landrichter) je 4 Beisitzer der Arbeitgeber und der Arbeitnehmer und die doppelte Zahl Hülfsbeisitzer;

1 Protokollführer (fehlt z. Zt.).

31. Friedhofsdeputation.

Besteht aus 2 Mitgliedern des Senats (1 rechtsgel. Senator als Präses und 1 kaufm. Senator), 1 Delegirten der Finanzdeputation, 1 bürgerlichen Abgeordneten des Stadtconvents der evangelisch-

*) In allerneuster Zeit ist dem ersten Bureaubeamten die Dienstbezeichnung Oberinspector, dem zweiten Beamten der Inspector verliehen worden.

luth. Kirche und 3 von der Bürgerschaft auf 6 Jahre erwählten Mitgliedern.

Der Geschäftskreis ergiebt sich von selbst, vergl. die Begräbnißordnung vom 27. September 1882. Die unmittelbare Beaufsichtigung des Friedhofs und die Leitung des gesammten Friedhofsbetriebes ist dem Friedhofsverwalter übertragen.

Verwaltung und Bureau.

Leitender Beamter: 1 Friedhofsverwalter, sonstige Beamte: 9, darunter 1 Bureauvorsteher.

Sowohl in der Stadt (Gänsemarkt) wie auf dem Friedhof in Ohlsdorf besteht ein Bureau.

[**Verwaltungsabtheilung für öffentliche Wohlthätigkeit.** Vorstand: Der Präses des Krankenhauscollegiums.]

32. Krankenhauscollegium.

Besteht aus 2 Mitgliedern des Senats (1 rechtsgel. Senator als Präses und 1 kaufm. Senator), 1 Finanzdeputirten und 6 (seit 1888) von der Bürgerschaft auf je 6 Jahre erwählten (bürgerlichen) Provisoren.

Geschäftskreis: Oberaufsicht über die Verwaltung des Allgemeinen Krankenhauses und der Irrenanstalt.

Besondere Beamte des Collegiums: Keine. Als Protokollführer ist ein Rechtsanwalt engagirt.

a. Altes Allgemeines Krankenhaus.

Allgemeine Verwaltung: 1 Director (*, vordem Oberzollcontroleur), 1 Oekonom, 1 Buchhalter und Kassierer der Aufnahmekasse aller vier Krankenanstalten, 1 Buchhalter und Kassierer der Hauptkasse, 1 Bureauvorsteher, 1 Magazinverwalter, 9 sonstige Bureau- und Kanzleibeamte, 3 Stationsinspectoren, 1 Gehülfsinspector, 1 Bauaufseher, 1 Mechaniker, 1 Einkassierer der vier Anstalten.

Aerzte und Apotheker: 4 Oberärzte (darunter 2 „Hausärzte"), 3 Secundärärzte, 1 Prosector, 2 Aerzte der Poliklinik (davon 1 bereits bei den Secundärärzten) und 9 Gehülfsärzte; 1 Hausapotheker, 3 Gehülfsapotheker.

b. Neues Allgemeines Krankenhaus.

Allgemeine Verwaltung: 1 ärztlicher Director (Oberarzt, Professor), 1 Anstaltsgeistlicher; 1 Verwalter, 1 Oekonom, 1 Bureauvorsteher, 2 Stationsinspectoren, 1 Buchführer, 1 Magazinverwalter, 1 Aufnahmebeamter, 1 Bauaufseher, 4 Gehülfsinspectoren, 1 ärztlicher Schreiber, 1 Mechaniker; 1 Pförtner.

Aerzte und Apotheker: Der Director, 6 Oberärzte, 1 Prosector, 2 Secundärärzte (davon 1 auch am Alten Krankenhaus), 19 Gehülfsärzte; 1 Oberapotheker, 1 erster Gehülfsapotheker und 5 Gehülfsapotheker.

c. Seemannskrankenhaus.

1 Oberarzt (mit freier Praxis), 1 zweiter Arzt.

Die Oekonomie hängt mit der des Seemannsgasthauses zusammen.

d. Irrenanstalt Friedrichsberg.

Medicinalverwaltung: 1 Oberarzt, 1 zweiter Arzt, 3 Gehülfsärzte.

Allgemeine Verwaltung: 1 Inspector und Oekonom (*), 1 zweiter Beamter, 1 Magazinverwalter, 2 Kanzlisten, 6 Oberwärter, Wärterinnen u. dergl., 1 Bauaufseher, 1 Mechaniker, 1 Gärtner, 1 Maschinist; 1 Bote.

Außerdem ist hier noch aufzuführen der Anstaltsgeistliche.

33. Waisenhauscollegium.

Besteht aus 2 Mitgliedern des Senats (1 kaufmännischer Senator als Präses und 1 Syndicus), 1 Finanzdeputirten und 6 von der Bürgerschaft auf je 6 Jahre erwählten (bürgerlichen) Provisoren. Ferner nehmen 2 Delegirte der Oberschulbehörde bei allen Schulangelegenheiten an der Berathung und Beschlußfassung Theil.

Geschäftskreis: Ergiebt sich von selbst. Das Gesetz vom 27. Mai 1889 änderte die Verwaltung des Waisenhauses. Es wurde ein Director mit selbständiger Verantwortung angestellt, und dem Collegium blieb als Aufgabe überwiesen, was ihm (und analog allen anderen Deputationen oder Collegien) verständiger Weise und thatsächlich zukommt, nämlich die Geschäftsführung zu überwachen, über wichtigere Fragen, namentlich über die finanziellen und wirthschaftlichen Angelegenheiten (Budgetaufstellung, Lieferungsverträge u. s. w., Lehrerwahl, Lehrpläne u. s. w.) Beschluß zu fassen. — Im Uebrigen s. Gesetz vom 8. Juli 1892, betr. die öffentliche Waisenpflege im Hamburgischen Staate.

Leiter des Waisenhauses: 1 Director (vordem Landschul-Inspector). Ferner sind daselbst thätig und angestellt: 1 Pastor, 1 Arzt, 1 Inspector, 1 Bureauchef und Kassenführer.

Das Hamburgische Gebiet (mit Einschluß angrenzender auswärtiger Ortschaften) ist behufs der Waisenpflege nach Art der communalen Selbstverwaltung in 6 Kreise mit je einem „Provisor" des Collegiums als Vorsitzenden, und jeder Kreis wiederum in eine größere Anzahl Districte mit je einem Pfleger eingetheilt.

34. Armencollegium (Allgemeine Armenanstalt).

Das neue Armencollegium auf Grund des Gesetzes vom 18. Mai 1892 besteht aus 3 Senatsmitgliedern, von denen eines den Vorsitz führt (1 rechtsgelehrter, 1 kaufmännischer Senator und 1 Syndicus), 1 Finanzdeputirten und 15 für eine fünfjährige Amtsdauer von der Bürgerschaft gewählten Mitgliedern, unter denen sich auch einige Richter befinden (gemäß Verf. Art. 52 und § 27 des Verwaltungsgesetzes vom 15. Juni 1863). Am 1. August 1892 (Senatsbekanntmachung vom 27. Juli 1892) trat das Collegium in Thätigkeit, und am 1. April 1893 erlangte das Gesetz in allen Theilen Kraft*).

Geschäftskreis: Die „Allgemeine Armenanstalt" umfaßt das Armenwesen des Ortsarmenverbandes Hamburg: das nicht unter der Landgemeindeordnung stehende Gebiet des Staates, d. i. die innere und äußere Stadt nebst der ehemaligen Vogtei der Elbinseln. Die leitende Verwaltungsbehörde ist das Armencollegium. Die Allgemeine Armenanstalt übt auch vorsorgende Wohlthätigkeit, indem nicht nur bereits Verarmte unterstützt werden (durch Naturalien, Geld, Wohnung), sondern auch in Unglück gerathene Personen, denen Verarmung droht. Für diese Zwecke stehen der Anstalt besondere Einrichtungen und Mittel zur Verfügung.

Zur Ausübung der Armenpflege ist der Ortsarmenverband zunächst in 9 Armenkreise eingetheilt mit je einem Armenkreisvorsteher (als welche Mitglieder des Armencollegiums fungiren), die Kreise sind in je etwa 10 (zusammen 90) Armenbezirke mit je einem Bezirksvorsteher zerlegt; in jedem Bezirke sind sodann bis zu 15 (im Ganzen gegen 1400) Armenpfleger thätig, außer den Pfleglings- und Ersatzpflegern. Für gewisse Verwaltungsgegenstände sind besondere Verwaltungen, welche Mitgliedern des Armencollegiums als verwaltenden Vorstehern unterstehen, eingesetzt worden. Vordem bestand Hamburg aus fünf Ortsarmenverbänden, an deren Verwaltung drei verschiedene Behörden betheiligt waren.

Die Bureauverhältnisse der neuen Armenverwaltung wurden durch Senats- und Bürgerschaftsbeschluß vom 20. Februar/15. März 1893 geregelt.

Seit dem 1. April 1893 ist die Verwaltung (Zugehörigkeit) des Werk- und Armenhauses auf das Armencollegium übergegangen (Senatsbekanntmachung vom 5. April 1893).

Bureauverwaltung.

Ein juristischer Oberbeamter (zur Stütze des Armencollegiums, Leitung der juristischen Abtheilung und auch anderer Geschäftszweige).

1. Juristische Abtheilung (zur Prüfung u. s. w. der zur Kenntniß der Armenverwaltung gelangenden Unterstützungsfälle vom Rechtsstand-

---

*) Das etwa 4 Wochen nach vollständiger Durchführung der neuen Organisation erschienene Staatshandbuch (Staatskalender) für 1893 enthält noch die alte Eintheilung!

punkte) mit einem juristischen Oberbeamten (s. vorstehend) und 3 fest angestellten Bureaubeamten, darunter 1 Bureauvorsteher.

2. Generalbureau (für die Bearbeitung der Sachen, welche die allgemeine Organisation und Verwaltung betreffen) mit 1 Bureauvorsteher und 2 anderen Bureaubeamten.

3. Personal-Registratur (Vermerken der gewährten Unterstützungen, Anlegung der Personalacten, Vernehmung neu eintretender Hülfsbedürftiger, Führung der zugehörigen Journale und Controlbogen) mit 1 Bureauvorsteher und 10 anderen Bureaubeamten.

4. Kassenwesen. Ein erster Kassenbeamter und 2 Kassierer.

Ferner sind oder werden demnächst fest angestellt 1 Kastellan und Beamter der Arbeitsanstalt, sowie 17 Boten.

Die Anstellung der Armenärzte (auf Zeit und ohne Pensionsansprüche) erfolgt derart, daß für je 2 Armenbezirke 1 Arzt zu fungiren hat.

Besondere Verwaltungen.

a. Arbeits- und Kochanstalt: 1 Vorsteher, Mitglied des Collegiums.

b. Armenwohnungen, Unterbringung in Anstalten, Verwaltung wohlthätiger Testamente und Stiftungen: desgl. 1 Vorsteher.

c. Budget-, Kassen- und Kapitalwesen: desgl.

d. Beerdigungswesen: desgl.

e. Feuerungswesen: desgl.

f. Armen-Medicinalwesen: desgl.

g. Pfleglingswesen (Werk- und Armenhaus): desgl.

Ferner ist gebildet:

1. eine Commission zur Bewilligung von Beihülfen mit dem Charakter vorsorgender Wohlthätigkeit, bestehend aus dem Präses, dem Finanzdeputirten des Collegiums und 2 anderen Mitgliedern.

2. Die „Aufsichtsbehörde für die milden Stiftungen", bestehend aus einem Senatsmitgliede (Syndicus) als Präses und 6 anderen Mitgliedern des Collegiums (vgl. Gesetz vom 16. Sept. 1870).

Zum Ressort des Armencollegiums gehört sodann jetzt noch das

Werk- und Armenhaus.

Die Leitung der Anstalt liegt in den Händen eines verantwortlichen Directors (acad. Verw.), außerdem sind angestellt 1 Arzt, 1 erster, 1 zweiter und 1 dritter Inspector, sowie 1 Buchhalter.

Das Werk- und Armenhaus (im Vorort Barmbeck) dient zur Aufnahme, Pflege und Beschäftigung voraussichtlich lebenslänglich zu unterstützender Personen (Pfleglinge), Siecher und auch verwahrloster minderjähriger Mädchen.

Der Staatskalender führt auch die öffentlich anerkannten Stiftungen und Institute (darunter die „Gesellschaft zur Beförderung der Künste und nützlichen Gewerbe" von 1765) auf.

35. Verwaltung des Landgebietes.

Das Hamburgische Landgebiet ist, wie schon erwähnt, in 4 Landherrenschaften eingetheilt, denen 2 Landherren vorstehen.

In neuerer Zeit versah einer der Landherren die Geschäfte des Landherrn für alle Landherrenschaften, während der zweite das Armenwesen der Vororte verwaltete. Seit 1893 haben sich die Landherren so in die Geschäfte getheilt, daß jeder 2 Landherrenschaften verwaltet. Die landherrliche Amtsthätigkeit ist übrigens im Ganzen ziemlich belanglos. Die weitere Organisation besteht zur Zeit in einem gemeinsamen Bureau der Landherrenschaften nebst technischen Beamten, und gleichsam zwei Filialverwaltungen, deren Leiter der Amtsverwalter in Ritzebüttel und der Bürgermeister in Bergedorf sind.

Die Landherrenschaft der Geestlande setzt sich aus 10 Landgemeinden zusammen mit je einem Gemeindevorstande von 3 bis 7 Mitgliedern, darunter je ein Gemeindevorsitzender. Ebenso zählt die Landherrenschaft der Marschlande 10 Landgemeinden. Außer den Gemeinden und Gemeindevorständen giebt es hier noch Reste früherer Organisationen (die Billwärder- u. s. w. Landschaften) und 1 Landvogt des Billwärder Landes (Gemeinden Billwärder a. d. Bille, Moorfleth und Allermöhe), sowie 8 Deichvögte der Landschaften (je einen in Billwärder, Reitbrook, Ochsenwärder, Spadenland, Tatenberg, Moorwärder, Moorburg und Finkenwärder)*).

Die Landherrenschaft Ritzebüttel besteht aus 12 Landgemeinden, die zugleich das Amt Ritzebüttel bilden. Dieses als Communalverband mittlerer Ordnung wird repräsentirt durch eine Landesversammlung mit dem Amtsverwalter als Vorsitzenden, den beiden Schultheißen zu Ritzebüttel und Groden, sowie zu Döse und Altenwalde, und 10 Vertretern der Gemeinden. Das Amt bildet auch einen einzigen Ortsarmenverband, hat eine gemeinsame Gemeinde-Krankenversicherung und eine öffentliche Sparkasse; ferner werden die Einquartierungen von einer Einquartierungscommission geregelt.

Die Landherrenschaft Bergedorf setzt sich zusammen aus der Stadt Bergedorf und 6 Landgemeinden: den sogenannten Vierlanden (Neuengamme, Altengamme,

*) Deichordnung für die Landherrenschaften der Marschlande und Bergedorf vom 4. März 1889. Deichbehörde ist die Landherrenschaft (der Landherr), der ein technischer Deichinspector beigegeben ist. Die Deichinteressenten (Hufner u. s. w.) eines Bezirks (einer Landschaft) bilden einen Deichverband, für welchen die Deichbehörde aus einem Wahlaufsatze einen Deichvogt auf Lebenszeit ernennt. Der Deichvogt und eine Anzahl Deichgeschworene bilden den Deichvorstand eines Deichverbandes. — Für Arensch-Berensch im Amte Ritzebüttel gilt noch deren Deichordnung vom 6. März 1885.

Curslack, Kirchwärder), ferner Ostkrauel und der ehemaligen Dorfschaft Geesthacht. Das frühere Amt Bergedorf kam erst am 1. Januar 1868 durch den Vertrag mit Lübeck vom 7. August 1867 in alleinigen Besitz Hamburgs. Die auf Grund der Bekanntmachung vom 30. Dezember 1867 gebildete Bergedorfische Visitationsbehörde und damit das Amt eines Amtsverwalters wurde mit Gesetz vom 30. Dezember 1872, betr. die Einführung Hamburgischer Organisationen und Gesetze im Amt und Städtchen Bergedorf, wieder aufgehoben. Hiermit wurde das Amt Bergedorf (unter Zutheilung des Hamburgischen Krauel [Ost-] aus der Landherrenschaft der Marschlande) zu einer Landherrenschaft organisirt. An die Stelle des Gemeindevorsitzenden tritt in der Stadt Bergedorf ein auf Lebenszeit gewählter Bürgermeister; der Gemeindevorstand (Bürgermeister und 2 Rathmänner) heißt Magistrat, die Gemeindeversammlung ist Bürgervertretung benannt. Bezüglich der Deichangelegenheiten gilt für die Stadt Bergedorf noch die Deichordnung von 1725, während die übrige Landherrenschaft (ohne Geesthacht) 1889 in 5 Deichverbände mit je 1 Deichvogt eingetheilt wurde.

Die Landgemeindeordnung vom 12. Juni 1871 war 1874 in allen Landgemeinden durchgeführt.

Staatsbehörden des Landgebietes.

Vier Landherrenschaften (zwei Landherren) bilden die obersten „Provinzialbehörden" des Hamburgischen Landgebietes (s. oben).

a. Bureau der Landherrenschaften (Verwaltungsbureau in Hamburg).

Eine einheitliche Leitung durch einen Oberbeamten besteht nicht. Bei dem Bureau sind thätig: 1 juristischer oder „erster" Beamter (acad. gebildet); 1 Bureauvorsteher und Registrator, 7 weitere Bureaubeamte (einschließlich Schreiber und Boten); daneben: 1 Deich- und technischer Inspector (früher Bauinspector in Bergedorf), 1 zweiter technischer Beamter und 1 technischer Assistent.

b. Ferner sind zu nennen: 1 Districtsarzt und 1 Districtsthierarzt für die Geestlande, 6 Districtsärzte und 1 Thierarzt für die Marschlande (ohne Elbinseln), 1 Amts-Physicus und 1 -Thierarzt für Ritzebüttel, 3 Districtsärzte und 1 -Thierarzt in der Landherrenschaft Bergedorf.

c. Amtsverwaltung Ritzebüttel.

1 Amtsverwalter (vordem Staatsanwalt), der in Vertretung des Landherrn das Amt Ritzebüttel verwaltet und zugleich die Ausführungsbehörde in Communalangelegenheiten des Amtsverbandes bildet.

Beamte: 3 Bureaubeamte, 1 Amtsbote und 1 Polizeisergeant. Sodann kann hier aufgeführt werden: der Landeseinnehmer.

Bei der Deputation für Handel und Schiffahrt wurden bereits genannt: der Vorstand des Seemannsamtes (Wasserschout und Strandvogt in Cuxhaven), der Vogt auf der Insel Neuwerk, der Strandvogt in Duhnen, ein Aichmeister, sodaß nur noch ein beeidigter Auctionator zu nennen bleibt.

d. Quarantäneanstalt.

Besteht aus dem Amtsverwalter als Vorsitzenden, dem Physicus und Quarantänearzt und dem Lootseninspector. Vergl. Verordnung in Betreff der Quarantäneanstalt in Cuxhaven vom 22. Dezember 1856 und vom 11. Juli 1883, betr. die gesundheitspolizeiliche Controle der einen Hamburgischen Hafen anlaufenden Schiffe.

e. Bürgermeister in Bergedorf.

Unter Oberaufsicht des Landherrn werden die wichtigeren Geschäfte der ganzen Landherrenschaft Bergedorf von dem Bürgermeister und seinem Bureau daselbst erledigt, so die Landes- und Gewerbepolizei, das staatliche (Reichs-) Versicherungswesen, das polizeiliche Meldewesen u. A. Der Bürgermeister bezieht auf Grund dieser besonderen Thätigkeit als Staatsbehörde aus der Staatskasse einen Gehaltszuschuß (von 4000 Mk.). Das Bureau des Bürgermeisters besteht aus 3 Bureaubeamten und 1 Polizeisergeanten.

36. Verwaltungsabtheilung für Reichs- und auswärtige Angelegenheiten.

Vorstand: ein (rechtsgelehrter) Senator*).

Secretäre: keine. Sonstige höhere Beamte: keine. Bureau, Kanzlei: Senatskanzlei. Einige Beamte der letzteren werden regelmäßig in dieser Abtheilung beschäftigt.

Vergl. im Weiteren, namentlich wegen der diplomatischen Vertretung u. s. w., an früherer Stelle (S. 27).

*) Die nähere Bezeichnung der Senatsmitglieder als rechtsgelehrte, kaufmännische, als Syndicus oder Senatssecretär bezieht sich nur auf die gegenwärtigen Amtsinhaber und beruht nicht etwa auf gesetzlicher Bestimmung.

Anhang.

Gesetz vom 13. Oktober 1879.

1. Verfassung der freien und Hansestadt Hamburg.

Nachdem die Verfassung der freien und Hansestadt Hamburg vom 28. September 1860 von Senat und Bürgerschaft einer Revision unterzogen ist, wird die revidirte Verfassung nunmehr mit dem Bemerken publicirt, daß dieselbe in Gemäßheit des Transitorischen Gesetzes vom heutigen Tage zu §§ 28 bis 30 der Verfassung vom 28. September 1860 und zu §§ 63 und 70 der Geschäftsordnung der Bürgerschaft vom 12. August 1858 / 6. März 1874 spätestens mit Ablauf der ersten Woche des Monat März 1880 in Kraft treten soll.

Erster Abschnitt.

Allgemeine Bestimmungen.

Art. 1. Die Stadt Hamburg und das mit derselben verbundene Gebiet bilden unter der Benennung „die freie und Hansestadt Hamburg" einen selbständigen Staat des Deutschen Reiches.

Art. 2. Eine Gebietsveräußerung kann nur auf dem Wege der Verfassungsänderung, eine bloße Grenzregulirung auf dem Wege der Gesetzgebung bewirkt werden.

Art. 3. Angehörige des Hamburgischen Staates sind Diejenigen, deren hiesige Staatsangehörigkeit nach Maßgabe der Reichsgesetzgebung begründet ist.

Art. 4. Bürger des Hamburgischen Staates sind diejenigen Hamburgischen Staatsangehörigen, welche den Eid auf die Verfassung geleistet und das dadurch erworbene Bürgerrecht nicht wieder verloren haben.

Ueber Erwerb und Verlust des Bürgerrechtes und über die Form des Eides bestimmt das Gesetz. [Gesetz, betr. den Bürgereid vom 28. September 1860, und Bürgerrechtsgesetz vom 7. November 1864.]

Art. 5. Durch das religiöse Bekenntniß wird die Ausübung der bürgerlichen Rechte weder bedingt noch beschränkt. Den bürgerlichen Pflichten darf dasselbe keinen Abbruch thun.

Volle Glaubens- und Gewissensfreiheit wird gewährleistet.

Art. 6. Die höchste Staatsgewalt steht dem Senate und der Bürgerschaft gemeinschaftlich zu.

Die gesetzgebende Gewalt wird von Senat und Bürgerschaft,
die vollziehende vom Senat,
die richterliche von den Gerichten
ausgeübt.

Zweiter Abschnitt.

Der Senat.

Art. 7. Der Senat besteht aus achtzehn Mitgliedern, nämlich aus neun, welche die Rechts- oder Cameralwissenschaften studirt haben, und aus neun sonstigen Mitgliedern, von welchen letzteren wenigstens sieben dem Kaufmannsstande angehören müssen.

Art. 8. Wählbar zum Senatsmitgliede ist, jedoch unter Berücksichtigung des Art. 7, jeder zur Bürgerschaft wählbare Bürger. Die im ersten Satz des Art. 36 enthaltene Beschränkung kommt hier nicht in Betracht.

Ausgeschlossen von der Wahl ist Derjenige, welcher mit einem Mitgliede des Senats in auf- oder absteigender Linie oder als Bruder, Oheim oder Neffe verwandt, oder als Stiefvater, Stiefsohn, Schwiegervater, Schwiegersohn, Frauenbruder oder Schwestermann verschwägert ist.

Es macht in den Fällen der Schwägerschaft keinen Unterschied, ob die sie begründende Ehe noch fortdauert oder nicht.

Art. 9. Die Wahl der Senatsmitglieder geschieht durch die Bürgerschaft aus einem Wahlaufsatze von zwei Personen.

Zur Herbeiführung dieses Aufsatzes werden vom Senat vier seiner Mitglieder und von der Bürgerschaft vier ihrer Mitglieder mit relativer Stimmenmehrheit zu Vertrauensmännern erwählt und demnächst auf Verschwiegenheit beeidigt.

Die acht Vertrauensmänner haben einen Aufsatz von vier Personen in der folgenden Weise zu formiren.

Jeder Vertrauensmann bezeichnet die ihm geeignet erscheinenden Personen, und wird aus den so in Vorschlag Gebrachten, nach sorgfältiger Beredung über dieselben, zunächst ein größerer Aufsatz gebildet. Aus diesem sind durch geheime Abstimmung vier Personen auf den engeren Aufsatz zu bringen. Die bürgerschaftlichen Vertrauensmänner können nicht auf den Aufsatz gebracht werden. Um auf den Aufsatz zu kommen, bedarf es wenigstens 5 Stimmen.

Ist dies für vier Candidaten auch durch wiederholte Abstimmung nicht zu erreichen, so wird dem Senat und der Bürgerschaft die Anzeige gemacht, daß den Vertrauensmännern die Formirung eines Aufsatzes nicht gelungen sei, ohne Angabe, ob überall Candidaten oder eventuell wie viele bereits zum Ansatz gebracht worden sind.

Es wird sodann in der vorgedachten Weise sofort zur Wahl von acht neuen Vertrauensmännern, vier vom Senat und vier von der Bürgerschaft, geschritten und mit der Beeidigung derselben verfahren.

Dieser neuen Commission wird eine von allen Mitgliedern der ersten Commission unterschriebene und demnächst versiegelte, von ihr zu eröffnende Aufgabe der bis dahin zum Aufsatz gebrachten Personen oder eine Mittheilung, daß Niemand die erforderliche Stimmenzahl erhalten habe, behändigt. Die neue Commission verfährt zum Behuf der Vervollständigung, beziehungsweise der Formirung des Wahlaufsatzes wie die erste Commission.

Erzielt auch diese zweite Commission kein genügendes Resultat, so treten die beiden Commissionen, also acht Vertrauensmänner des Senats und acht Vertrauensmänner der Bürgerschaft, zusammen. Diese haben sodann die noch erforderlichen Candidaten zu wählen. Durch jede Abstimmung ist nur Ein Candidat zu wählen. Jeder Vertrauensmann schreibt zu dem Ende den Namen eines Candidaten auf einen Zettel. Hiebei genügt relative Majorität der Abstimmenden, um einen Candidaten auf den Aufsatz zu bringen. Die Abstimmung wird, so oft es erforderlich ist, wiederholt.

Nachdem in dieser Weise ein Wahlaufsatz von vier Personen gebildet ist, wird derselbe dem Senate, ohne daß dieser erfährt, in welcher Weise die einzelnen Candidaten auf den Aufsatz gelangt sind, von seinen Commissarien übergeben. Der Senat präsentirt von den vier in Vorschlag Gebrachten zwei der Bürgerschaft, welche von diesen Zweien Einen zu wählen hat.

Wenn bei Erwählung der zweiten Commission von Vertrauensmännern von der Bürgerschaft ein Vertrauensmann erwählt wird, welcher schon als Candidat auf den Aufsatz gebracht ist, hindert ihn dies nicht, an der ferneren Bildung des Wahlaufsatzes Theil zu nehmen. Es ist sodann von diesem Sachverhalt dem Senate bei Uebergabe des Wahlaufsatzes, und, wenn jener Vertrauensmann sich auf dem Aufsatz von zwei Personen befinden sollte, den der Senat der Bürgerschaft übergiebt, auch dieser Letzteren Anzeige zu machen.

Die Beobachtung der Verschwiegenheit erstreckt sich auch darauf, daß weder die beiderseitigen Vertrauensmänner noch die Mitglieder des Senats sich irgendwie darüber äußern dürfen, welche vier Personen auf dem Aufsatz gewesen sind, so daß nur die zwei Personen des engeren Aufsatzes bekannt werden.

Die Wahl, welche von der Bürgerschaft gleich nach Ueberreichung des Wahlaufsatzes vorzunehmen ist, geschieht mittelst Stimmzettel. Bei dieser Wahl ist so zu verfahren, daß vor Eröffnung des Wahlaufsatzes die Anwesenden von mehr als achtzig Mitgliedern, falls dieselbe nicht zweifellos ist, durch Zählung constatirt sein muß. Alsdann gilt die Wahl, ohne Rücksicht darauf, wie viele gültige Stimmen abgegeben sind, für vollzogen; auch wird die Majorität nach der Zahl der abgegebenen gültigen Stimmen berechnet, so daß es nicht in Betracht kommt, ob Mitglieder keinen oder einen unbeschriebenen, oder sonst nicht gültigen Wahlzettel abgegeben haben. Bei Stimmengleichheit erfolgt eine abermalige Abstimmung, und wenn auch diese Stimmengleichheit ergiebt, so entscheidet das Loos.

Die ganze Wahlhandlung erfolgt in ununterbrochener Sitzung sowohl des Senats als der Bürgerschaft.

Die Wahl zum Senatsmitgliede muß von dem Erwählten angenommen werden. Die Weigerung zieht den Verlust des Bürgerrechtes sowie der öffentlichen Aemter und Ehrenstellen nach sich.

Art. 10. Die Mitglieder des Senats bekleiden ihr Amt lebenslänglich unter folgenden Beschränkungen:

Nach mindestens sechsjähriger Amtsdauer ist jedes Senatsmitglied berechtigt, seine Entlassung zu verlangen, ohne jedoch Anspruch auf Pension zu haben.

Hat der Abtretende das sechszigste Lebensjahr vollendet und das Amt mindestens zehn Jahre verwaltet, so hat derselbe eine Pension zum Belauf der Hälfte seines Honorars zu genießen.

Jedes Senatsmitglied, welches das siebzigste Lebensjahr überschritten hat, ist berechtigt, mit einer Pension zum Belauf von zwei Drittheilen seines Honorars aus dem Senat auszutreten.

Art. 11. Die Fälle, in denen ein Senatsmitglied austreten muß, bestimmt das Gesetz. [Vergl. § 6 ff. des Gesetzes vom 28. September 1860.]

Art. 12. Eine erledigte Stelle im Senate ist regelmäßig binnen vierzehn Tagen wieder zu besetzen.

Art. 13. Mit dem Amte eines Senatsmitgliedes ist jedes andere öffentliche Amt sowie die Ausübung der Rechtsanwaltschaft und des Notariats unvereinbar. Eine sonstige Berufsthätigkeit dürfen Senatsmitglieder fortsetzen, insofern dieselbe der Erfüllung ihrer Amtspflichten keinen Abbruch thut.

Die Mitglieder des Senats können, wenn sie in den Vorstand, Verwaltungsrath oder Aufsichtsrath industrieller oder ähnlicher, den Gelderwerb bezweckender, Unternehmungen gewählt werden, diese Wahl nur mit besonderer Genehmigung des Senats annehmen. Einer solchen Genehmigung bedarf es auch, wenn ein Mitglied des Senats nach seiner Wahl im Vorstande, Verwaltungsrath oder Aufsichtsrath einer der vorerwähnten Unternehmungen bleiben will.

Art. 14. Jedes Senatsmitglied muß in der Stadt oder in deren nächster Umgebung auf Hamburgischem Gebiete seinen regelmäßigen Wohnsitz haben, oder sofort nach seiner Erwählung nehmen.

Art. 15. Jedes Mitglied des Senats hat sich vor Antritt seines Amtes zur getreuen Führung desselben in einer gemeinschaftlichen Versammlung des Senats und der Bürgerschaft eidlich zu verpflichten. Die Form dieser eidlichen Verpflichtung bestimmt das Gesetz.

Art. 16. Die Mitglieder des Senats erhalten ein gesetzlich zu bestimmendes Honorar. [Gesetz vom 10. April 1885.]

Art. 17. Der Senat wählt, in geheimer Abstimmung, aus seiner Mitte einen ersten und einen zweiten Bürgermeister für die Dauer eines Jahres zu Vorsitzenden.

Kein Bürgermeister darf länger als zwei Jahre nach einander fungiren.

Art. 18. Der Senat schreibt die Wahlen zur Bürgerschaft aus und verfügt die Zusammenberufung derselben mittelst ihrer Kanzlei nach ihrer gänzlichen oder theilweisen Erneuerung, sowie in Gemäßheit der Bestimmung Art. 50 unter 1.

Er hat das Recht, den Bürger-Ausschuß zu berufen.

Art. 19. Der Senat, als Inhaber der vollziehenden Gewalt, ist die oberste Verwaltungsbehörde; er übt die Aufsicht aus über sämmtliche Zweige der Verwaltung. Auch steht ihm die Oberaufsicht zu über sämmtliche Justizbehörden.

Art. 20. Der Senat hat die gesetzliche Ordnung aufrecht zu erhalten, und die Sicherheit des Staates zu wahren.

Art. 21. Hinsichtlich des Hamburgischen Contingentes zum Reichsheere werden die nach der Verfassung und den Gesetzen des Deutschen Reiches den Contingentsherren zustehenden Rechte vom Senate ausgeübt, soweit nicht besondere Conventionen ein Anderes bestimmen. [Art. 66 der Reichsverfassung und Militär-Convention mit Preußen vom 23. Juli 1867.]

Art. 22. Der Senat vertritt den Staat in seinem Verhältniß zum Deutschen Reiche und zum Auslande.

Er leitet die Reichs- und auswärtigen Angelegenheiten des Hamburgischen Staates, führt die auf dieselben bezüglichen Verhandlungen, ernennt die Bevollmächtigten bei anderen Staaten und zum Bundesrathe des Deutschen Reiches. Er schließt die Staatsverträge, hat aber vor Ratificirung derselben die Zustimmung der Bürgerschaft einzuholen.

Art. 23. Die dem Staate zustehende Oberaufsicht über die bürgerlichen und religiösen Gemeinden wird vom Senate ausgeübt.

Art. 24. Das Recht, eine Strafe durch Begnadigung zu mildern oder zu erlassen, steht dem Senate zu.

Eine Ausnahme findet statt in den Fällen des Art. 53, in welchen Fällen der Senat das Begnadigungsrecht nur auf Antrag oder mit Zustimmung der Bürgerschaft ausüben kann. [Diese Ausnahme ist bisher nicht in Kraft getreten, da das in §§ 27 und 53 in Aussicht gestellte Gesetz noch nicht erlassen ist.]

Art. 25. Die Gesetzgebung wird bestimmen, welche höhere Beamte vom Senate zu ernennen oder zu bestätigen, oder aus einem ihm von der betreffenden Deputation vorzulegenden Wahlaufsatz zu wählen sind. Ist durch die Verfassung oder Gesetzgebung nichts darüber verfügt, so steht die Ernennung dem Senate zu.

Art. 26. Die dem Staate zu leistenden Eide und die an deren Stelle tretenden Verpflichtungen werden, so weit die Verfassung oder die Gesetze nicht anderweitig darüber bestimmen, vor dem Senate abgelegt.

Art. 27. Die Mitglieder des Senats sind dem Staate dafür verantwortlich, daß durch ihre Amtsführung weder die Verfassung noch die in anerkannter Gültigkeit stehenden Gesetze verletzt werden.

Die Bestimmungen über den Umfang und die Geltendmachung dieser Verantwortlichkeit, und die Theilnahme der Bürgerschaft an solcher Geltendmachung, sowie über die desfalls zuständigen Gerichte sollen durch ein Gesetz festgestellt werden.

Ueber die etwaigen Ansprüche von Privatpersonen an Verwaltungsbehörden und Beamte bestimmt Art. 89. [Vgl. bei Art. 24.]

Dritter Abschnitt.

Die Bürgerschaft.

Art. 28. Die Bürgerschaft besteht aus ein Hundert und sechszig Mitgliedern.

Art. 29. Von diesen werden Achtzig durch allgemeine directe Wahlen mit geheimer Stimmabgabe gewählt. Zu der Theilnahme an dieser Wahl sind alle Bürger berufen. Das Nähere und die Art der Wahl bestimmt das Wahlgesetz.

Art. 30. Die übrigen achtzig Mitglieder bestehen:

1) aus vierzig Abgeordneten, welche in geheimer Abstimmung von denjenigen Bürgern, welche Eigenthümer von innerhalb der Stadt, Vorstadt und der Vororte belegenen Grundstücken sind, gewählt werden. Das Nähere bestimmt das Wahlgesetz;

2) aus vierzig Abgeordneten, welche durch directe Wahl mit geheimer Stimmabgabe von denjenigen Bürgern erwählt werden, welche Richter, Handelsrichter, Mitglieder der Vormundschaftsbehörde, bürgerliche Mitglieder der Verwaltungsbehörden,

der Handels- oder Gewerbekammer sind oder gewesen sind. Das Nähere bestimmt das Wahlgesetz.

Art. 31. Von der Ausübung des Wahlrechtes ausgeschlossen sind:

1) Diejenigen, welche noch nicht das fünfundzwanzigste Lebensjahr vollendet haben;

2) Diejenigen, welche keine Einkommensteuer bezahlen oder zur Zeit der Ausschreibung der Wahlen mit derselben im Rückstande sind;

3) Diejenigen, welche entmündigt sind;

4) Diejenigen, über deren Vermögen das Konkursverfahren eröffnet ist, bis sie von allen Ansprüchen ihrer Gläubiger befreiet sind;

5) Diejenigen, denen durch strafrechtliches Urtheil die bürgerlichen Ehrenrechte entzogen sind, während des dafür festgesetzten Zeitraumes;

6) Diejenigen, welche sich in Straf- oder Untersuchungshaft befinden.

Art. 32. Zur Bürgerschaft wählbar ist nur der zur Theilnahme an der Wahl Berechtigte, welcher das dreißigste Lebensjahr vollendet hat und seit mindestens drei Jahren seinen Wohnsitz oder seinen Geschäftsbetrieb im Hamburgischen Staatsgebiete hat.

Art. 33. Kein Mitglied der Bürgerschaft kann hinsichtlich seines Verhaltens in derselben gültige Verpflichtungen gegen seine Wähler übernehmen; ebensowenig können einem Mitgliede der Bürgerschaft von seinen Wählern bindende Vorschriften ertheilt werden.

Art. 34. Jeder in die Bürgerschaft Gewählte ist zur Annahme der Wahl verpflichtet. Die Weigerung zieht den Verlust des Bürgerrechtes sowie der öffentlichen Aemter und Ehrenstellen nach sich. Eine Befreiung von diesem Präjudiz, sowie die Entlassung eines bereits eingetretenen Mitgliedes der Bürgerschaft, kann, unbeschadet der in den Art. 35 und 36 enthaltenen Bestimmungen, nur durch Beschluß der Bürgerschaft erfolgen.

Wer sechs Jahre lang der Bürgerschaft angehört hat, darf für die nächste Wahlperiode eine Wiederwahl ablehnen.

Art. 35. Die Mitglieder des Senats können nicht in die Bürgerschaft gewählt werden. Gewesene Senatsmitglieder sind wählbar, können aber die Wahl ablehnen.

Art. 36. Besoldete öffentliche Angestellte, deren amtliche oder dienstliche Functionen ihren ausschließlichen Geschäftsberuf bilden, sind zur Bürgerschaft nicht wählbar. Ausgenommen von dieser Bestimmung sind die rechtsgelehrten Richter, die Geistlichen aller Confessionen (und die Professoren des Gymnasiums) [Mit der Auflösung des acad. Gymnasiums hinfällig geworden], wenn sie den Erfordernissen des Art. 32 genügen. Doch haben Geistliche (und die Professoren des Gymnasiums) das Recht, die Wahl abzulehnen.

Art. 37. Ueber die Gültigkeit der Wahlen entscheidet die Bürgerschaft.

Art. 38. Die Mitglieder der Bürgerschaft werden auf sechs Jahre gewählt. Alle drei Jahre tritt die Hälfte der durch jeden der drei Wahlkörper gewählten Mitglieder aus.

Art. 39. Die in Gemäßheit des Art. 38 aus der Bürgerschaft austretenden Mitglieder können wieder gewählt werden.

Art. 40. Spätestens sechs Wochen vor dem Termine der theilweisen Erneuerung der Bürgerschaft (Art. 38) wird der Senat die neuen Wahlen anordnen, und zwar so zeitig, daß sie noch vor dem Erneuerungstermin vollendet sein können.

Art. 41. Bei der im Art. 38 bestimmten theilweisen Erneuerung der Bürgerschaft ist der Senat verpflichtet, die Bürgerschaft innerhalb acht Tagen nach dem Erneuerungstermin zusammen zu berufen.

Mit dem Termine für die theilweise Erneuerung der Bürgerschaft hören die Functionen der bisherigen Bürgerschaft auf.

Art. 42. Ein Mitglied der Bürgerschaft, welches seine Wählbarkeit verliert, tritt aus der Bürgerschaft.

Art. 43. Bei eintretender Vacanz wird durch den Senat die Neuwahl ausgeschrieben: dieselbe geschieht nur für den noch übrigen Theil der Zeit, für welche der Ausgeschiedene gewählt war. Die Wahl kann, namentlich in den letzten sechs Monaten vor dem Termine der verfassungsmäßigen theilweisen Erneuerung der Bürgerschaft (Art. 38), für einige Zeit ausgesetzt werden, wenn Senat und Bürgerschaft darüber einverstanden sind.

Art. 44. Die Mitglieder der Bürgerschaft verwalten ihr Amt unentgeltlich.

Art. 45. Die Bürgerschaft ist beschlußfähig, wenn mehr als Achtzig Mitglieder anwesend sind. Eine Abstimmung oder eine Wahl ist ohne Rücksicht auf die Zahl der abgegebenen Stimmen gültig, wenn während derselben die Gegenwart einer beschlußfähigen Anzahl von Mitgliedern constatirt ist.

Ueber die Beschlußfähigkeit für Anberaumung der Sitzungszeiten, Tagesordnung, sowie für andere die Geschäftsbehandlung betreffende Fragen bestimmt die Geschäftsordnung. [Vom 23. März 1881; wird durch alleinigen Beschluß der Bürgerschaft festgestellt.]

Anträge des Senats, welche derselbe als dringlich bezeichnet, sind vor allen anderen Gegenständen zur Verhandlung zu bringen, und darf eine Vertagung der Bürgerschaft, wenn ein vom Senat als dringlich bezeichneter Gegenstand noch nicht zur Abstimmung gekommen sein sollte, nur auf den nächsten Werktag erfolgen.

Art. 46. Die Sitzungen der Bürgerschaft sind öffentlich. Ausnahmsweise tritt, auf Verlangen von mindestens zehn Mitgliedern oder des Senats, die Bürgerschaft in geheimer Sitzung zusammen, in welcher sie nach Anhörung des Antrages, für welchen die geheime Sitzung verlangt wird, zuerst beschließt, ob die Sitzung für die Behandlung des in Rede stehenden Gegenstandes eine geheime bleiben soll.

Einem Antrage des Senats auf geheime Sitzung muß, wenn der Antrag sich auf Reichs- und auswärtige Angelegenheiten bezieht, von der Bürgerschaft ohne Weiteres Folge gegeben werden. Auch sind die Sitzungen ausnahmsweise geheim, wenn der Bürgerausschuß dem Antrage des Senats auf eine geheime Sitzung beitritt.

Deputationen werden weder in den Versammlungen der Bürgerschaft noch in den Sitzungen der Ausschüsse zugelassen.

Eingaben an die Versammlung müssen schriftlich und, insofern sie nicht von Behörden ausgehen, immer durch ein Mitglied der Versammlung, welches dadurch mit dem Inhalt der Eingabe sich einverstanden erklärt, dem Präsidenten überreicht oder zugesandt werden.

Art. 47. Ueber die Art der Abstimmung in der Bürgerschaft bestimmt die Geschäftsordnung. Jedoch muß die Abstimmung falls mindestens zehn Mitglieder es verlangen, eine geheime sein.

Art. 48. Kein Mitglied der Bürgerschaft kann für seine Aeußerungen oder Abstimmungen in der Bürgerschaft oder deren Ausschüssen zur Verantwortung gezogen werden.

Die Bürgerschaft hat, nach Maßgabe der Geschäftsordnung, wegen Ordnungswidrigkeiten oder Pflichtverletzungen, gegen ihre Mitglieder auf disciplinarischem Wege zu verfahren.

Art. 49. Von dem Sitzungs-Protokoll der Bürgerschaft ist dem Senate baldthunlichst Abschrift mitzutheilen.

Art. 50. Die Bürgerschaft wird vermittelst ihrer Kanzlei zusammenberufen:

1) auf Anordnung des Senats,

2) auf Beschluß des Bürger-Ausschusses,

3) auf ihren eigenen Beschluß,

4) wenn seit ihrer letzten Sitzung mehr als drei volle Monate verflossen sind, auf das an den Präsidenten der Bürgerschaft gerichtete Verlangen von wenigstens Dreißig Mitgliedern.

In den Fällen unter 2, 3 und 4 ist dem Senate zwei Werktage vor der Sitzung die Tagesordnung mitzutheilen.

Art. 51. Die von der Bürgerschaft erwählten Ausschüsse können sich wegen der zur Vorbereitung ihrer Arbeiten erforderlichen Auskunft direct an den Senat oder an den Chef der betreffenden Verwaltungsbehörde wenden, haben auch das Recht, solche Auskunft von jedem Staatsangehörigen in eben dem Umfange, in welchem derselbe sie öffentlichen Verwaltungsbehörden zu ertheilen schuldig ist, zu verlangen. Doch dürfen Beamte über die in ihren amtlichen Wirkungskreis fallenden Angelegenheiten nicht ohne Genehmigung des ihnen vorgesetzten Senatsmitgliedes Auskunft ertheilen; die Genehmigung hierzu kann nur aus besonderen Gründen, über welche eventuell der Senat zu entscheiden hat, verweigert werden.

Art. 52. Die Bürgerschaft erwählt für die sämmtlichen Verwaltungsbehörden die bürgerlichen Mitglieder, welche nicht von einem anderen Collegium deputirt sind, aus einem von der betreffenden Verwaltungsbehörde mit drei Namen für jede erledigte Stelle vorzulegenden Wahlaufsatze, welchem jedoch ein vierter Name Seitens des Bürgerausschusses durch einen mit mindestens zweidrittel Mehrheit gefaßten Beschluß hinzugefügt werden kann. An der Entwerfung des Wahlaufsatzes nehmen die Senatsmitglieder der betreffenden Verwaltungsbehörden keinen Theil.

(Bei den öffentlichen milden Stiftungen bleibt es bei der bisherigen Wahlart.) [Durch Gesetz vom 6. Juli 1888 in Wegfall gekommen.]

Art. 53. Ueber die verfassungsmäßige Theilnahme der Bürgerschaft an der Geltendmachung der den Mitgliedern des Senats und der Behörden dem Staate gegenüber obliegenden Verantwortlichkeit, daß durch ihre Amtsführung die Verfassung und die in anerkannter Gültigkeit stehenden Gesetze nicht verletzt werden, ist, ebenso wie über den Umfang jener Verantwortlichkeit und über die desfalls zuständigen Gerichte, das Nähere durch ein Gesetz festzustellen. [Noch nicht erlassen.]

An den Abstimmungen über Fragen der Controle oder der Verantwortlichkeit nehmen die etwa in der Bürgerschaft sitzenden davon betroffenen Mitglieder der bezüglichen Verwaltungsdeputation oder die etwa darin sitzenden, von der Sache betroffenen Beamten keinen Theil.

Vierter Abschnitt.

Der Bürgerausschuß.

Art. 54. Die Bürgerschaft wählt aus ihrer Mitte den aus zwanzig Mitgliedern bestehenden Bürgerausschuß, unter denen jedoch nur fünf Rechtsgelehrte sein dürfen.

Der Präsident der Bürgerschaft ist Mitglied des Bürgerausschusses. Die Wahl der übrigen neunzehn Mitglieder erfolgt durch Stimmzettel, und zwar in der Weise, daß jedes anwesende Mitglied der Bürgerschaft einen ihm zum Ausschuß-Mitgliede geeignet scheinenden Abgeordneten bezeichnet. Wer durch die Stimmzettel von mindestens ein Viertel der Anwesenden als Ausschußmitglied bezeichnet wird, ist dadurch als solches gewählt. Diese Wahlhandlung wird so oft wiederholt, als die herzustellende Zahl von neunzehn Ausschußmitgliedern es nothwendig macht. Wenn bei einer Wiederholung mehr Personen, als zur Vervollständigung jener Anzahl annoch erfordert werden, die genügende Stimmenzahl erhalten, so entscheidet unter diesen die größere Zahl der erhaltenen Stimmen, und bei etwaiger Stimmengleichheit das Loos. Ebenso wird bei Ergänzungswahlen verfahren.

Art. 55. Diejenigen Mitglieder des Ausschusses, welche aus der Bürgerschaft austreten, scheiden auch aus dem Ausschusse und werden durch neue Wahl ersetzt, können aber im Falle der Wiederwahl in die Bürgerschaft auch wieder in den Bürgerausschuß gewählt werden.

Art. 56. Die in den Bürgerausschuß gewählten Mitglieder sind, vorbehaltlich ihrer Entlassung durch die Bürgerschaft, zur einmaligen Annahme der Wahl und zur Führung dieses Amtes bis zu ihrem Austritte aus der Bürgerschaft verpflichtet; mit Ausnahme derer, die Mitglieder eines Gerichtes oder der Finanzdeputation sind. Die Nichterfüllung dieser Pflicht hat dieselben Folgen wie bei der Wahl zur Bürgerschaft (Art. 34).

Art. 57. Der Bürgerausschuß wird durch seinen Vorsitzenden oder durch den Senat zusammenberufen.

Art. 58. Der Bürgerausschuß ist beschlußfähig, sobald wenigstens zwölf Mitglieder anwesend sind.

Art. 59. Die Sitzungen des Bürgerausschusses sind nicht öffentlich.

Art. 60. Der Bürgerausschuß ist befugt:

1) auf Antrag des Senats außerordentliche, im Budget nicht aufgeführte Ausgaben bis zu dem bei Beliebung des Budgets für unvorhergesehene Ausgaben festgestellten Totalbelauf, sowie solche nicht schon im regelmäßigen Gange der Verwaltung liegende Veräußerungen von Staatsgut, welche den Belauf von Mk. 5000 nicht übersteigen, mitzugenehmigen;

2) auf Antrag des Senats in dringlichen Fällen gesetzliche Verfügungen von geringerer Bedeutung bis zur künftigen Zustimmung der Bürgerschaft mitzugenehmigen;

3) vom Senate Auskunft über Staatsangelegenheiten zu verlangen — die entsprechende Verpflichtung des Senats erleidet eine Ausnahme in Betreff obschwebender Verhandlungen in Reichs- und auswärtigen Angelegenheiten —;

4) die Zusammenberufung der Bürgerschaft zu veranlassen;

5) der Bürgerausschuß ist verpflichtet, die Einhaltung der Verfassung und der auf das öffentliche Recht bezüglichen Gesetze zu überwachen. Etwaige Verletzungen

derselben hat der Bürgerausschuß, sofern Reclamationen beim Senate eine befriedigende Erledigung nicht herbeigeführt haben sollten, der Bürgerschaft zur Erwägung und eventuell zum Behuf der weiteren im Wege des für die Gesetzgebung vorgeschriebenen Verfahrens einzuleitenden Maßregeln zur Anzeige zu bringen.

Fünfter Abschnitt.

Die Gesetzgebung.

Art. 61. Die Gesetzgebung beruht auf dem übereinstimmenden Beschluß des Senats und der Bürgerschaft.

Das Vorschlagsrecht steht sowohl dem Senate als der Bürgerschaft zu.

Der Senat verkündet die Gesetze, vollzieht dieselben und erläßt die nöthigen Vollzugsverordnungen. [Vergl. Nr. 120 der Mittheilungen des Senats von 1875 und Bericht des bürgerschaftlichen Ausschusses, Nr. 14 von 1888.]

Art. 62. Gegenstände der Gesetzgebung sind namentlich:

Die Erlassung, authentische Auslegung, Abänderung und Aufhebung von Gesetzen über Gegenstände des öffentlichen und des Privatrechts;

Auflegung, Prolongirung, Veränderung oder Aufhebung von Steuern und Abgaben;

Abschließung von Staatsanleihen;

Veräußerung von Staatsgut, welche nicht schon im regelmäßigen Gange der Verwaltung liegt (unbeschadet der Bestimmung des Art. 60 sub 1);

Grenzregulirungen;

Ertheilung ausschließlicher Privilegien [hierunter fällt selbstverständlich nicht die Ertheilung von richtigen Amtsbezeichnungen an Staatsbeamte];

Enteignung von Privateigenthum;

Genehmigung des, vom Senate mit den Specialetats der Bürgerschaft vorzulegenden Voranschlages der gesammten Einnahmen und Ausgaben des Staates, für das nächste Jahr, im Ganzen und in den einzelnen Theilen, sowie etwaige Nachbewilligungen;

Ratification von Staatsverträgen;

Ertheilung einer Amnestie.

Art. 63. Nach Ablauf eines jeden Rechnungsjahres hat der Senat baldthunlichst die Abrechnung über die Einnahmen und Ausgaben des verflossenen Jahres der Bürgerschaft zur Prüfung vorzulegen.

Art. 64. § 1. Die Versammlungen des Senats und der Bürgerschaft können unabhängig von einander stattfinden.

§ 2. Die gegenseitigen amtlichen Mittheilungen erfolgen schriftlich. Dieselben werden, insofern sie in öffentlicher Versammlung der Bürgerschaft berathen zu werden bestimmt sind, in der Regel dem Druck übergeben.

§ 3. Der Senat kann zu den Verhandlungen der Bürgerschaft aus seiner Mitte oder anderweitig zu ernennende Commissarien abordnen. Dieselben sind befugt, an den Berathungen Theil zu nehmen, und ist ihnen jederzeit auf ihr Verlangen das Wort zu ertheilen. Hat ein Senatscommissar nach Schluß der Discussion das Wort erhalten, so gilt dieselbe damit für wieder eröffnet.

§ 4. Auf Wunsch der Bürgerschaft ist der Senat zur Absendung von Commissarien zu den Verhandlungen über Senatsanträge verpflichtet.

Art. 65. Die Bürgerschaft ist berechtigt, vom Senate Auskunft über Staatsangelegenheiten zu verlangen. Die entsprechende Verpflichtung des Senats erleidet eine Ausnahme in Betreff obschwebender Verhandlungen in Reichs- oder auswärtigen Angelegenheiten. Die Gegenstände, über welche Auskunft verlangt wird, sind vorher schriftlich dem Senate mitzutheilen, dem es sodann freisteht, die verlangte Auskunft schriftlich oder mündlich durch Commissarien mitzutheilen. Bezeichnet die Bürgerschaft ein Auskunftsersuchen als dringlich, so hat der Senat seine Antwort bis zur nächsten Sitzung der Bürgerschaft zu ertheilen, oder die Gründe anzugeben, welche ihn an Ertheilung einer Auskunft überhaupt oder zur Zeit verhindern.

Art. 66. Der Senat wird bei der Vorbereitung der an die Bürgerschaft zu stellenden Anträge, soweit thunlich, die zuständigen Verwaltungsdeputationen zu Rathe ziehen.

Art. 67. Anträge, welche von einem oder mehreren Mitgliedern der Bürgerschaft eingebracht sind, können durch Verneinung der Vorfrage, ob sie in Betracht zu ziehen seien, ohne weitere Berathung beseitigt werden. Es geschieht dies, wenn ein Mitglied vor Eröffnung der Discussion eine Abstimmung über die Vorfrage verlangt, und die sofort, nachdem dem Antragsteller Gelegenheit zur Begründung seines Antrages gegeben ist, ohne weitere Discussion vorzunehmende Abstimmung eine Majorität von wenigstens zwei Drittheilen der Anwesenden für die Verneinung ergiebt.

Anträge des Senats an die Bürgerschaft können nicht durch die Vorfrage beseitigt werden, sondern sind immer in Betracht zu ziehen.

Art. 68. Jeder Antrag, welcher nicht durch die Vorfrage beseitigt worden, muß, bevor derselbe als angenommen gelten kann, einer zweimaligen Berathung und Abstimmung unterzogen werden, es sei denn, daß bei der ersten Abstimmung mindestens zwei Drittheile aller an derselben Theil nehmenden Mitglieder sich für die Annahme erklärt hätten.

Durch einfache Majorität der Anwesenden wird bestimmt, wann die zweite Berathung und Abstimmung stattfinden soll; doch darf sie nicht an demselben Tage mit der ersten stattfinden.

Ein Antrag gilt für angenommen, wenn derselbe bei beiden Abstimmungen die einfache Majorität erhalten hat. [Sollte offenbar heißen: . . ., wenn er nach zweimaliger Berathung bei der zweiten Abstimmung die einfache Majorität erhalten hat. Vergl. auch Wolffson.]

Ueber einen Antrag, über den die Bürgerschaft bereits definitiv beschlossen und dem der Senat sich nur mit Modificationen zustimmig erklärt hat, beschließt die Bürgerschaft mit einfacher Mehrheit, ohne daß es einer abermaligen zweiten Berathung bedarf.

Art. 69. Wenn der Antrag des Senats von der Bürgerschaft nicht ohne Weiteres, sondern nur mit Modificationen oder Bedingungen angenommen worden ist, und der Senat beschließt, den letzteren seine Zustimmung zu ertheilen, so kann dies durch eine einfache Mittheilung an den Bürgerausschuß geschehen, und dadurch der übereinstimmende Beschluß des Senats und der Bürgerschaft (Art. 61) herbeigeführt werden. Dasselbe abgekürzte Verfahren kann stattfinden, wenn der Senat einen selbständigen Antrag der Bürgerschaft unverändert genehmigen will.

Wenn ein Antrag des Senats von der Bürgerschaft, oder ein Antrag der Bürgerschaft vom Senate abgelehnt wird, so bleibt beiden Theilen die Erneuerung der Anträge in derselben oder in veränderter Form unbenommen, bis von dem einen oder dem anderen Theil eine Vermittlungsdeputation (Art. 70) beantragt wird. Dasselbe ist der Fall, wenn ein Antrag mit Modificationen oder Bedingungen angenommen worden, denen der andere Theil seine Zustimmung nicht ertheilen will.

Art. 70. Zeigt sich bei der Verhandlung über die wiederholten Anträge zwischen dem Senate und der Bürgerschaft eine beharrliche Meinungsverschiedenheit, so wird auf den Antrag des einen oder des anderen Theiles eine Deputation von neun Mitgliedern (falls man sich nicht etwa über eine andere Zahl einigt), bestehend zu einem Drittheile aus Mitgliedern des Senats und zu zwei Drittheilen aus Mitgliedern der Bürgerschaft niedergesetzt, welche über Vermittlungsvorschläge zu berathen und demnächst zu berichten hat.

Art. 71. Wird in Folge des von dieser Deputation zu erstattenden Berichtes oder der von ihr zu machenden Vorschläge, nachdem Senat und Bürgerschaft wiederum darüber berathen haben, die Meinungsverschiedenheit nicht ausgeglichen, so kommt es auf die Beschaffenheit des Gegenstandes an.

1) Betrifft die Meinungsverschiedenheit die Auslegung der Verfassung oder von Gesetzen, oder ein von dem Senate oder der Bürgerschaft auf den Grund der Verfassung oder eines Gesetzes behauptetes Recht, oder die Frage, ob ein Mitglied des Senats oder der Behörden wegen Verletzung der Verfassung oder eines in anerkannter Gültigkeit stehenden Gesetzes zur gerichtlichen Verantwortung zu ziehen sei, so ist die Streitfrage durch das Reichsgericht zu entscheiden, und ist sowohl der Senat als auch die Bürgerschaft berechtigt, zu verlangen, daß diese Entscheidung eintrete. [Vergl. Reichsgesetz vom 14. März 1881.]

2) Betrifft die Meinungsverschiedenheit einen anderen Gegenstand, bei welchem die gemeinschaftliche Beschlußnahme des Senats und der Bürgerschaft erforderlich ist, so bleibt die Sache bis zu einer gegenseitigen Verständigung unerledigt. Stimmen aber beide Theile darin überein, daß die Entscheidung ohne wesentlichen Nachtheil für das Gemeinwesen nicht ausgesetzt werden dürfe, während sie sich nur über die Modalität derselben nicht verständigen können, so ist die Sache durch den Ausspruch der in den folgenden Artikeln näher bezeichneten Entscheidungsdeputation zu erledigen.

Handelt es sich dabei um die Prolongation oder Erneuerung eines nur auf eine bestimmte Zeit bewilligten Gesetzes, und ist vor Ablauf dieser Zeit die Einsetzung einer Entscheidungsdeputation beschlossen, so ist das Gesetz als bis zu der erfolgenden Entscheidung prolongirt anzusehen.

Eine Abänderung der Verfassung oder solcher gesetzlicher Bestimmungen, durch welche Rechte des Senats oder der Bürgerschaft festgestellt worden sind, darf niemals durch den Ausspruch einer Entscheidungsdeputation herbeigeführt werden.

Art. 72. Die Entscheidungsdeputation besteht aus einer gleichen Anzahl von Mitgliedern des Senats und der Bürgerschaft, und zwar in der Regel aus sechszehn Mitgliedern, acht von jeder Seite. Mit beiderseitiger Zustimmung kann diese Zahl vermehrt oder vermindert werden.

Die Mitglieder des Senats werden durch das Loos bestimmt. Dasselbe wird unter allen in Hamburg anwesenden Mitgliedern des Senats gezogen.

Die Mitglieder der Bürgerschaft werden in folgender Weise bestimmt:

Sämmtliche anwesende Mitglieder der Bürgerschaft werden durch das Loos in so viele Abtheilungen von möglichst gleicher Anzahl getheilt, als bürgerschaftliche

Mitglieder für die Deputation zu wählen sind. Jede dieser Abtheilungen wählt durch Stimmzettel aus ihrer Mitte mit absoluter Stimmenmehrheit ein Mitglied für die Deputation. Ist eine etwa vorhandene Stimmengleichheit durch eine abermalige Abstimmung nicht zu beseitigen, so entscheidet das Loos.

Die Bildung der Entscheidungsdeputation erfolgt in einer vom Senate anzusetzenden gemeinschaftlichen Sitzung des Senats und der Bürgerschaft, und zwar wird das Loos, um die Mitglieder des Senats für die Deputation zu bestimmen, durch die jüngsten Mitglieder des Bürgerausschusses, und das Loos für die in der Bürgerschaft zu bildenden Wahlabtheilungen durch die jüngsten Mitglieder des Senats gezogen.

Art. 73. In derselben gemeinschaftlichen Sitzung des Senats und der Bürgerschaft, oder wenn nicht alle für die Deputation ausgelooſten Senatsmitglieder anwesend sein sollten, in einer des Endes vom Senate anzusetzenden anderen Sitzung, wird den sämmtlichen Mitgliedern der Deputation durch den ersten oder zweiten Präsidenten des Senats oder, wenn dieser selbst in der Deputation sein sollte, durch das älteste nicht darin befindliche Senatsmitglied folgender Eid abgenommen:

„Ich gelobe und schwöre zu Gott, dem Allmächtigen, daß ich in der zwischen dem Senate und der Bürgerschaft wegen deren Meinungsverschiedenheit nicht erledigten Angelegenheit, zu deren Entscheidung ich verfassungsmäßig berufen bin, bei meiner Abstimmung und meinem Ausspruche nur das allgemeine Beste vor Augen haben, nur nach meinem besten Wissen und Gewissen handeln, mich weder durch Freundschaft noch durch Feindschaft gegen den Senat oder die Bürgerschaft, oder die einzelnen Mitglieder derselben, oder gegen sonst Jemand, noch auch durch irgend eines anderen Befehl, Autorität oder Ueberredung, geschweige denn durch meinen eigenen oder der Meinigen Privatvortheil, dabei leiten oder bestimmen lassen, vielmehr so, wie ich es nach meinem Gewissen dem Staate nützlich und vor Gott verantwortlich befinden werde, thun und handeln, und auch, sowohl was ich selbst, als was meine Mitdeputirten bei der uns zur Entscheidung aufgetragenen Sache votiren, thun und lassen werden, niemals irgend einem Menschen innerhalb oder außerhalb des Senats und der Bürgerschaft offenbaren, sondern solches Alles als ein theuer Geheimniß mit in das Grab nehmen will. So wahr mir Gott helfe!"

Art. 74. Die so erwählte und beeidigte Entscheidungsdeputation, in der das erste der dazu gehörenden Senatsmitglieder den Vorsitz führt, hat innerhalb vierzehn Tagen nach ihrer Beeidigung in geheimer Sitzung durch einen mit absoluter Stimmenmehrheit zu fassenden Beschluß die streitige Sache endgültig zu entscheiden. Der von ihr behufs solcher Entscheidung zu fassende Beschluß hat ohne Weiteres mit einem Senats- und Bürgerschlusse völlig gleiche Kraft und Gültigkeit. Derselbe ist in zwei gleichlautenden Exemplaren niederzuschreiben und von allen Mitgliedern zu unterzeichnen, und, nachdem das eine Exemplar dem Präsidenten des Senats, das andere dem Vorsitzenden der Bürgerschaft durch ein Mitglied der Deputation zugestellt worden, durch den Senat zu publiciren.

Sollte es der Deputation auch bei wiederholter Umfrage nicht gelingen, eine etwa entstandene Stimmengleichheit zu beseitigen, so wird eine Sub-Deputation von fünf Mitgliedern durch das Loos und zwar in der Art gewählt, daß alle Mitglieder der Deputation ohne Unterschied, ob sie dem Senate oder der Bürgerschaft angehören, in's Loos gebracht und daraus fünf Namen gezogen werden. Die Mehrheit der Stimmen unter diesen fünf Sub-Deputirten entscheidet endgültig über die Punkte, über welche in der Deputation Stimmengleichheit Statt fand.

Art. 75. Alle Mitglieder des Senats oder der Bürgerschaft, welche zu Mitgliedern der Deputation und eventuell der Sub-Deputation erwählt worden, sind verpflichtet, diese Functionen anzunehmen; die Weigerung zieht den Verlust des Bürgerrechtes, sowie der öffentlichen Aemter und Ehrenstellen nach sich. Von der Verpflichtung, in den Sitzungen zu erscheinen, befreien nur ärztlich bescheinigte Krankheit, Trauerfälle und ähnliche Verhinderungsgründe, über deren Triftigkeit die anwesenden Mitglieder der Deputation entscheiden. Bei dauernder Verhinderung eines Mitgliedes wird ein Ersatzmann, beziehentlich von dem Senate in vorgedachter Weise, oder von der Bürgerschaft durch die betreffende Wahlabtheilung, welche zu diesem Behuf wiederum zusammentritt, erwählt.

Sowohl die Deputation als die Sub-Deputation ist nur dann beschlußfähig, wenn sie vollzählig versammelt ist.

Kein Mitglied der Deputation darf sich bei der Abstimmung seiner Stimme enthalten.

Weder die Deputation noch irgend ein Mitglied derselben kann für den gefaßten Beschluß oder die abgegebene Stimme zur Verantwortung gezogen werden.

Art. 76. Macht sich eine abweichende Ansicht zwischen Senat und Bürgerschaft darüber geltend, ob die Meinungsverschiedenheit zu der im Art. 71 unter 1) bezeichneten, dem Reichsgericht, oder zu der daselbst unter 2) bezeichneten, eventuell einer Entscheidungs-Deputation zugewiesenen Kategorie von Meinungsverschiedenheiten gehört, so ist hierüber der Ausspruch des Reichsgerichtes einzuholen, welches sich, auch wenn es sich competent erklärt, vorgängig nur auf jenen Ausspruch, ohne in die Sache selbst einzugehen, zu beschränken hat.

Art. 77. Die vom Senate und der Bürgerschaft übereinstimmend beschlossenen oder auf dem in Art. 72—75 bezeichneten Wege zu Stande gekommenen Gesetze hat der Senat innerhalb 14 Tagen zu verkünden.

Sechster Abschnitt.

Die Verwaltung.

Art. 78. Die Staatsverwaltung zerfällt nach Beschaffenheit der Geschäfte und nach Maßgabe des Bedürfnisses in mehrere Abtheilungen. Das Gesetz hat die Zahl dieser Abtheilungen und den Wirkungskreis einer jeden zu bestimmen. [Vergl. unten das Gesetz vom 15. Juni 1863.]

Art. 79. Für jede Verwaltungsabtheilung ernennt der Senat eines seiner Mitglieder zum Vorstande. Demselben können noch ein oder zwei Senatsmitglieder beigeordnet werden. Auch kann, wenn die Verhältnisse es nöthig machen, ein Wechsel der Personen eintreten.

Art. 80. Die Gesetzgebung verfügt, für welche Zweige der Verwaltung Deputationen bestehen sollen. Die Letzteren werden aus den dazu ernannten Senatsmitgliedern und einer Anzahl von Bürgern zusammengesetzt. Inwiefern besoldete Beamte Mitglieder solcher Deputation sein können, bestimmt das Gesetz.

Art. 81. Die bürgerlichen Mitglieder der Deputationen bekleiden ihr Amt während einer durch das Gesetz zu bestimmenden Anzahl von Jahren und verwalten dasselbe unentgeltlich.

Die Wahl dieser Mitglieder ist durch Art. 52 geregelt.

Art. 82. Ausgeschlossen von der Wählbarkeit zum Mitgliede einer Deputation sind Alle, welche zur Bürgerschaft nicht wählbar sind, sowie die rechtsgelehrten Richter.

Art. 83. Jeder Bürger ist, ausgenommen in den im Art. 84 bestimmten Fällen, zur Annahme der Wahl in eine Deputation und zur Fortführung des Amtes während der gesetzmäßigen Zeit verpflichtet, vorbehältlich der Entlassung durch die Bürgerschaft. Die Nichterfüllung dieser Pflicht hat dieselben Folgen wie bei der Wahl zur Bürgerschaft. (Art. 34.)

Ein Mitglied, welches seine Wählbarkeit zur Bürgerschaft verliert, muß aus der Deputation ausscheiden.

Art. 84. Zur Annahme der Wahl in eine Deputation sind Diejenigen nicht verpflichtet, welche am Tage der Wahlhandlung ihr sechszigstes Lebensjahr zurückgelegt haben, sowie Diejenigen, welche bereits Mitglieder derselben Deputation gewesen sind oder dem Bürgerausschuß angehören. Auch ist Niemand verpflichtet, Mitglied zweier Deputationen oder Mitglied einer Deputation und Handelsrichter oder Mitglied der Vormundschaftsbehörde oder der Handelskammer zu gleicher Zeit zu sein. Welche Wahlen den Austritt des Gewählten aus anderen Deputationen oder Gerichten, deren Mitglied derselbe ist, nothwendig machen, oder ihn zu solchem Austritt berechtigen, bestimmt das Gesetz.

Art. 85. In jeder Deputation führt ein Senatsmitglied den Vorsitz; in einzelnen Abtheilungen der Deputation ist dies jedoch nicht nothwendig.

Art. 86. Jede Deputation faßt ihre Beschlüsse mit absoluter Stimmenmehrheit. Jedoch ist der Vorsitzende der Deputation verpflichtet, gegen einen Beschluß, welcher nach seiner Ansicht der Verfassung oder einem Gesetz zuwiderläuft, oder eine Ueberschreitung der verfassungsmäßigen Geldbewilligungen veranlassen würde, Einspruch zu thun und die Sache dem Senate vorzulegen, welcher Letztere sodann über das erhobene Bedenken entscheidet, unbeschadet der Befugniß der Deputation, die Sache zur etwaigen Einleitung des im Art. 60 unter 5 bezeichneten Verfahrens dem Bürgerausschuß vorzulegen.

Art. 87. Nach Maaßgabe der gesetzlichen Bestimmungen ist jedes Mitglied einer Deputation für die, ihm als Einzelnem obliegende Amtsführung dem Staate verantwortlich; der Vorsitzende außerdem dafür, daß durch die Beschlüsse der Deputation die Verfassung nicht verletzt werde. [Besondere Bestimmungen sind nicht getroffen. Vergl. Wolffson.]

Art. 88. Ueber Beschwerden in Verwaltungsangelegenheiten entscheidet der Senat in letzter Instanz, unbeschadet der gerichtlichen Entscheidung in dem in Art. 89 vorgeschriebenen Falle.

Art. 89. Die Verwaltungsbehörden können, ohne daß es einer besonderen Erlaubniß dazu bedarf, von Jedem, der sich durch ihre amtlichen Handlungen in seinem Privatrechte verletzt glaubt, auf Entschädigung oder Genugthuung gerichtlich belangt werden.

Das Nähere bestimmt das Gesetz.

Art. 90. Die einzelnen Deputationen sind befugt, dem Senate Vorschläge über die in ihren Geschäftskreis fallenden Angelegenheiten zu machen, und verpflichtet, demselben über solche ihnen vorgelegte Gegenstände Berichte und Gutachten zu ertheilen.

Art. 91. Jeder Verwaltungszweig hat sein Special-Budget für das nächste Jahr und die Abrechnung über Einnahmen und Ausgaben für das verflossene Jahr so zeitig dem Senate einzureichen, daß dieser das General-Budget und die vollständige Jahresrechnung rechtzeitig der Bürgerschaft vorzulegen im Stande ist.

Art. 92. Die Behörde, welche die Hauptstaatskasse zu verwalten hat, darf niemals einer anderen Behörde eine größere Summe auszahlen, als dieser letzteren verfassungsmäßig bewilligt ist. Ausnahmsbestimmungen für die Anfangszeit des Rechnungsjahres, falls das Budget alsdann noch nicht festgestellt sein sollte, bleiben der Gesetzgebung vorbehalten.

Art. 93. Zur Förderung der Interessen des Handels erwählt die Kaufmannschaft, zur Förderung des Gewerbebetriebs wählen die Gewerbetreibenden einen Ausschuß. Die Art der Wahl, der Wirkungskreis dieser Ausschüsse und deren Verhältnisse zu den Staatsbehörden werden durch die Gesetzgebung bestimmt. [Handelskammergesetz vom 23. Januar 1880, Gewerbekammergesetz vom 18. Dezember 1870.]

Art. 94. Der Senat übt die Oberleitung und Oberaufsicht über das gesammte Unterrichts- und Erziehungswesen vermittelst einer Oberschulbehörde aus. Das Nähere bestimmt das Gesetz. [Die Gesetzgebung hat diesen Artikel nicht vollkommen erfüllt.]

Art. 95. Sämmtliche milde Stiftungen und Wohlthätigkeits-Anstalten stehen unter Oberaufsicht des Staates. Das Nähere bestimmt das Gesetz.

Art. 96. Die gesetzmäßig bestehenden und die künftig sich bildenden religiösen Gemeinschaften verwalten ihre Angelegenheiten selbständig, jedoch unter Oberaufsicht des Staates.

Ueber die Bedingungen für die Bildung neuer religiöser Gemeinschaften bestimmt das Gesetz.

Siebenter Abschnitt.

Die Gemeinden.

Art. 97. Die Gemeindeangelegenheiten der Stadt Hamburg werden in derselben Weise wie die Angelegenheiten des Staates von Senat und Bürgerschaft geleitet, insoweit das Gesetz nicht etwas Anderes bestimmen wird. Die Verhältnisse der Vorstadt St. Pauli und derjenigen Theile des Landgebietes, auf welche die Landgemeinde-Ordnung [vom 12. Juni 1871] keine Anwendung leidet, werden durch Specialgesetze geregelt.

Art. 98. Die Grundsätze für die Verfassungen der Landgemeinden werden durch das Gesetz bestimmt. Nach Anleitung der Landgemeinde-Ordnung werden diejenigen Landgemeinden, auf welche dieselbe Anwendung findet, ihre Verfassungen selbständig feststellen.

Art. 99. Jeder Landgemeinde stehen folgende Rechte zu, bei deren Ausübung der Staat die Oberaufsicht führt:

1) Freie Wahl der Gemeindevorsteher und Vertreter;
2) Selbständige Verwaltung der Gemeindeangelegenheiten;
3) Oeffentlichkeit der Verhandlungen der Gemeindevertreter;
4) Selbstbesteuerung zu Gemeindezwecken;
5) Veröffentlichung des Gemeindehaushaltes.

Art. 100. Zur Bildung einer neuen Landgemeinde ist ein Beschluß der gesetzgebenden Gewalt erforderlich.

Achter Abschnitt.

Schlußbestimmungen.

Art. 101. Zu einer die Verfassung abändernden Bestimmung ist erforderlich:

a. ein im Wege der Gesetzgebung, und zwar von der Bürgerschaft bei Anwesenheit von mindestens drei Viertheilen sämmtlicher Mitglieder, und mit Drei-Viertheils-Majorität der anwesenden Mitglieder gefaßter Beschluß;

b. die Bestätigung dieses Beschlusses der Gesetzgebung durch einen ebenfalls bei Anwesenheit von mindestens drei Viertheilen sämmtlicher Mitglieder mit Drei-Viertheils-Majorität der anwesenden Mitglieder, frühestens 21 Tage nach der ersten Beschlußfassung der Bürgerschaft gefaßten Beschluß.

Treten weniger als drei Viertheile der in der erforderlichen Anzahl anwesenden Mitglieder dem Beschlusse bei, so ist demselben keine weitere Folge zu geben, und der bezügliche Vorschlag als abgelehnt zu betrachten.

Art. 102. Im Fall eines Krieges oder Aufruhrs können die verfassungsmäßigen oder gesetzlichen Bestimmungen über Gerichtsstand, Verhaftung, Haussuchung, Presse und Versammlungsrecht von dem Senate zeitweilig außer Kraft gesetzt werden. Doch bedarf diese Suspension der sofortigen Zustimmung der Bürgerschaft. Kommt die Bürgerschaft auf erfolgte Berufung nicht in beschlußfähiger Anzahl zusammen, so hat der Senat alsbald die Zustimmung des Bürgerausschusses einzuholen.

Art. 103. Eine solche Suspension tritt jedesmal nach Ablauf von vier Wochen vom Tage des gefaßten Beschlusses an, außer Kraft. Die etwaige Verlängerung derselben kann immer nur auf höchstens vier Wochen und nur in derselben Weise geschehen, wie die ursprüngliche Beschlußnahme.

Gegeben in der Versammlung des Senats, Hamburg, den 13. October 1879.

---

2. Gesetz über die Wahl und Organisation des Senats.

Auf Befehl Eines Hochedlen Rathes der freien und Hansestadt Hamburg publicirt, den 28. September 1860.

§§ 1 bis 3 stimmen überein bezw. sind ersetzt durch Art. 7 bis 9 der Verfassung, ausgenommen § 1 Absatz 2, betr. die Syndici und Senatssecretäre, die auch im § 17 behandelt werden*).

---

*) Durch Gesetz vom 23. Januar 1889, betr. Abänderung einiger Bestimmungen des obigen Gesetzes, wurde bestimmt, daß dem Senate 4 Syndiker und 2 Secretarien (bisher waren es 2 Synd. und 4 Secr.) beigegeben werden, deren Honorar betragen soll: für die beiden ältesten Syndiker je 18000, für die beiden jüngeren je 16200 Mk., für den älteren Secretär 13500, für den jüngeren 10800 Mk. Dem Senate wurde neu beigegeben die erforderliche Anzahl von ständigen Hülfsarbeitern (z. Zt. drei).

§ 4. Der Senat macht dem Erwählten sofort von der auf ihn gefallenen Wahl Anzeige, und hat derselbe fördersamst, in einer gemeinschaftlichen Versammlung des Senates und der Bürgerschaft, in die Hände des vorsitzenden Bürgermeisters folgenden Eid zu leisten:

„Ich gelobe und schwöre zu Gott, dem Allmächtigen, daß ich als Mitglied des Senates die mir als solchem obliegenden Pflichten und Geschäfte mit allen meinen Kräften, nach bestem Wissen und Gewissen zum Wohle des Gemeinwesens erfüllen und wahrnehmen, überall das Beste des Hamburgischen Staates, soviel ich vermag, fördern, die Vorschriften der Verfassung und die Gesetze befolgen, auch dieselben, soviel an mir ist, aufrecht erhalten, und Verschwiegenheit in Allem, worin meine Pflicht es verlangt, beobachten will. So wahr mir Gott helfe!"

§ 5. — — Uebereinstimmend mit Art. 10 der Verfassung.

§ 6. Zum Austreten aus dem Senate ist jedes Senatsmitglied verpflichtet, wenn einer derjenigen Fälle eintritt, welcher dessen Erwählung unzulässig gemacht haben würde, mit Ausnahme einer nach geschehener Erwählung zwischen Senatsmitgliedern eintretenden Verschwägerung. Ein solches nach der Wahl eintretendes Verhältniß ist zulässig.

§ 7. Zum Austreten aus dem Senate ist ein Senatsmitglied ferner verpflichtet, wenn es wegen höheren Alters oder eingetretener geistiger oder körperlicher Schwäche zu einer gehörigen Amtsführung nicht mehr im Stande ist. Es findet sodann eine Versetzung in den Ruhestand nach folgenden Bestimmungen statt.

Falls von dem Betheiligten selbst auf die Versetzung in den Ruhestand angetragen wird, steht die Entscheidung darüber dem Senate zu.

Ist nicht von dem Betheiligten selbst darum nachgesucht worden, so kann die Versetzung in den Ruhestand, wenn obige Voraussetzung vorhanden ist, nur erfolgen in Gemäßheit eines Beschlusses von Senat und Bürgerschaft. Der Senat ist, bei eingetretener Untüchtigkeit eines Mitgliedes zur gehörigen Amtsführung, einen solchen Beschluß nöthigen Falls von Amtswegen zu beantragen, verpflichtet.

§ 8. Ein nach Maaßgabe des § 7 in Ruhestand versetztes Mitglied des Senates hat einen Anspruch auf lebenslängliches Ruhegehalt. Dieses beträgt, sofern nicht auf dem Wege der Gesetzgebung mit Rücksicht auf besondere Umstände des einzelnen Falles ein höheres Ruhegehalt bewilligt wird, wenn der Austritt aus dem Senate innerhalb der ersten zwanzig Jahre nach dem Eintritt in denselben und vor erreichtem siebzigjährigen Alter erfolgt, die Hälfte, nach zwanzigjähriger Amtsführung oder bei erreichtem siebzigjährigen Alter zwei Drittheile des Honorars, nach dreißigjähriger Amtsführung aber das volle Honorar, welches das Mitglied zu beziehen hatte.

In den vorstehenden Fällen kommt nur das Honorar selbst, nicht aber die mit dem Amte eines Bürgermeisters verknüpfte Erhöhung desselben, in Anschlag.

§ 9. Ist eine Criminalanklage gegen ein Senatsmitglied eingeleitet, so hat der Senat darüber eine Vorentscheidung zu treffen, ob dieses Senatsmitglied vorläufig vom Amte suspendirt werden soll.

§ 10. — — Wie Art. 12 der Verfassung.

Das Gehalt der ständigen Hülfsarbeiter des Senats wurde auf 5000 Mk. mit Alterszulagen von 1000 Mk. nach je 4 Jahren bis zum Höchstbetrage von 10000 Mk. festgesetzt.

§ 11. — — Wie Art. 14 der Verfassung.

§ 12. — — Abgeändert durch Gesetz vom 10. April 1885, betr. die Honorare der Mitglieder des Senats. Das Honorar wurde festgesetzt auf 25000 Mk. für jeden der neun gelehrten Senatoren, und auf 12000 Mk. für jeden der übrigen Senatoren. Der jedesmalige erste bezw. der zweite Bürgermeister erhalten Zulagen von 5000 bezw. 3000 Mk.

Dem Polizeiherrn wird vom Staate eine Wohnung unentgeltlich geliefert.

§ 13. — — Vergl. Art. 17 der Verfassung.

Wenn das Amt eines Bürgermeisters vor Ablauf des Jahres, für welches er gewählt war, erledigt wird, so erfolgt innerhalb 14 Tagen eine Neuwahl. Ist die Vacanz in den ersten sechs Monaten des Jahres eingetreten, so wird der übrige Theil des Jahres, betreffs der Amtsdauer des Neuerwählten, für ein volles Jahr gerechnet. Ist die Vacanz in den letzten sechs Monaten des Jahres eingetreten, so gilt die Neuwahl ohne Weiteres auch für das folgende Jahr, und der Bruchtheil des Jahres kommt für die Berechnung der Amtsdauer nicht in Betracht.

Der regelmäßige Wechsel des Vorsitzes im Senate tritt mit dem 1. Januar ein.

§ 14. Dem Senat ist die Vertheilung der Aemter und Geschäfte unter seine Mitglieder und die Bestimmung darüber, wie lange die einzelnen Mitglieder ein Amt zu verwalten oder an einer Deputation Theil zu nehmen haben, überlassen. Er ist hierbei überhaupt nicht, und namentlich auch nicht hinsichtlich der Uebertragung des Vorsitzes in den Deputationen und Commissionen an die Berücksichtigung der Amtsdauer gebunden.

Der Senat erwählt jährlich zur Vertheilung der ständigen Aemter und Geschäfte eine Commission von fünf Mitgliedern, worunter immer Einer der Bürgermeister und ein Syndicus. Ueber etwaige Einwendungen gegen die Anordnungen dieser Commission entscheidet die Plenarversammlung des Senats.

§ 15. Die Uebertragung sonstiger Amtsgeschäfte und Relationen an einzelne Mitglieder geschieht, unter thunlichster Berücksichtigung der Vertheilung der Geschäfte nach den verschiedenen Verwaltungsabtheilungen, von dem vorsitzenden Bürgermeister; in erheblichen Fällen von ihm und dem stellvertretenden Bürgermeister gemeinschaftlich. Eine Berufung an den Senat ist aber auch hier vorbehalten.

§ 16. Die herkömmlichen Ehrenrechte des Senats verbleiben demselben.

In der Anrede und in der Bezeichnung wird ihm, statt der bisher üblichen Prädicate, das Prädicat: „Hoher“ beigelegt.

In den Verhandlungen des Senats mit der Bürgerschaft tritt beiderseitig nur die einfache Bezeichnung „Senat“, „Bürgerschaft“ und „Senat und Bürgerschaft“ ein. Prädicate der einzelnen Senatsmitglieder, welche nicht die Bezeichnung des Amtes enthalten, sind abgeschafft, mit Ausnahme des Prädicats „Magnificenz“ für die jeder Zeit fungirenden Herren Bürgermeister.

Die Mitglieder des Senats und die Syndici und Secretarien werden eine, bei feierlichen Gelegenheiten anzulegende Amtstracht beibehalten, worüber der Senat das Nähere zu bestimmen hat.

§ 17. Vergl. die Anmerkung zu §§ 1 bis 3.

---

3. Wahlgesetz für die Wahlen zur Bürgerschaft vom 19. Januar 1880.

Der Senat hat in Uebereinstimmung mit der Bürgerschaft beschlossen und verkündet als Gesetz, was folgt:

I. Wahlberechtigung.

§ 1. Die hundert und sechszig Mitglieder der Bürgerschaft werden aus den nach Art. 32, 35 und 36 der Verfassung wählbaren Bürgern gewählt und zwar:

1) achtzig durch alle Bürger;

2) vierzig durch diejenigen Bürger, welche Eigenthümer von innerhalb der Stadt, der Vorstadt oder der Vororte belegenen Grundstücken sind;

3) vierzig durch diejenigen Bürger, welche Mitglieder der in Anlage C zu diesem Gesetze verzeichneten Gerichte oder Verwaltungsbehörden sind oder gewesen sind.

§ 2. Ausgeschlossen von der Ausübung des Wahlrechts sind:

1) Diejenigen, welche noch nicht das fünf und zwanzigste Lebensjahr vollendet haben;

2) Diejenigen, welche keine Einkommensteuer bezahlen oder zur Zeit der Ausschreibung der Wahlen mit derselben im Rückstande sind;

3) Diejenigen, welche entmündigt sind;

4) Diejenigen, über deren Vermögen das Konkursverfahren eröffnet ist, bis sie von allen Ansprüchen ihrer Gläubiger befreit sind;

5) Diejenigen, denen durch strafrechtliches Urtheil die bürgerlichen Ehrenrechte entzogen sind, während des dafür festgesetzten Zeitraums;

6) Diejenigen, welche sich in Straf- und Untersuchungshaft befinden.

§ 3. An den Wahlen der zweiten Kategorie nehmen nur diejenigen Grundeigenthümer Theil, denen das betreffende Grundstück in den öffentlichen Hypothekbüchern eigenthümlich zugeschrieben ist, und zwar ohne Clauseln und Bestimmungen, welche ergeben, daß das Eigenthum in Wirklichkeit einem Andern zusteht.

Der Besitz mehrerer Grundstücke giebt nur ein einmaliges Wahlrecht. Von mehreren Miteigenthümern eines Grundstücks kann nur Einer das Wahlrecht ausüben. Die Miteigenthümer haben der Central-Wahlcommission anzuzeigen, welcher von ihnen als zur Ausübung des Wahlrechts berechtigt in die Wählerlisten eingetragen werden soll.

§ 4. Zum Behufe der allgemeinen Wahlen wird das Hamburgische Staatsgebiet in 40 Wahlbezirke (Anl. A zu diesem Gesetze) und zum Behufe der Grundeigenthümerwahlen werden die Stadt, Vorstadt und Vororte in 20 Wahlbezirke (Anl. B) eingetheilt.

Jeder Wahlberechtigte ist in die Listen desjenigen Wahlbezirks einzutragen, in welchem er seine regelmäßige Wohnung, oder wenn diese außerhalb des Hamburgischen Staatsgebiets liegt, sein gewöhnliches Geschäftslocal hat.

Wahlberechtigte Grundeigenthümer, welche innerhalb der Bezirke für die Grundeigenthümerwahlen weder Wohnung noch Geschäftslocal haben, werden auf ihren Antrag in die Wählerlisten eines Bezirks eingetragen, in welchem sie mit Grundeigenthum angesessen sind.

Zum Behufe der Wahlen der gegenwärtigen und früheren Mitglieder der Gerichte und Verwaltungsbehörden werden sämmtliche Wahlberechtigte zu einem Wahlkörper vereinigt.

§ 5. Zur Ausübung des Wahlrechts sind nur diejenigen Wähler befugt, welche am Tage der Wahl in die Wählerlisten eingetragen sind. Bei den allgemeinen und den Grundeigenthümerwahlen hat jeder Wahlberechtigte sein Wahlrecht in demjenigen Bezirke auszuüben, in dessen Liste er eingetragen ist.

II. Wahlbehörden.

§ 6. Alle Wahlen werden vom Senate angeordnet. Die Leitung und Beaufsichtigung des Wahlgeschäfts geschieht durch die Central-Wahlcommission, die Bezirkscommissionen und Abtheilungscommissionen.

§ 7. Die Central-Wahlcommission besteht aus zwei Mitgliedern des Senats, zwei Mitgliedern des Bürgerausschusses und den fünf durch die Bürgerschaft erwählten Mitgliedern der Steuerdeputation.

§ 8. Für die Wahlen der ersten und zweiten Kategorie sind örtlich sehr ausgedehnte Bezirke des Landgebiets einschließlich der Vororte unter Berücksichtigung der Zahl der Wähler und der Lage ihrer Wohnungen in Abtheilungen zu zerlegen.

§ 9. Behufs Vornahme der Wahlen der ersten und zweiten Kategorie in der Stadt und der Vorstadt wird von der Central-Wahlcommission für jeden Bezirk eine Bezirkscommission gebildet, welche aus zwei Steuerschätzungsbürgern und vier auf deren Vorschlag von der Central-Wahlcommission zu bestimmenden wahlberechtigten Bürgern des betreffenden Bezirks besteht. In den Commissionen für die Grundeigenthümerwahlen müssen die zugezogenen Bürger als Grundeigenthümer wahlberechtigt sein.

Für die Wahlen der beiden ersten Kategorien werden auf dem Landgebiete einschließlich der Vororte von der Central-Wahlcommission gleichfalls Bezirkscommissionen beziehungsweise für die Abtheilungen (§ 8) Abtheilungscommissionen gebildet, bei deren Zusammensetzung sie, sowohl was die Anzahl als was die Qualification der Mitglieder anlangt, auf die Localverhältnisse Rücksicht zu nehmen hat. Vorzugsweise sind Mitglieder der Gemeindevorstände zuzuziehen.

§ 10. Für die Wahlen der dritten Kategorie bildet die Central-Wahlcommission eine besondere, aus zwei ihrer Mitglieder und vier von diesen vorgeschlagenen, für diese Wahlen wahlberechtigten Bürgern bestehende Commission.

§ 11. Den Vorsitz führt:

in den Bezirks-Commissionen, in welchen Steuerschätzungsbürger sitzen, derjenige von ihnen, welcher dem Amtsalter nach und bei gleichem Amtsalter derjenige, welcher dem Lebensalter nach der älteste ist;

in den Bezirkscommissionen des Landgebiets, einschließlich der Vororte, und in den Abtheilungscommissionen, in welchen kein Steuerschätzungsbürger sitzt, sowie in der Commission für die Wahlen der dritten Kategorie ein von der Central-Wahlcommission zu bestimmendes Mitglied.

Der Vorsitzende kann in Behinderungsfällen den Vorsitz einem anderen Mitgliede übertragen. In seiner Abwesenheit oder auf sein Verlangen wählt die Commission seinen Stellvertreter.

§ 12. Zur Vornahme einer amtlichen Handlung ist die Gegenwart von wenigstens drei Mitgliedern der betreffenden Commission erforderlich.

III. Wählerlisten.

§ 13. Die Central-Wahlcommission hat für die Feststellung der Wählerlisten zu sorgen und wegen Entwerfung derselben rechtzeitig die erforderlichen Aufträge des Senats an die Steuer-Deputation zu veranlassen. Für jeden Wahlbezirk, beziehungsweise für jede Abtheilung eines Wahlbezirks (§ 8) sind besondere Listen anzulegen.

§ 14. Die Wählerlisten werden im statistischen Bureau der Steuer-Deputation entworfen und der Central-Wahlcommission zugestellt, welche dieselben spätestens drei Wochen vor dem betreffenden Wahltage unter öffentlicher Bekanntmachung, daß und wo dies geschehe, auf acht Tage, und zwar die Wählerlisten der ersten und zweiten Kategorie in der Regel innerhalb der Bezirke beziehungsweise Abtheilungen oder in der Nähe derselben zu Jedermanns Einsicht auslegen läßt. So weit die Einsichtnahme in die Wählerlisten und die Sicherheit derselben dadurch nicht beeinträchtigt wird, ist es gestattet, von den Wählerlisten Abschrift zu nehmen.

§ 15. Einsprachen gegen die öffentlich ausgelegten Wählerlisten sind nur zulässig, wenn sie spätestens zwei Werktage nach dem Schlusse der Auslegungszeit der Listen unter Beifügung der erforderlichen Beweisstücke (Bürgerbrief, Steuerquittung, Beschwerung des Grundstückes u. s. w.) bei der Central-Wahlcommission eingebracht werden.

Die Central-Wahlcommission hat bei Auslegung der Wählerlisten eine öffentliche Bekanntmachung darüber zu erlassen, bis zu welchem Tage Einsprache gegen die Wählerliste zulässig, und wo solche anzubringen ist.

Ueber die rechtzeitig eingegangenen Einsprachen hat die Central-Wahlcommission innerhalb acht Tagen nach Ablauf der Frist für Anbringung der Einsprachen endgültig zu entscheiden und den Betheiligten die Entscheidung schriftlich mitzutheilen.

Die Wählerliste ist, nachdem die Central-Wahlcommission über sämmtliche eingelaufenen Einsprachen Beschluß gefaßt und dementsprechend die Liste berichtigt hat, unter Angabe der Zahl der nunmehr endgültig in dieselbe aufgenommenen Wähler von dem Vorsitzenden der Central-Wahlcommission als abgeschlossen zu unterzeichnen. Nur die in diese berichtigten Wählerlisten aufgenommenen Personen sind zur Theilnahme an den Wahlen berechtigt.

§ 16. Für jede neue Wahl sind neue Wählerlisten aufzustellen, wenn nicht die Central-Wahlcommission bei Nachwahlen, welche innerhalb eines Jahres nach Abschluß der Wählerliste stattfinden, die Auslegung der früheren Wählerliste für ausreichend erklärt.

IV. Wahlverfahren.

1) Bei den regelmäßigen Wahlen.

§ 17. Die regelmäßigen Wahlen zur Bürgerschaft finden nach Maaßgabe der Art. 38 bis 41 der Verfassung alle drei Jahre statt.

In den beiden ersten Kategorien wählt abwechselnd das eine Mal die eine, und nach drei Jahren die andere Hälfte der Wahlbezirke. In jedem Bezirke hat der Wähler so viele Personen namhaft zu machen, wie der Bezirk Abgeordnete wählt. In der dritten Kategorie wird die Neuwahl für die jedes Mal ausscheidende Hälfte der Mitglieder von sämmtlichen Wählern dieser Kategorie vorgenommen, und zwar in Einer Wahlhandlung, bei welcher jeder Wähler zwanzig Personen namhaft macht.

§ 18. Die Wahlen der ersten Kategorie finden an Einem Tage statt.

Nachdem die allgemeinen Wahlen stattgefunden haben, wählen die zehn Wahlbezirke der Grundeigenthümer an Einem Tage.

Zuletzt finden die Wahlen der dritten Kategorie ebenfalls an Einem Tage statt.

Die Wahltage sind so zu bestimmen, daß sämmtliche Wahlen vor dem Erneuerungstermine beendigt sein können. Nachdem der betreffende Wahltag vom Senate bestimmt worden, erfolgt die öffentliche Aufforderung zu den Wahlen durch die Central-Wahlcommission, welche zugleich bekannt macht, wo und während welcher Zeit die Stimmzettel abzugeben sind. Das Wahlbureau muß in der Regel innerhalb des betreffenden Wahlbezirks, beziehungsweise innerhalb der betreffenden Abtheilung belegen sein.

§ 19. Die Wahlhandlung beginnt um 9 Uhr Vormittags und wird um 6 Uhr Nachmittags geschlossen.

§ 20. Die Wahlhandlung, sowie die Ermittelung des Wahlergebnisses ist öffentlich. Während der Wahlhandlung dürfen im Wahllocale weder Discussionen stattfinden, noch Ansprachen gehalten, noch Beschlüsse gefaßt werden. Ausgenommen hiervon sind die Discussionen und Beschlüsse der Wahlcommission, welche durch die Leitung des Wahlgeschäftes bedingt sind.

§ 21. Die Wahlen geschehen mittels Stimmzettels.

Vor Abgabe des Stimmzettels hat der Stimmende seinen Namen den anwesenden Commissaren anzugeben und, falls er denselben nicht persönlich bekannt ist, sich über seine Person auszuweisen.

Jeder Wähler hat seinen Zettel, auf welchem die Personen, denen er seine Stimme geben will, namhaft zu machen sind, nachdem derselbe verdeckt gestempelt worden, persönlich in den verschlossenen Zettelbehälter zu legen.

Der Stimmzettel muß von weißem Papier, ohne äußere Kennzeichen und derart zusammengefaltet sein, daß der auf ihm verzeichnete Name verdeckt ist. Stimmzettel, welche diesen Erfordernissen nicht entsprechen, sind zurückzuweisen.

§ 22. Die Wahlcommission hat in der amtlichen Wählerliste bei dem Namen eines jeden Wählers, der seine Stimme abgegeben hat, einen betreffenden Vermerk zu machen, und ist ferner von der Wahlcommission eine Gegenliste zu führen, in welche der Name eines jeden Wählers, der seine Stimme abgegeben hat, nach der Reihenfolge des Erscheinens aufzunehmen ist.

§ 23. Die nach Vorschrift des § 22 aufgenommenen Verzeichnisse der gestimmt habenden Wähler bilden später die Grundlage für die Prüfung der Gültigkeit der Wahlen durch den betreffenden Ausschuß der Bürgerschaft, welcher auch die Berechtigung der Wähler zu berücksichtigen und davon auszugehen hat, daß eine Wahl ungültig ist, wenn so viele Nichtberechtigte mitgestimmt haben, daß dies von Einfluß auf das Ergebniß der Wahl gewesen sein kann. Entstehen hinsichtlich der Berechtigung von Wählern Zweifel, so ist der Ausschuß befugt, von diesen die erforderlichen Nachweise zu verlangen und bei den Behörden die behufige Erkundigung einzuziehen.

§ 24. Sofort nach geschlossener Annahme der Wahlzettel hat die Bezirkscommission, beziehungsweise die Abtheilungscommission den versiegelten Zettelbehälter zu eröffnen, die abgegebenen Stimmzettel zu zählen und danach das Ergebniß der Wahl zu ermitteln. Ueber die gesammte Wahlhandlung ist ein Protokoll aufzunehmen, welches von sämmtlichen gegenwärtigen Mitgliedern der betreffenden Wahlcommission zu unterzeichnen ist.

§ 25. Die Wahl geschieht durch relative Stimmenmehrheit. Unter Personen, welche gleichviel Stimmen bei der Wahl erhalten haben, entscheidet das Loos.

Wenn auf einem Stimmzettel ein Name unleserlich geschrieben oder die von dem Wähler gemeinte Person nicht genügend erkennbar ist, so wird dieser Name als nicht geschrieben betrachtet.

Wenn mehr als die vorschriftmäßige Anzahl von Namen auf einem Stimmzettel stehen, so gelten nur die voranstehenden.

Wenn auf einem Stimmzettel derselbe Name zweimal steht, so gilt derselbe nur einmal.

Wenn ein Stimmzettel weniger Namen enthält als er enthalten sollte, so macht dieser Mangel denselben nicht ungültig.

Stimmzettel, welche keinen Namen oder keinen lesbaren Namen enthalten, sind ungültig und werden bei Ermittelung des Wahlergebnisses nicht mitgezählt.

§ 26. Die Wahlprotokolle nebst sämmtlichen dazu gehörigen Schriftstücken einschließlich der versiegelten Stimmzettel sind von den Bezirkscommissionen, beziehungsweise den Abtheilungscommissionen fördersamst, jedenfalls aber so zeitig der Central-Wahlcommission einzureichen, daß sie spätestens im Laufe des zweiten Tages nach dem Wahltermine in deren Hände gelangen.

Die Central-Wahlcommission hat die ihr von den Bezirkscommissionen mitgetheilten, beziehungsweise die von ihr selbst aus den Protokollen der Abtheilungscommissionen zu ermittelnden Ergebnisse der Wahlen spätestens am Tage nach Empfang obiger Schriftstücke dem Senat mitzutheilen und öffentlich bekannt zu machen.

§ 27. Wenn die Wahl eine Person trifft, die schon an einem früheren Tage gewählt war, so ist die zweite Wahl ungültig. Fand die Doppelwahl an demselben Tage Statt, so hat sich der Gewählte innerhalb dreier Tage darüber zu entscheiden, welche Wahl er annehmen will, widrigenfalls die Central-Wahlcommission die Entscheidung zu treffen hat. Es findet sodann eine Neuwahl Statt.

Ist die Wahl auf eine Person gefallen, welche nach Art. 34, 35 und 36 der Verfassung berechtigt ist, die Wahl abzulehnen, so hat der Gewählte, falls er die Wahl nicht annehmen will, innerhalb drei Tagen, nachdem er von der auf ihn gefallenen Wahl amtliche Kenntniß erhalten hat, die Central-Wahlcommission unter Anführung der ihm zustehenden Ablehnungsgründe hiervon in Kenntniß zu setzen, widrigenfalls er zu Annahme der Wahl verpflichtet ist.

2) Bei einzelnen Wahlen.

§ 28. Wenn nicht durch die regelmäßige Erneuerung der Bürgerschaft, sondern durch das Eintreten von Vacanzen nach Art. 43 der Verfassung eine Neuwahl nothwendig wird, so gelten dafür analog die Vorschriften der vorstehenden Paragraphen.

V. Transitorische Bestimmungen — — —.

* * *

Anlage A. Bezirke für die allgemeinen directen Wahlen [1]).

Altstadt-Nordertheil. 1. bis 3. Wahlbezirk. [Im Gesetze sind die einzelnen zugehörigen Straßen aufgeführt.]

Altstadt-Südertheil. 4. Wahlbezirk.

Neustadt (Nordertheil und Südertheil). 5. bis 10. Wahlbezirk.

St. Georg-Nordertheil. 11. bis 13. Wahlbezirk.

St. Georg-Südertheil. 14. bis 16. Wahlbezirk.

Vorstadt St. Pauli und Eimsbüttel. 17. bis 23. Wahlbezirk [2]).

Vorort Rotherbaum. 24. Wahlbezirk (3 Abgeordnete).

Vorort Harvestehude und Theil vom Vorort Eppendorf. 25. Wahlbezirk (2 Abgeordnete).

Vorort Winterhude und Theil vom Vorort Eppendorf. 26. Wahlbezirk (2 Abgeordnete).

Vorort Uhlenhorst. 27. Wahlbezirk (2 Abgeordnete).

Vorort Barmbeck. 28. und 29. Wahlbezirk (je 2 Abgeordnete).

Groß Borstel, Fuhlsbüttel, Langenhorn, Alsterdorf, Ohlsdorf, Klein Borstel und Struckholt, Farmsen mit Berne, Volksdorf, Wohldorf, Ohlstedt, Groß Hansdorf, Schmalenbeck. 30. Wahlbezirk (1 Abgeordneter).

Vorort Eilbeck. 31. Wahlbezirk (3 Abgeordnete).

Vorort Borgfelde. 32. Wahlbezirk (2 Abgeordnete).

Vorort Hohenfelde. 33. Wahlbezirk (3 Abgeordnete).

Vororte Hamm und Horn. 34. Wahlbezirk (2 Abgeordnete).

Vorort Billwärder Ausschlag. 35. Wahlbezirk (2 Abgeordnete), 36. Wahlbezirk (1 Abgeordneter).

Vororte Steinwärder und Kleiner Grasbrook, sowie Elbinseln (bis zum Köhlbrand im Westen). Unterwahlbezirk 37a (1 Abgeordneter).

Moorburg, Finkenwärder, Waltershof, Mühlenwärder, Dradenau und Rugenbergen. Unterwahlbezirk 37b (1 Abgeordneter).

Billwärder a. d. Bille, Moorfleth, Allermöhe, Spadenland, Tatenberg, Ochsenwärder, Reitbrook und Moorwärder. 38. Wahlbezirk (1 Abgeordneter).

Stadt Bergedorf. Unterwahlbezirk 39a (1 Abgeordneter).

Ortschaften Altengamme, Neuengamme, Kirchwärder, Curslack, Ostkrauel und Geesthacht. Unterwahlbezirk 39b (2 Abgeordnete).

Landherrenschaft Ritzebüttel. 40. Wahlbezirk (1 Abgeordneter).

---

[1]) Nach Maßgabe der Bekanntmachung vom 4. Januar 1892, betr. die Abänderung der Anlagen 2c.

[2]) Die Bezirkscommission für den 21. Bezirk der allgemeinen Wahlen wird nach Maßgabe § 9 Absatz 2 gebildet. — Die Bezirke 1 bis 23 wählen je 2 Abgeordnete.

* * *

Anlage B. Bezirke für die Wahlen der Grundeigenthümer.

Altstadt-Nordertheil. 1. Wahlbezirk (3 Abgeordnete).
Altstadt-Südertheil. 2. Wahlbezirk (2 Abgeordnete).
Neustadt-Nordertheil. 3. und 4. Wahlbezirk (je 2 Abgeordnete).
Neustadt-Südertheil und Vororte Steinwärder und Kleiner Grasbrook. 5. Wahlbezirk (3 Abgeordnete).
St. Georg-Nordertheil. 6. Wahlbezirk (3 Abgeordnete).
St. Georg-Südertheil. 7. Wahlbezirk (3 Abgeordnete).
Vorstadt St. Pauli. 8. und 9. Wahlbezirk (je 2 Abgeordnete), 10. Wahlbezirk (1 Abgeordneter).
Vorort Rotherbaum. 11. Wahlbezirk (1 Abgeordneter).
Vorort Eimsbüttel. 12. Wahlbezirk (3 Abgeordnete).
Vororte Harvestehude und Eppendorf. 13. Wahlbezirk (2 Abgeordnete).
Vororte Winterhude und Uhlenhorst. 14. Wahlbezirk (2 Abgeordnete).
Vorort Barmbeck. 15. Wahlbezirk (3 Abgeordnete).
Vorort Eilbeck. 16. Wahlbezirk (1 Abgeordneter).
Vorort Borgfelde. 17. Wahlbezirk (1 Abgeordneter).
Vorort Hohenfelde. 18. Wahlbezirk (1 Abgeordneter).
Vororte Hamm und Horn. 19. Wahlbezirk (1 Abgeordneter).
Vorort Billwärder Ausschlag. 20. Wahlbezirk (2 Abgeordnete).

* * *

Anlage C. Verzeichniß der Gerichte und Behörden, deren gegenwärtige und frühere Mitglieder in der dritten Kategorie wählen.

Gegenwärtige Behörden:	Vormalige Behörden:
a) Verwaltungsabtheilung für die Finanzen.	
Finanz-Deputation.	Kämmerei.
Deputation für directe Steuern.	Steuer-Deputation.
Deputation für indirecte Steuern und Abgaben.	Zoll- und Accise-Deputation.
Pensionskasse-Deputation.	Stempel-Deputation.
	Schulden-Administrations-Deputation.
	Revisions-Commission des allgemeinen Rechnungswesens.
b) Verwaltungsabtheilung für Handel und Gewerbe.	
Deputation für Handel und Schiffahrt.	Schiffahrt- und Hafen-Deputation.
Handelskammer.	Commerz-Deputation.
Gewerbekammer.	Bank-Collegium.
	Bank-Deputation.
	Post-Deputation.
	Deputation für das Post-, Eisenbahn- und Telegraphenwesen.
	Kornordnung.
	Theerhofs-Deputation.

Gegenwärtige Behörden:	Vormalige Behörden:
c) Verwaltungsabtheilung für das Bauwesen.	
Bau-Deputation.	Stadtwasserkunst-Deputation.
d) Verwaltungsabtheilung für das Militärwesen.	
	Militär-Departement. Bürgermilitär-Commission.
e) Verwaltungsabtheilung für das Unterrichtswesen.	
Oberschulbehörde. Verwaltung der Allgemeinen Gewerbeschule und der Schule für Bauhandwerker. [Hier fehlt die Commission für die Verwaltung der Kunsthalle.]	Interimistische Oberschulbehörde. Scholarchat.
f) Verwaltungsabtheilung für das Justizwesen.	
Landgericht, einschließlich der Kammern für Handelssachen. Amtsgerichte. Vormundschafts-Behörde.	Obergericht. Niedergericht. Handelsgericht. Aemtergericht.
g) Verwaltungsabtheilung für polizeiliche und innere Angelegenheiten.	
Medicinal-Collegium. Gefängniß-Deputation. Feuerkasse-Deputation. Deputation für das Feuerlöschwesen. Todtenladen-Deputation. Friedhofs-Deputation. Behörde für Krankenversicherung. Behörde für Zwangserziehung. Schlachthof-Deputation.	Gesundheitsrath. Gefängniß-Collegium. Polizeiwachen-Deputation.
h) Verwaltungsabtheilung für öffentliche Wohlthätigkeit.	
Armen-Collegium. Krankenhaus-Collegium. Waisenhaus-Collegium. (Armencollegien der Ortsarmenverbände der Geestlande und der Marschlande.) [Gehören jetzt zu den vormaligen Behörden.]	

4. Hamburgische Landgemeindeordnung
vom 12. Juni 1871.

Inhalt — — —. Ausfertigung — — —.

I. Allgemeine Bestimmungen.

Art. 1. Zweck der Landgemeindeordnung. Für die von den einzelnen Landgemeinden nach Maaßgabe Art. 121 der Verfassung der freien und Hansestadt Hamburg selbständig festzustellenden Gemeindeverfassungen haben die in der gegenwärtigen Landgemeindeordnung enthaltenen Grundsätze als Normen zu gelten.

Die bestehenden Verhältnisse der Kirchen-Gemeinden werden durch diese Landgemeinde-Ordnung nicht berührt.

Art. 2. Ausdehnung ihrer Wirksamkeit. Die Landgemeindeordnung gilt bis auf Weiteres für die in der Anlage A namhaft gemachten Gemeinden.

Die Ausdehnung der Landgemeindeordnung auf andere als die in der Anlage A verzeichneten Gemeinden, sowie die Bildung einer neuen Gemeinde bedarf eines ferneren Beschlusses der gesetzgebenden Gewalt (Art. 116 [jetzt 100] der Verfassung).

II. Von den Landgemeinden und den Gemeindeangehörigen.

Art. 3. Rechte der Gemeinden. Jeder Landgemeinde stehen folgende Rechte zu:

a. Ihr Statut selbständig festzustellen.

Es darf dieses Statut aber der Hamburgischen Staatsverfassung, dieser Gemeindeordnung und den übrigen Staatsgesetzen keinen Abbruch thun; und ist deshalb dasselbe sowie etwaige spätere Abänderungen dem Landherrn zur Bestätigung vorzulegen.

b. ihre Vertreter, Vorsteher und Angestellte frei zu wählen;

c. gemeindepolizeiliche Verordnungen unter Androhung von Geldstrafen wider den Uebertreter zu erlassen; diese Geldstrafe darf jedoch die Summe von 6 ℔ nicht übersteigen, und kann im Falle der Zahlungsunfähigkeit in Gefängnißstrafe bis zu 3 Tagen verwandelt werden;

d. ihr Vermögen nach Maaßgabe dieses Gesetzes zu verwalten;

e. sich Steuern zu Gemeindezwecken aufzulegen.

Art. 4. Verpflichtungen der Gemeinden. Jeder Landgemeinde liegen folgende Verpflichtungen ob:

a. die Flur-, Orts- und Gassenpolizei zu verwalten;

b. für die der Gemeinde angehörigen Armen und Hülfsbedürftigen zu sorgen;

c. für das Schulwesen in der Gemeinde Sorge zu tragen;

d. die Aufsicht über ihre Grenzen zu führen, insofern sie nicht mit den Staatsgrenzen zusammenfallen;

e. die Wege und Wasserläufe zu beaufsichtigen und in gutem Stande zu erhalten, soweit nicht die Verpflichtung dazu Dritten obliegt, oder vom Staate übernommen ist;

f. ihre etwaigen Angestellten zu besolden;

g. durch ihre Vorsteher und Angestellten alle die Staatsgesetze und Verwaltungsbefehle ausführen zu lassen mit deren Ausführung sie gesetzlich betrauet ist oder betrauet werden wird;

h. mitzuwirken bei der Ausübung der Sicherheits- und Gesundheitspolizei.

Zur Erfüllung dieser Verpflichtungen kann den Gemeinden eine Beihülfe aus Staatsmitteln auf verfassungsmäßigem Wege gewährt werden. Die den Gemeinden bei Ausübung ihrer in g und h bezeichneten Aufgaben, soweit solche nicht etwa lediglich zum Wohl der betreffenden Landgemeinden gereichen, erwachsenden Kosten werden aus der Staatskasse vergütet.

Art. 5. Verbindung mehrerer Gemeinden. Jeder Landgemeinde bleibt überlassen, sich zum Behuf der Ausführung einer oder aller der im Art. 4 bezeichneten Verpflichtungen mit anderen Gemeinden zu vereinigen; sie bedürfen aber dazu der Genehmigung des Landherrn, welchem jedenfalls nachzuweisen ist, daß und in welcher Weise für die Erfüllung jener Verpflichtungen gesorgt werde.

Art. 6. Gemeindeangehörigkeit. Angehöriger einer Gemeinde ist jeder Angehörige des Hamburgischen oder eines anderen Bundesstaates des Deutschen Reiches, welcher in derselben entweder

1) nach Maaßgabe des Bundesgesetzes über den Unterstützungswohnsitz vom 6. Juni 1870 seinen Unterstützungswohnsitz hat, oder

2) als Angestellter des Bundes, des Staates oder der Gemeinde, oder an Kirchen, Schulen oder milden Stiftungen seinen bleibenden Wohnsitz nehmen muß, oder

3) ein Grundstück mit selbständigem landwirthschaftlichen oder industriellen Betriebe und dauerndem Wohnsitz eigenthümlich oder pachtweise besitzt, insofern er nicht Fremder oder Angehöriger eines Bundesstaates ist, in welchem das Bundesgesetz über den Unterstützungswohnsitz keine Gültigkeit hat.

Art. 7. Früheres Heimathsrecht. Denjenigen Personen, welche am 1. Juli 1871 Heimathsrecht im Hamburgischen Staate besitzen und an diesem Tage in einer der Landgemeinden ihren festen Wohnsitz haben, sind als am 1. Juli 1871 in dieser Gemeinde heimathsberechtigt anzusehen, so daß ihnen in derselben nach § 65 unter 1 des Bundesgesetzes vom 6. Juni 1870 der Unterstützungswohnsitz zusteht.

Etwaige Zweifel über die Heimathsberechtigung am 1. Juli 1871 hat der Landherr mit Vorbehalt der Berufung an den Senat zu entscheiden.

Art. 8. Gemeinderegister. In jeder Gemeinde ist über die Angehörigen derselben ein Register anzulegen und regelmäßig fortzuführen.

Selbständige Gemeinde-Angehörige, welche noch nicht in die Register eingetragen sind, sind verpflichtet sich sofort behufs Eintragung ihrer Namen und derjenigen ihrer Angehörigen bei dem Gemeinde-Vorstande zu melden. Wer eine Bescheinigung über seine Gemeinde-Angehörigkeit oder seinen Unterstützungswohnsitz verlangt, muß zuvor in das Register eingetragen sein.

Für die Eintragung in die Register der Gemeinde-Angehörigen ist 4 ß Gebühr an die Gemeindekasse zu zahlen; für eine Bescheinigung über die geschehene Eintragung 8 ß.

Das Nähere über die Einrichtung der Register und Anordnungen behufs deren Vervollständigung bleiben dem Landherrn überlassen; doch ist insbesondere dafür Sorge zu tragen, daß die Abgänge gehörig notirt werden, und daß Personen, die aus einer Gemeinde in eine andere übersiedeln, nicht in den Verzeichnissen beider Gemeinden stehen.

Etwaige Zweifel oder Meinungsverschiedenheiten über die Gemeindeangehörigkeit, welche sich bei der Eintragung in das Register ergeben, sind von dem Landherrn, mit Vorbehalt der Berufung an den Senat, zu entscheiden, insoweit nicht durch die Bundesgesetzgebung ein Anderes bestimmt ist.

Art. 9. Aufenthalt Fremder. Für Nichtangehörige einer Gemeinde, welche in dem Bezirke derselben ihren Wohnsitz nehmen wollen, gelten die Bestimmungen des Bundesgesetzes vom 1. November 1867 über Freizügigkeit, ohne Unterschied der Staatsangehörigkeit.

III. Von den Gemeindebehörden.

Art. 10. Gemeindeversammlung und Vorstand. In jeder Landgemeinde besteht

A. Die Gemeindeversammlung zur Berathung und Beschlußfassung in Gemeindeangelegenheiten;

B. Der aus drei oder mehr Personen zusammengesetzte Gemeindevorstand.

Art. 11. Gemeindeversammlung. Die Gemeindeversammlung besteht nach Maaßgabe der Gemeindestatuten:

entweder aus sämmtlichen vollberechtigten Gemeindegliedern,

oder theilweise aus solchen und theilweise aus gewählten Vertretern,

oder endlich ganz aus den von den Gemeindemitgliedern gewählten Vertretern, deren Anzahl in diesem Fall mindestens fünf sein muß und höchstens ein Procent der Bevölkerung der Gemeinde betragen darf.

Art. 12. Stimmberechtigung. Die Stimmberechtigung in der Gemeindeversammlung beziehentlich bei den Wahlen zu Gemeindevertretern wird in den einzelnen Gemeindestatuten bestimmt, nach folgenden Grundsätzen:

1) Als stimmberechtigt gelten nur männliche volljährige Gemeindeangehörige, welche nicht in Anderer Kost und Lohn stehen und welche zu den Gemeindelasten beitragen.

2) Frauenzimmer, Minderjährige, Corporationen und Nicht-Gemeindeangehörige, welche in der Gemeinde Grundeigenthum besitzen, auf welchem ein selbständiger landwirthschaftlicher oder industrieller Betrieb stattfindet, können ein Stimmrecht durch Bevollmächtigte oder gesetzliche Vertreter ausüben lassen. Jedoch darf für jeden solchen zur Stimmberechtigung qualificirten Grundbesitz nur ein der Gemeinde angehöriger Bevollmächtigter und jeder Bevollmächtigte nur für einen derartigen Grundbesitz auftreten.

3) Bei den Gemeindeversammlungen und Wahlen haben sich die Gemeindeangehörigen erforderlichenfalls durch einen Auszug aus dem Gemeinderegister über ihre Gemeindeangehörigkeit auszuweisen.

4) Ausgeschlossen von Ausübung des Stimmrechts sind diejenigen Gemeindeangehörigen, welche seit einem Jahre mit Entrichtung der Gemeindeabgaben im Rückstande sind, sowie diejenigen, welche nach Art. 31 der Hamburgischen Staatsverfassung*) von Ausübung des Wahlrechts zur Bürgerschaft ausgeschlossen sein würden.

---

*) Art. 31 der Hamburgischen Staatsverfassung lautet: — — vgl. S. 121.

5) In denjenigen Gemeinden, in welchen bisher die Grundeigenthümer in Gemeindeangelegenheiten ausschließlich stimmberechtigt waren, oder in welchen die größeren Grundbesitzer ein größeres Stimmrecht besaßen als die Besitzer kleiner Grundstücke, kann denselben durch das Gemeindestatut hinsichtlich des Stimmrechts ein Vorzug vor den Nichtgrundeigenthümern beziehentlich vor den kleineren Grundbesitzern eingeräumt werden. Als Bevorzugungen dieser Art sind zulässig:

a. In Gemeinden, in welchen die Gemeindeversammlung aus gewählten Vertretern besteht, die Einrichtung von Klassenwahlen, bei welchen die Klasse der Grundeigenthümer beziehentlich der größeren Grundeigenthümer eine größere Anzahl von Vertretern wählt als die Uebrigen.

b. In Gemeinden, in welchen die Gemeindeversammlung aus den stimmberechtigten Gemeindeangehörigen selbst besteht, die Einräumung eines doppelten Stimmrechts an die größeren Grundbesitzer.

c. Die Anordnung, daß die größeren Grundbesitzer persönlich, die übrigen nur durch eine entsprechende Anzahl von ihnen gewählter Vertreter in der Gemeindeversammlung ihr Stimmrecht ausüben.

6) Jedenfalls ist dafür zu sorgen, daß kein selbständiger Gemeindeangehöriger, der zu den Gemeindelasten beiträgt, von der Theilnahme an den Gemeindeversammlungen oder an den Wahlen zu denselben und von der Wählbarkeit zum Vertreter ausgeschlossen bleibt (ausgenommen in den Fällen sub 4).

Art. 13. Wahlen und Geschäftsordnung. Die erforderlichen Bestimmungen über die Gemeindewahlen und über die Geschäftsordnung der Gemeindeversammlung werden durch die Localstatuten festgesetzt, wobei nachstehende Vorschriften zu berücksichtigen sind:

a. das Ausschreiben der Wahlen und die Anordnungen wegen Vornahme derselben geschehen durch den Gemeindevorstand mit Zustimmung oder auf Anordnung des Landherrn;

b. die Localstatuten haben zu bestimmen, welche Anzahl von stimmberechtigten Gemeindeangehörigen bei Gemeindewahlen mindestens ihre Stimmen abgegeben haben muß, damit die Wahlen Gültigkeit haben, sowie was zu geschehen hat, wenn auch bei einem wiederholten Wahlversuch die Wahl nicht vollzogen wird;

c. den Vorsitz in der Versammlung führt der Vorsitzende des Gemeindevorstandes;

d. der Vorsitzende beruft die Versammlung, wenn er selbst oder der Landherr, oder der Gemeindevorstand, oder eine Anzahl von wenigstens ein Viertel der Mitglieder-Versammlung es erforderlich findet;

e. die Verhandlungen sind öffentlich, falls nicht aus besonderen Gründen eine Ausnahme beschlossen wird;

f. dem Landherrn steht das Recht zu, den Versammlungen beizuwohnen und sich, jedoch ohne Stimmrecht, an den Verhandlungen zu betheiligen.

Art. 14. Competenz der Gemeindeversammlung. Ueber die Zuständigkeit der Gemeindeversammlungen bestimmen die Localstatuten nach Maaßgabe der folgenden Grundsätze:

a. die Statuten selbst, deren etwaige Abänderungen, sowie die für die Gemeinden bindenden polizeilichen oder sonstigen Verordnungen und Erlasse, insofern sie nicht von den dafür competenten Staatsbehörden ausgegangen sind, bedürfen der Zustimmung der Gemeindeversammlung.

b. Die Ausschreibung von Gemeindeabgaben und sonstigen Gemeindeleistungen, der Voranschlag für die Gemeindeeinnahmen und Ausgaben, und die Jahresabrechnung bedürfen der Zustimmung der Gemeindeversammlung;

c. desgleichen solche Dispositionen über das Gemeinde-Vermögen, welche eine Veränderung in dem Bestande oder in der Benutzung desselben bewirken, sowie die Einleitung von Processen und die Abschließung von Vergleichen in Gemeindeangelegenheiten, und die Contrahirung von Anleihen auf den Credit der Gemeinde.

d. Die Beschlüsse der Gemeindeversammlung treten in Kraft entweder unmittelbar nach erfolgter Zustimmungserklärung des Landherrn oder 10 Tage nach geschehener Mittheilung des Protokolles an denselben, wenn von seiner Seite kein Einspruch auf Grund des Art. 24 erhoben ist. Erfolgt Einspruch, welcher jedesmal mit Gründen versehen sein muß, so kann die Gemeindeversammlung die Entscheidung des Senats anrufen. Gebühren und Stempel sind dafür nicht zu entrichten.

Art. 15. Gemeindevorstand. Die Gemeindeversammlung wählt aus ihrer Mitte den Gemeindevorstand, welcher aus mindestens drei Personen und, mit Ausnahme der Gemeinden Ritzebüttel und Cuxhaven, mindestens zu zwei Drittel aus in der Gemeinde wohnhaften Eigenthümern oder Pächtern größerer Grundstücke bestehen muß.

Sind nicht doppelt so viele, gemäß Art. 21 zur Annahme der Wahl verpflichtete Eigenthümer oder Pächter größerer Grundstücke vorhanden, wie in den Gemeindevorstand gewählt werden sollen, so können auch die Bevollmächtigen und gesetzlichen Vertreter der in Art. 12 unter 2 erwähnten Grundeigenthümer als Vertreter der Großgrundbesitzer gewählt werden.

In diesem Falle sind die im Art. 12 unter 2 erwähnten Grundeigenthümer, bezw. deren gesetzliche Vertreter, falls letztere das Stimmrecht nicht persönlich ausüben können, verpflichtet, sich durch Bevollmächtigte vertreten zu lassen. Falls die Erfüllung dieser Verpflichtung abseiten des Grundeigenthümers schuldvoll unterlassen wird, trifft ihn die im Schlußsatz des Art. 21 angedrohte Strafe.

Wird ein Bevollmächtigter in den Gemeindevorstand gewählt, so darf die ihm ertheilte Vollmacht nicht widerrufen werden, solange derselbe Mitglied des Gemeindevorstandes ist. Auch finden auf solche Bevollmächtigte die Bestimmungen des Art. 21, betreffend die Berechtigung zur Ablehnung der Wahl, keine Anwendung.

Nach statutengemäßer Amtsdauer austretende Gemeindevorsteher sind wieder wählbar. Die Gemeindevorsteher werden von dem Landherrn beeidigt. Das Nähere, sowie ob und wie die Mitglieder des Gemeindevorstandes aus der Gemeindekasse honorirt werden sollen, bestimmt das Gemeindestatut. [Dieser Paragraph ist in der, durch Gesetz vom 9. März 1888 abgeänderten Fassung abgedruckt.]

Art. 16. Vorsitzender der Gemeinde. Der Gemeindevorstand wählt aus seiner Mitte einen Vorsitzenden, welcher zugleich Vorsitzender der Gemeindeversammlung ist. Der Bestimmung des Statuts bleibt es überlassen, sowohl die Amtsdauer des Vorsitzenden zu bestimmen, wie auch ob derjenige, der eine Gast- oder Schänkwirthschaft betreibt, zum Vorsitzenden wählbar ist.

Art. 17. Verwaltungscommissionen. Für einzelne Verwaltungsgegenstände können besondere Commissionen gebildet werden, deren Mitglieder auf eine bestimmte Reihe von Jahren, nicht auf Lebenszeit, durch die Gemeindeversammlung zu wählen sind, und unter denen wenigstens ein Mitglied des Gemeindevorstandes sich befinden muß.

Art. 18. Competenz des Vorstandes. Ueber die Zuständigkeit des Gemeindevorstandes und der Verwaltungscommissionen bestimmen die Gemeindestatuten, wobei folgende Grundsätze maaßgebend sind:

a. Der Gemeindevorstand hat die nach Art. 4 der Gemeinde obliegenden Verpflichtungen, sowie die vom Landherrn nicht beanstandeten Beschlüsse der Gemeindeversammlung entweder selbst zur Ausführung zu bringen oder dafür zu sorgen, daß solches durch die von ihm zu beaufsichtigenden Commissionen und Angestellten geschehe.

b. Der Vorstand hat die Gemeindeangelegenheiten zu verwalten und die Verwaltung der Commissionen und Angestellten zu überwachen.

c. Insbesondere liegt die Verwaltung des Gemeindevermögens, über welches ein gehöriges Inventar zu führen ist, sowie die Rechnungs- und Kassenführung dem Gemeindevorstande ob. Er hat jährlich der Gemeindeversammlung einen Voranschlag der Einnahmen und Ausgaben des nächsten Jahres vorzulegen und sich nach dem genehmigten Voranschlag bei der Verwaltung zu richten, auch nach Ablauf des Jahres der Gemeindeversammlung Rechnung abzulegen.

d. Der Vorstand beantragt bei der Gemeindeversammlung die etwa erforderlichen Gemeindesteuern oder sonstigen Leistungen der Gemeindeglieder, und sorgt für die Beitreibung der ersteren und die Ausführung der letzteren.

e. Der Vorstand vertritt die Gemeinde nach außen in allen Beziehungen, fertigt die Gemeindeurkunden aus und sorgt für die Aufbewahrung der vorhandenen Urkunden und Acten.

f. Der Vorstand hat außer dem Verzeichniß der Gemeindeangehörigen (Art. 8) ein besonderes Verzeichniß der stimmberechtigten Gemeindeglieder (Art. 12) zu führen. Ob auch ein Verzeichniß der Gemeindegrundstücke zu führen ist, bestimmt das Gemeindestatut.

Art. 19. Interessentschaften. Hinsichtlich der Verwaltung solcher Interessentschaften, welche mehr als eine Gemeinde oder nicht alle Mitglieder einer Gemeinde umfassen, gelten

1) soweit es sich um Ausführung der in den Art. 4 und 5 erwähnten Verpflichtungen handelt, die Vorschriften des folgenden Art. 20,

2) für das Deichwesen und die Schleusenangelegenheiten in den Marschgemeinden die bestehenden oder noch zu erlassenden Deich- und Schleusenordnungen,

3) für Gemeindeländereien, deren Benutzung nur gewissen Grundeigenthümern als ausschließliche Berechtigung zusteht, die Localstatuten mit der Beschränkung, daß bei Beschlüssen über diese Ländereien nur die Berechtigten oder von ihnen besonders gewählte Vertreter eine Stimme haben.

Brandversicherungsgilden, Sterbe- und Krankenladen, Vieh- oder Hagelversicherungskassen und ähnliche Anstalten, welche nicht der Gemeinde als solcher angehören, fallen überall nicht unter die Bestimmungen der Gemeindeordnung.

Art. 20. Gemeinschaftliche Angelegenheiten mehrerer Gemeinden. Für Angelegenheiten, bei welchen mehrere Gemeinden zusammen betheiligt sind, wie namentlich bei gemeinschaftlichen Schulen, gemeinschaftlichen Armenkassen, milden Stiftungen u. s. w., werden durch die betreffenden Gemeindevorstände besondere Schulordnungen, Armenordnungen u. s. w. festgestellt, welche der Genehmigung der betheiligten Gemeindeversammlungen und des Landherrn bedürfen. Für diese Regulative sind namentlich die folgenden Bestimmungen zu berücksichtigen:

a. Bei der Verwaltung der gemeinschaftlichen Anstalt müssen sämmtliche betheiligte Gemeindevorstände durch eine, in Ermangelung einer Verständigung vom Landherrn zu bestimmende, Anzahl von Delegirten vertreten sein, welche sich nach der Beitragsquote der einzelnen Ortschaften zu der gemeinschaftlichen Anstalt, oder nach der Bewohnerzahl der betheiligten Gemeinden zu richten hat.

b. Wird die so gebildete Versammlung z. B. wegen der großen Anzahl der Gemeinden zu zahlreich, so ist durch die Wahl eines Ausschusses oder eines Vorstandes, durch Vertheilung der Geschäfte unter verschiedene Mitglieder, durch ein Abwechseln der Mitglieder in turno, oder sonst, für möglichst einfache und schleunige Erledigung der Geschäfte zu sorgen.

c. Die Versammlungen der Delegirten fassen ihre Beschlüsse durch Majorität. Findet sich eine der betheiligten Gemeinden durch solche Beschlüsse verletzt, so steht ihr eine Beschwerde bei dem Landherrn zu, welcher, mit Vorbehalt der Berufung an den Senat, entscheidet.

d. Das Regulativ wird bestimmen, ob und in welchen anderen Fällen die Beschlüsse der Versammlung noch der Bestätigung des Landherrn bedürfen. Jedenfalls sind die Jahresrechnungen den einzelnen Gemeindeversammlungen und dem Landherrn vorzulegen.

In der Landherrenschaft Ritzebüttel wird für die, den sämmtlichen Gemeinden derselben gemeinschaftlichen Angelegenheiten eine Landesversammlung eingesetzt, welche nach Maaßgabe der Anlage B aus 12 Mitgliedern besteht und an die Stelle der gegenwärtigen Landesversammlung tritt.

Art. 21. Annahme von Gemeindeämtern. Jeder zu einem Gemeindeamte oder zum Gemeindevertreter gewählte Gemeindeangehörige ist zur Annahme der Wahl verpflichtet, falls er nicht — — [folgen die üblichen Befreiungsgründe]. Wer ohne befreiet zu sein, sich den ihm obliegenden Pflichten entzieht, hat während der Zeit, für welche er gewählt worden, an die Gemeindekasse statt der einfachen dreifache Gemeindesteuern zu entrichten.

Art. 22. Protokollführung. Ueber alle Beschlüsse der Gemeindeversammlung, des Gemeindevorstandes, der Commissionen und der Delegirten ist ein ordnungsmäßiges Protokoll zu führen. Das Protokoll der Gemeindeversammlung ist dem Landherrn jedesmal innerhalb 3 Tagen nach der Sitzung abschriftlich mitzutheilen. Die übrigen Protokolle sind dem Landherrn jederzeit auf sein Verlangen vorzulegen.

Mit der Protokollführung ist, wenn der Landherr und die Gemeindeversammlung es für nothwendig befindet, ein Protokollführer zu beauftragen, welchem aus Gemeindemitteln eine Vergütung zu gewähren ist. Derselbe braucht nicht Angehöriger der Gemeinde zu sein, kann für mehrere Gemeinden zugleich mit der Protokollführung beauftragt werden und ist vom Landherrn zu beeidigen.

IV. Von der Oberaufsicht der Staatsbehörden.

Art. 23. Senat und Landherr. Der Senat führt die Oberaufsicht über die Verwaltung der Landgemeinden nach Maaßgabe dieses Gesetzes durch die den Landherrenschaften vorgesetzten Senatsmitglieder (Landherren). [Vergl. S. 114.]

Jedem Landherrn ist ein vom Staate besoldetes Beamtenpersonal beigegeben.

Art. 24. Competenz des Landherrn. Die Landherren haben darüber zu wachen, daß durch die Verwaltung der Gemeinden keine Bestimmung eines allgemeinen Gesetzes übertreten oder verletzt, das Interesse des Staates und anderer Gemeinden nicht gefährdet, und die Rechte einzelner Klassen einer Gemeinde nicht beinträchtigt werden. Sie sind deswegen befugt, von allen Verhandlungen der Gemeinde Einsicht zu nehmen und gegen Beschlüsse derselben Namens des Staates Einspruch zu erheben.

Den Landherren liegt es ob, in den ihnen zugetheilten Gebieten die Gesetze des Staates, die Verordnungen der Staatsregierung und die Erkenntnisse der Gerichte, soweit die Vollziehung der letzteren nicht nach der Strafproceßordnung (§ 281) anderen Behörden übertragen ist, zur Ausführung zu bringen.

Die Landherren haben ferner über die genaue und rechtzeitige Erfüllung der nach Art. 4 den Landgemeinden und nach Art. 18 den Gemeindevorständen obliegenden Verpflichtungen zu wachen und im Falle der Weigerung oder des Versäumnisses die zur zwangsweisen Ausführung nöthigen Anordnungen im Verwaltungswege zu treffen.

Sie verwenden zu diesem Behufe das ihnen beigegebene Beamtenpersonal, und haben ebenfalls die Vorstände der einzelnen Gemeinden ihre desfallsigen Aufträge auszurichten.

Art. 25. Beschwerde über Verfügungen. Gegen alle Erlasse und Verfügungen des Landherrn ist den Betheiligten die Beschwerde an den Senat gestattet.

Der Landherr für das Amt Ritzebüttel wird durch den dortigen Amtsverwalter nach Maaßgabe der bestehenden besonderen Gesetze vertreten, und sind Beschwerden über Verfügungen des Letzteren zunächst bei dem Landherrn anzubringen.

Transitorische Bestimmungen. — — —

Anlage A zu Art. 2. Verzeichniß der Gemeinden, auf welche bis auf Weiteres die Gültigkeit der Hamburgischen Landgemeindeordnung sich erstreckt.

I. Aus der Landherrenschaft der Geestlande: Groß Borstel, Alsterdorf, Ohlsdorf, Fuhlsbüttel, Klein Borstel und Struckholt, Langenhorn, Farmsen mit Berne, Volksdorf, Wohldorf und Ohlstedt, Groß Hansdorf und Schmalenbeck.

II. Aus der Landherrenschaft der Marschlande: Billwärder an der Bille, Moorfleth, Allermöhe (einschließlich des Districts bei der Bergedorfer Schleuse), Reitbrook, ausschließlich des Districts bei der Bergedorfer Schleuse, Ochsenwärder, Spadenland, Tatenberg, Moorwärder, (Krauel), Moorburg, Finkenwärder.

III. Aus dem Amte Ritzebüttel: Flecken Ritzebüttel, Flecken Cuxhaven, Groden mit Abschnede, Döse, Wester- und Süderwisch, Stickenbüttel, Sahlenburg, Duhnen, Holte und Spangen, Behrensch und Arensch, Gudendorf, Oxsted [Oxstedt], Neuwerk.

[Durch Gesetz vom 30. Dezember 1872 kamen die Gemeinden der Landherrenschaft Bergedorf hinzu, welcher zugleich die Marschgemeinde Krauel (Ost-) zugetheilt wurde; vergl. S. 114.]

Anlage B. Zusammensetzung der Landesversammlung in Ritzebüttel. — — — (s. S. 113).

Diejenigen Gemeindeversammlungen, welche zusammen einen Deputirten wählen, haben sich über die Art der Wahl zu verständigen, in Ermangelung einer Verständigung aber nähere Bestimmung des Senats zu gewärtigen.

Die Deputirten werden auf 5 Jahre gewählt, jährlich treten die beiden ältesten aus, sind aber wieder wählbar. — Transitorisch wird während der 4 ersten Jahre durch das Loos bestimmt, wer auszutreten habe.

Da die den Schultheißen bis auf Weiteres noch verbleibenden Functionen sich auf die Kirchenverfassung, auf die Deich- und Schleusenverbände und zum Theil auch auf Wege und Wasserläufe, soweit diese nicht zu einzelnen Gemeinden gehören, beziehen, so wird bei etwaigen neuen Gesetzen über diese Gegenstände eventuell auf Ersetzung der Schultheißen in der Landesversammlung Bedacht zu nehmen sein.

Anlage C. Transitorische Bestimmungen, betreffend die Bildung der (nach § 3) zur Feststellung der Gemeindestatuten zu berufenden Versammlungen. — — —

Gegeben in der Versammlung des Senats, Hamburg, den 12. Juni 1871.

---

5. Gesetz vom 7. November 1864, betreffend die Staatsangehörigkeit und das Bürgerrecht*).

Ausfertigung. — — —

§§ 1 bis 4 (Erwerb und Verlust des Heimathsrechts) sind aufgehoben durch Bundesgesetz vom 1. Juni 1870.

§ 5. Jeder volljährige Staatsangehörige ist zum Erwerbe des Bürgerrechts, gegen Erfüllung der gesetzlichen Bedingungen (§ 10) berechtigt, sofern nicht derselbe in Folge strafrichterlichen Urtheils unter polizeilicher Aufsicht steht oder ein entehrendes Gewerbe betreibt.

§ 6. Zur Betreibung eines selbständigen Geschäfts und zur Schließung einer Ehe ist der Erwerb des Bürgerrechts nicht erforderlich.

Alle Nichtbürger sowie Frauenzimmer, welchen letzteren das Bürgerrecht nicht mehr ertheilt wird, haben die Erklärungen, welche gesetzlicher Vorschrift zufolge auf „Bürger-Eid“ erfordert werden, „an Eides Statt“ abzugeben.

---

*) In Betracht kommen hierbei noch die älteren Gesetze: Revidirte Verordnung über das Heimathsrecht vom 20. Februar 1843, Verordnung über das Hamburgische Bürgerrecht vom 23. Oktober 1845 und Regulativ in Betreff der Zulassung fremder Israeliten in Hamburg vom 23. Januar 1854.

Zur Schutzverwandtschaft findet eine Zulassung künftig nicht statt*).

§ 7. [Aufgehoben durch Art. 3 der Reichsverfassung.]

§ 8. Verpflichtet zum Erwerbe des Bürgerrechts ist jeder nach § 5 dazu berechtigte volljährige Staatsangehörige, welcher vom Vermögen oder von einem jährlich Crt.-Mark 3000 oder mehr betragenden Einkommen besteuert ist. [Ein Zwang oder eine Bestrafung ist jedoch unstatthaft.]

Ausgenommen von dieser Verpflichtung sind Geistliche und Militärpersonen.

§ 9. Das Bürgerrecht sowie die Staatsangehörigkeit, sofern diese besonders nachgesucht wird, werden für die Stadt, für die Vorstädte und für das Landgebiet von der Weddebehörde [jetzt: Aufsichtsbehörde für die Standesämter], für das Amt Ritzebüttel von dem dortigen Amtsverwalter ertheilt.

Ein Unterschied zwischen Stadt- und Landbürgerrecht findet nicht statt.

§ 10. Staatsangehörige, welche das Bürgerrecht nachsuchen, haben, abgesehen von den Bestimmungen der (zu erlassenden) Gemeindeordnung, sich bei der Aufnahmebehörde auszuweisen:

a. über ihre Staatsangehörigkeit;

b. über ihr volljähriges Alter, oder darüber, daß sie von der zuständigen Behörde für volljährig erklärt worden sind;

c. darüber, daß ihrer Zulassung in Beziehung auf ihre Militärpflicht nichts im Wege steht.

§ 11. Fremde, welche die hiesige Staatsangehörigkeit oder das hiesige Bürgerrecht nachsuchen, haben jeden abseiten der Aufnahmebehörde von ihnen erforderten Ausweis über ihre persönlichen Verhältnisse zu ertheilen.

Namentlich haben dieselben nachzuweisen:

a. daß sie mindestens 5 Jahre ununterbrochen im Hamburgischen Staate wohnen und ein ausreichendes Einkommen haben;

b. daß sie das durch das hiesige Gesetz bestimmte Volljährigkeitsalter erreicht haben;

c. daß sie aus dem Staatsverbande, dem sie bisher angehörig gewesen, entlassen sind, oder die Zusicherung ihrer Entlassung aus demselben für den Fall ihrer hiesigen Aufnahme erhalten haben. [Dürfte mit den Reichsgesetzen nicht mehr vereinbar sein.]

Die Namen der um ihre Aufnahme nachsuchenden Fremden werden im Amtsblatte bekannt gemacht. Zwischen dieser Bekanntmachung und der Zulassungsverfügung müssen 14 Tage in der Mitte liegen.

Dem Senat steht die Befugniß zu, von den sub a und c verlangten Nachweisen sowie von der Bekanntmachung im Amtsblatte zu dispensiren. [Geschieht generell: erst die Namen der Aufgenommenen werden bekannt gemacht.]

§ 12. Die zum Bürgerrecht zugelassenen Personen haben den durch das Gesetz [vom 28. September 1860] vorgeschriebenen Bürger-Eid vor dem Senate (in dringen-

---

*) Ein Gesetz vom 12. Mai 1884, betr. Ertheilung des Bürgerrechts an Schutzverwandte, bestimmt, daß den Schutzverwandten, welche das Bürgerrecht zu erwerben wünschen, nach geleistetem Bürgereid der Bürgerbrief je nach dem Betrage des bezahlten Schutzgeldes entweder kostenfrei oder zu einer entsprechend ermäßigten Summe ausgehändigt werde.

den Fällen vor dem Weddeherrn — aufgehoben durch Gesetz vom 17. November 1865) abzuleisten.

In Ritzebüttel geschieht die Beeidigung durch den Amtsverwalter.

§ 13. Das Bürgerrecht geht verloren:

a. durch das Aufhören der Staatsangehörigkeit;

b. durch rechtskräftiges Erkenntniß der zuständigen Gerichtsbehörde, welches das Bürgerrecht als nicht rechtsgültig erworben annullirt.

§§ 14 und 15 sind aufgehoben durch § 15 ff. des Bundesgesetzes vom 1. Juni 1870.

§ 16. Gegen alle von den Aufnahmebehörden auf Grund dieses Gesetzes getroffenen Verfügungen ist eine Beschwerdeführung beim Senate gestattet.

§ 17. Für die Erwerbung der Staatsangehörigkeit sind von Nicht-Staatsangehörigen, außer einer Stempelabgabe von 15 Crt.-Mk. für den Heimathsschein, zu entrichten Crt.-Mk. 60. [Findet nur auf Ausländer Anwendung.]

Fremde, welche durch Legitimation, Adoption, Verheirathung, durch ihre Eltern oder durch eine Anstellung (in Gemäßheit § 2) das Heimathsrecht erwerben, erhalten damit das Heimathsrecht kostenfrei.

Bei Erwerbung des Bürgerrechts ist in allen Fällen, gleichviel, ob die Staatsangehörigkeit vorher durch gesetzliche Bestimmung erworben oder auf Nachsuchung ertheilt war, oder ob sie zugleich mit dem Bürgerrecht erlangt wird, eine Stempelabgabe von 25 Crt.-Mk. [30 Mk.] für den Bürgerbrief zu entrichten.

Transitorische Bestimmungen. — — —.

---

6. Gesetz über die Organisation der Verwaltung.

Auf Befehl E. H. Senats der freien und Hansestadt Hamburg publicirt den 15. Juni 1863.

Inhalt. — — —. Ausfertigung. — — —.

Allgemeine Bestimmungen.

§ 1. Abtheilungen. Die Staatsverwaltung zerfällt in folgende Abtheilungen: I. Finanzen. II. Handel und Gewerbe. III. Bauwesen. IV. Militärwesen. V. Unterrichtswesen. VI. Justizwesen. VII. Polizei und andere innere Angelegenheiten. VIII. Oeffentliche Wohlthätigkeit. IX. Auswärtige Angelegenheiten. [Jetzt zehn.]

§ 2. Behörden. Für folgende Zweige der Staatsverwaltung bestehen aus Senats-Mitgliedern und bürgerlichen Mitgliedern zusammengesetzte Behörden:

Finanzen.

1) Die Finanzdeputation. 2) Die Deputation für directe Steuern (Steuer-Deputation). 3) Die Deputation für indirecte Steuern und Abgaben. 4) Die

---

Erläuterung: Das gegenwärtig Zutreffende ist in eckige Klammern gesetzt.

Deputation für die Pensionskasse der Wittwen und Waisen der Beamten und Officianten [heißt jetzt: Pensionskassedeputation].

Handel und Gewerbe.

1) Die Deputation für Handel und Schiffahrt. 2) Die Deputation für das Post-, Eisenbahn- und Telegraphenwesen. 3) Die Bankdeputation. 4) Die Theerhofsdeputation. [Nr. 2, 3 und 4 sind aufgehoben, neu errichtet wurden: Die Commission für die Münzstätte, 1877. — Die Aufsichtsbehörde für die Innungen, 1882.]

Bauwesen.

Die Baudeputation.

Militärwesen.

1) Die Militärdeputation. 2) Die Bürgermilitärdeputation. [Beide aufgehoben. Die jetzige Militärcommission des Senats, 1867, besteht nur aus (3) Mitgliedern des Senats.]

Unterrichtswesen.

Die (interimistische) Oberschulbehörde [1871]. [Verwaltung der Allgemeinen Gewerbeschule und der Schule für Bauhandwerker, 1864. — Commission für die Verwaltung der Kunsthalle.]

Polizeiliche und sonstige innere Angelegenheiten*).

1) Die Feuerkassendeputation. 2) Die Auswandererdeputation [Behörde für das Auswandererwesen, 1887]. 3) Die Gefängnißdeputation. 4) Der Gesundheitrath [das Medicinalcollegium, 1871]. 5) Die Polizeiwachedeputation [1875 aufgehoben]. 6. Die Todtenladendeputation. [Deputation für das Feuerlöschwesen, 1868. — Behörde für Zwangserziehung, 1887. — Schlachthofdeputation, 1891. — Behörde für Krankenversicherung, 1884. — Friedhofsdeputation, 1882.]

Oeffentliche Wohlthätigkeit.

1) Das Krankenhauscollegium. 2) Das Waisenhauscollegium. 3) Das Armencollegium [1892 reorganisirt und für das ganze städtische Gebiet zuständig geworden].

Zur Wahrnehmung der Justizangelegenheiten, soweit dieselben Gegenstand der Regierung und Verwaltung sind, einschließlich des Zehntenamts [Erbschaftsamts], des Hypothekenwesens und des Executionsbureaus [Gerichtsvollzieheramts] wird der Senat eines oder mehrere seiner Mitglieder beauftragen.

Zur Vorberathung der auswärtigen Angelegenheiten wird der Senat aus seiner Mitte eine Commssion ernennen, welche bei Handel und Schiffahrt betreffenden Berathungen zwei von der Handelskammer zu delegirende Mitglieder derselben zu ihren Sitzungen hinzuziehen wird. [Aufgehoben durch Art. 22 der Verf.]

Die [dem Staate zustehende] Oberaufsicht über die [bürgerlichen und] religiösen Gemeinden übt der Senat in Gemäßheit Art. 23 der Ver-

*) In der Aufsichtsbehörde für die Standesämter (1875) befinden sich keine bürgerlichen Mitglieder.

fassung aus. Namentlich gehen auch die Functionen der zu den Kirchenangelegenheiten der christlichen, nicht lutherischen Religionsverwandten verordneten Deputation, soweit sie nicht durch den Art. 110 der Verfassung [Art. 5 und 96 der Verf. v. 1879] aufgehoben sind, auf den Senat über, der dieselben durch die von ihm zu delegirenden Mitglieder ausüben wird. Das Verhältniß des Senates zur evangelisch-lutherischen Kirche bleibt in Gemäßheit Nr. 8 des Rath- und Bürgerschlusses vom 11. August 1859 bis auf Weiteres unverändert.

§ 3. [Aufgehoben bezw. ersetzt durch Art. 79 der Verfassung.]

§ 4. Deputationsmitglieder. [Vergl. Art. 52 und 81 der Verfassung.]

Die öffentliche Bekanntmachung der erfolgten Wahl geschieht durch den Senat.

Die regelmäßigen Neuwahlen finden vor Jahresschluß Statt, so daß mit Anfang des Jahres die neu gewählten Mitglieder an die Stelle der ausscheidenden treten.

§ 5. Ausgeschlossen von der Wählbarkeit zum Mitgliede einer Deputation sind Alle, welche zur Bürgerschaft nicht wählbar sind, sowie die rechtsgelehrten Richter. Ein Mitglied, welches seine Wählbarkeit zur Bürgerschaft verliert, muß aus der Deputation ausscheiden. [Art. 82 und 83 Abs. 2 der Verfassung.]

§ 6. [Ersetzt durch Art. 83 Abs. 1 der Verfassung.]

§ 7. [Art. 84, Satz 1 der Verfassung.]

§ 8. [Art. 84, Satz 2 der Verfassung.]

Es kommen hiebei folgende nähere Bestimmungen zur Anwendung:

1) Wer in die Finanzdeputation (oder in das Obergericht) gewählt wird, ist aus jeder anderen Deputation (und aus jedem anderen Gerichte) auszutreten verpflichtet.

2) Mitglieder der Finanzdeputation können in keine andere Deputation (und in kein Gericht) gewählt werden.

3) (Mitglieder des Obergerichts können in kein anderes Gericht und in keine Deputation gewählt werden;) Mitglieder anderer Gerichte in keine Deputation.

4) Die Mitglieder (der Gerichte und) Deputationen sind nicht berechtigt, wegen einer auf sie fallenden Wahl (in ein anderes Gericht oder) eine andere Deputation als in (das Obergericht oder) die Finanzdeputation aus ihrer bisherigen Wirksamkeit auszuscheiden.

Schätzungsbürger und Geschworene sind nicht als Deputations- oder Gerichts-Mitglieder zu betrachten.

§ 9. Wenn ein Mitglied vor Ablauf der gesetzlichen Zeit aus der Deputation scheidet, und in Folge dessen eine außerordentliche Wahl stattfindet, so wird die Amtsdauer der nach ihm gewählten Mitglieder, sowie des an seine Stelle gewählten so weit abgekürzt, daß immer nach den durch das Gesetz bestimmten Zeiträumen die vorgeschriebene Neuwahl Statt findet.

§ 10. Die bürgerlichen Mitglieder der Deputation bekleiden ihr Amt unentgeltlich.

§ 11. Geschäftsordnung der Deputationen. Jede Deputation kann für einzelne Zweige ihrer Verwaltungsthätigkeit Sectionen aus ihrer Mitte bilden.

Die so gebildeten Sectionen verwalten selbständig die ihnen von der Deputation zugewiesenen Geschäfte.

Die Mitglieder der einzelnen Sectionen können jederzeit auf Beschluß der Deputation durch andere ersetzt werden.

Regelmäßig findet eine Neuwahl der Mitglieder der einzelnen Sectionen am Anfange eines jeden Verwaltungsjahres Statt; die abtretenden Mitglieder sind bei dieser Neuwahl stets wieder wählbar.

§ 12. [Art. 85 der Verfassung.]

§ 13. Jede Deputation bestimmt die Zahl und Zeit ihrer Sitzungen. Der Vorsitzende einer Deputation oder Section ist berechtigt, zu jeder Zeit eine außerordentliche Sitzung anzuberaumen; auf Verlangen von wenigstens der Hälfte der nicht zum Senate gehörenden Mitglieder ist derselbe dazu verpflichtet.

Jede Deputation ist verpflichtet, über ihre Verhandlungen und Beschlüsse ein Protokoll zu führen.

Abgesehen von insbesondere getroffenen Bestimmungen, bleibt es den Deputationen überlassen, ihre höheren Beamten an ihren Berathungen Theil nehmen zu lassen.

§ 14. Zur Fassung eines gültigen Beschlusses ist die Gegenwart von wenigstens der Hälfte der bürgerlichen Mitglieder der Deputation, beziehungsweise der einzelnen Section oder Commission erforderlich; für die Deputation bedarf es außerdem der Gegenwart mindestens eines Senatsmitgliedes, für die Sectionen der Gegenwart eines Senators oder Syndicus oder Secretärs, falls ein solcher dazu gehört.

Der Vorsitzende hat im Fall seiner Behinderung thunlichst für seine Vertretung zu sorgen.

§ 15. Die Beschlüsse werden mit absoluter Stimmenmehrheit der anwesenden Mitglieder gefaßt. Der Minorität steht es zu, ihre Ansichten zu Protokoll zu geben und bei Vorschlägen oder Berichten an den Senat dieselben besonders zu motiviren.

Bei Stimmengleichheit entscheidet, wenn nicht die Geschäftsordnung der Deputation für einen solchen Fall Vorschriften enthält, oder im einzelnen Falle eine anderweitige Verständigung gefunden wird, der Senat, dem der Vorsitzende zu dem Ende die Sache vorzulegen hat.

Der Vorsitzende einer Deputation ist verpflichtet, gegen einen Beschluß, welcher nach seiner Ansicht der Verfassung oder einem Gesetz zuwiderläuft, oder eine Ueberschreitung der verfassungsmäßigen Geldbewilligungen veranlassen würde, Einspruch zu thun, und die Sache dem Senate vorzulegen, welcher Letztere sodann über das erhobene Bedenken entscheidet, unbeschadet der Befugniß der Deputation, die Sache zur etwaigen Einleitung des im Art. 60 der Verfassung unter 5 bezeichneten Verfahrens dem Bürgerausschuß vorzulegen. [Vergl. Art. 86 und 87 der Verfassung, s. auch Wolffson.]

§ 16. Beschwerden. [Ersetzt durch Art. 88 und 89 der Verfassung.]

§ 17. Finanzielle Bestimmungen. Der Vorstand einer jeden Verwaltungsabtheilung hat die Specialbudgets derselben für das folgende, sowie die Jahresabrechnungen für das verflossene Jahr, nachdem sie betreffenden Falls von den beikommenden Deputationen oder Gerichten genehmigt und von dem Vorsitzenden und einem anderen Mitgliede dieser Deputationen oder Gerichte unterzeichnet sind, jene im Laufe des Monats Juli, diese bis zu einem vom Senate für jede einzelne Behörde festzustellenden Zeitpunkte dem Senate einzuliefern. Der Senat überweist dieselben an die Finanzdeputation, welche sodann dem Senate den Entwurf des Generalbudgets vor Ende Septembers des dem Budgetjahr vorhergehenden, und die Generalabrechnung vor Ende März des zweiten, auf das Budgetjahr folgenden Jahres einzureichen hat. Sobald dem Senat die Generalabrechnung übergeben ist, legt er dieselbe der Bürgerschaft in Gemäßheit Art. 63 der Verfassung zur Prüfung vor. Mit der Generalabrechnung übergiebt die Finanzdeputation dem Senat gleichfalls zur Mittheilung an die Bürgerschaft eine ungefähre Schätzung des Gesammtergebnisses der budgetmäßigen Einnahmen und Ausgaben des letztverflossenen Rechnungsjahrs.

Nachbewilligungen zum Budget werden in jeder Beziehung so behandelt, als ob sie schon mit dem Budget selbst bewilligt wären.

Hinsichtlich solcher Ausgaben, welche außerhalb des Budgets bewilligt sind, hat der Vorstand der betreffenden Verwaltungsabtheilung am Schlusse des Jahres, in dem die Verwendung vollständig stattgefunden hat, eine Generalabrechnung, bis dahin aber alljährlich Bericht über die bisherigen Verwendungen der von ihm zu ertheilenden Jahresabrechnung hinzuzufügen. [Vergl. Art. 62, 63 und 91 der Verfassung.]

§ 18. Mit der Verwendung einer im Budget bewilligten Ausgabe muß spätestens bis zum 30. Juni des auf das Budgetjahr folgenden Jahres begonnen werden, widrigenfalls die Bewilligung erlischt.

§ 19. Anweisungen einer Deputation oder eines Gerichtes auf die Finanzdeputation sind von dem Präses und einem Mitgliede, welches die Deputation oder das Gericht der Finanzbehörde namhaft macht, Anweisungen solcher Verwaltungsbehörden, welche nicht aus Deputationen bestehen, von dem Chef derselben, zu unterzeichnen, und müssen diejenige Rubrik des verfassungsmäßig genehmigten Budgets oder diejenige anderweitige verfassungsmäßige Bewilligung angeben, auf welche der zu erhebende Betrag zu verrechnen ist.

Auf eine Anweisung, welche diesen Erfordernissen nicht entspricht, darf die Finanzdeputation keine Zahlung leisten.

Ebensowenig darf sie auf eine Rubrik des Budgets oder eine anderweitige verfassungsmäßige Bewilligung mehr als die bewilligte Summe auszahlen. [Ergänzt durch Art. 92 der Verfassung.]

§ 20. Die Verwaltungsbehörden oder Gerichte dürfen die von ihnen aus der Hauptstaatskasse erhobenen Summen nur für diejenigen Zwecke verwenden, für welche sie erhoben sind. Der etwaige Minderverbrauch in speciellen Rubriken fällt an die Hauptstaatskasse zurück; zu einer beabsichtigten Mehrverwendung für specielle Rubriken ist ausdrückliche Nachbewilligung (Art. 60 Nr. 1 und Art. 62 der Verfassung) erforderlich.

§ 21. Die Gerichte und Verwaltungsbehörden haben die ihnen für die Staatskasse eingehenden Beträge in dem vom Senat zu bestimmenden Terminen, jedoch mindestens alle drei Monate, an die Finanzdeputation mit Specification abzuliefern. Die Deputationen für die directen und indirecten Steuern haben die eingehenden Gelder mindestens zweimal wöchentlich abzuliefern, und monatlich eine specificirte Rechnung zu geben.

§ 22. Diejenigen Deputationen und Gerichte, welche eine Kasse führen, haben die Revision derselben mindestens alle drei Monate durch zwei ihrer Mitglieder vorzunehmen.

Bei denjenigen Deputationen, in welchen sich bürgerliche Mitglieder der Finanzdeputation befinden, liegt es den letzteren ob, dafür Sorge zu tragen, daß die Buchführung derjenigen der Hauptstaatskasse möglichst entsprechend eingerichtet werde.

Alle Beamte, welche eine Kasse zu führen haben, sind zur Bestellung einer angemessenen Caution zu verpflichten, und ist darauf zu achten, daß dieselben, so viel thunlich, zur Zeit keine größere Summe in Händen haben, als ihre Caution beträgt.

§ 23. Alle die Staatskasse verbindlich machenden Contracte sind von der Finanzdeputation abzuschließen. Bei öffentlichen Submissionen hat sie die Ausschreibung der Bedingungen auf Grund der ihr von den betreffenden Verwaltungsbehörden zu machenden Vorlagen festzustellen und über den Zuschlag nach Berathung mit denselben Behörden zu entscheiden.

§ 24. Kein Mitglied der Finanzdeputation kann, während es diese Function bekleidet, der Deputation gegenüber eine Bürgschaft übernehmen; desgleichen kein Mitglied einer Deputation (oder Gerichtsbehörde), zu deren Verwaltungsressort die zu verbürgende Verpflichtung gehört. Eine vor der Wahl in die Deputation (oder Gerichtsbehörde) übernommene Bürgschaft hindert zwar die Wählbarkeit nicht, kann aber, wenn sie während der Dauer der Function abläuft, nicht prolongirt werden.

§ 25. Competenz. Hinsichtlich des Wirkungskreises der sämmtlichen Behörden, sowie hinsichtlich der Wahlart der Beamten, bleiben, soweit dieses Gesetz nicht andere Bestimmungen enthält, die bisher bestehenden Gesetze, Verordnungen und Einrichtungen in Kraft.

§ 26. Abgesehen von den desfallsigen, dem Senate verfassungsmäßig zustehenden Befugnissen sind auch die Verwaltungsbehörden berechtigt, soweit es im Interesse ihrer Verwaltung und namentlich zur Nachachtung des betheiligten Publicums erforderlich ist, durch öffentliche Bekanntmachungen

a. die Vorschriften bestehender, sich auf ihren Geschäftskreis beziehender Gesetze in Erinnerung zu bringen, oder die Voraussetzungen der Anwendbarkeit solcher Gesetze für vorhanden zu erklären, und

b. die für die Ausführung der ihren Geschäftskreis betreffenden Gesetze, für die Handhabung ihrer Geschäfte und für die Aufrechterhaltung der Ordnung in Bezug auf die, ihrer Aufsicht übergebenen Angelegenheiten und Gegenstände erforderlichen Anordnungen zu treffen, insofern dieselben den bestehenden Gesetzen nicht widerstreiten.

Außerdem sind die mit der Verwaltung der Polizei beauftragten Behörden befugt, öffentliche Bekanntmachungen zu erlassen, durch welche sie

1) das Verbot solcher Handlungen, welche, ohne durch ein Gesetz ausdrücklich verboten zu sein, nach bestehendem Recht als unerlaubt zu betrachten sind, für bestimmte Arten von Contraventionen unter Androhung einer Geldstrafe bis zu 12 Thalern einschärfen;

2) die zur Regelung des Betriebes in den unter polizeiliche Aufsicht gestellten Gewerben erforderlichen Anordnungen publiciren, und für die Uebertretungen solcher Anordnungen Strafen bis zu 6 Thalern androhen.

Zweifel über die Frage, ob die betreffende Verwaltungsbehörde in Gemäßheit der vorstehenden Bestimmungen zu einer von ihr erlassenen Anordnung befugt ist, sind — unbeschadet der Zulässigkeit eines gerichtlichen Verfahrens in Gemäßheit des Art. 89 der Verfassung — auf dem im Art. 60 unter 5 der Verfassung vorgeschriebenen Wege zu erledigen. Entsteht in Gemäßheit dieser Verfassungsbestimmung ein Dissens über eine der vorstehend unter 1) erwähnten Polizeiverordnungen, so ist dieselbe auf desfallsigen Beschluß der Bürgerschaft sofort außer Kraft zu setzen, vorbehältlich ihrer Wiederherstellung auf dem, für die Gesetzgebung verfassungsmäßig vorgeschriebenen Wege.

§ 27. Die Bestimmungen, welche dieses Gesetz über die Deputationen enthält, sind in gleichem Maße auch auf die übrigen im § 2 erwähnten Verwaltungsbehörden anwendbar, mit der Ausnahme jedoch, daß die rechtsgelehrten und nichtrechtsgelehrten Mitglieder der Gerichte in die Verwaltungscollegien der öffentlichen milden Stiftungen gewählt werden können.

Besondere Bestimmungen.

§ 28. Die Finanzdeputation besteht aus drei (zu der Verwaltungsabtheilung für die Finanzen gehörenden) [Gesetz vom 5. Dezember 1866] Senatsmitgliedern (unter denen der Vorstand dieser Abtheilung) und zehn von der Bürgerschaft gewählten Mitgliedern. Die letzteren werden auf getreue Amtsführung vor dem Senate beeidigt, und bekleiden ihr Amt zehn Jahre lang; jährlich tritt Einer derselben aus.

Der Finanzdeputation ist ein Secretär [seit 1886 zwei Secretäre] beigeordnet, der von der Deputation gewählt und vor dem Senate beeidigt wird.

§ 29. Die Finanzdeputation behält ihre bisherigen Functionen, soweit solche nicht vermöge dieses Gesetzes an andere Behörden übergehen, und übernimmt außerdem auch die Geschäfte der bisherigen Schulden-Administrationsdeputation, der bisherigen Lombardverwaltung und die Aufsicht über das Auctionariat.

§ 30. Von den bürgerlichen Mitgliedern der Finanzdeputation werden Eines in die Deputation für die Pensionskasse, Eines in die Deputation für directe Steuern, Zwei in die Deputation für indirecte Steuern und Abgaben, Eines in die Deputation für Handel und Schiffahrt (Eines in die Postdeputation, Eines in die Bankdeputation, Eines in die Theerhofsdeputation), Zwei in die Baudeputation, (Eines in die Militärdeputation, Eines in die Bürgermilitärdeputation), Zwei in die Feuerkassendeputation, Eines in die Gefängnißdeputation, Eines in das Krankenhauscollegium, Eines in das Waisenhauscollegium, Eines in das Armencollegium (und Eines in die Polizeiwachedeputation) delegirt, um in diesen Deputationen Sitz und Stimme zu haben.

Diejenigen bürgerlichen Mitglieder der Finanzdeputation, welche die Aufsicht über die Kasse führen, dürfen gleichzeitig in keiner anderen Deputation Sitz und Stimme haben, noch an den sonstigen der Finanzdeputation überwiesenen Verwaltungen Theil nehmen.

§ 31. Alle Verhandlungen zwischen dem Senate und der Finanzdeputation werden durch die Vermittelung des Präses der letzteren geführt, in der Form von Commissorien, welche demselben vom Senate einerseits und von der Finanzdeputation andererseits ertheilt werden. Jedoch können außerdem auch andere Mitglieder des Senats, um die Ansichten desselben mündlich zu entwickeln, wenn der Senat es verfügt oder wenn solches ihnen und der Finanzdeputation wünschenswerth erscheint, persönlich in der Sitzung der letzteren erscheinen.

§ 32. Für die Pensionskasse der Wittwen und Waisen der (Beamten und Officianten) [Angestellten] des Hamburgischen Staates wird eine besondere Deputation gebildet, welche aus einem Senatsmitgliede, einem bürgerlichen Mitgliede der Finanzdeputation (§ 30) und drei von der Bürgerschaft zu erwählenden Mitgliedern besteht. Die Letzteren verwalten ihr Amt drei Jahre lang; jährlich tritt Einer aus.

§ 33. Die Steuerdeputation besteht aus zwei Senatsmitgliedern (von denen wenigstens Eines Mitglied der Abtheilung für die Finanzen ist), einem bürgerlichen Mitgliede der Finanzdeputation (§ 30) und fünf von der Bürgerschaft zu erwählenden Mitgliedern, welche das Amt eines Schätzungsbürgers versehen haben oder versehen. Die fünf Steuerbürger [Deputationsmitglieder] bekleiden ihr Amt fünf Jahre lang; jährlich tritt Einer aus.

Die Steuerdeputation behält ihre bisherigen Functionen.

§ 34. [In der Fassung nach dem Gesetze vom 15. Juli 1874.] Zum Behuf der Schätzung der Steuerpflichtigen wird die innere Stadt in vier Steuerbezirke eingetheilt, die ehemalige Vorstadt St. Georg bildet den fünften, die Vorstadt St. Pauli den sechsten Bezirk. Für die Bezirke 1—4 werden je 12, für den fünften und sechsten Bezirk je 8 Schätzungsbürger, zusammen 64 Schätzungsbürger von der Bürgerschaft in der Weise gewählt, daß die Schätzungsbürger des betreffenden Districts für jede Wahl zwei Bürger vorschlagen, und die Steuerdeputation, unter Hinzufügung eines dritten, den Wahlaufsatz der Bürgerschaft vorlegt. Die Wahl der Schätzungsbürger erfolgt in derselben Weise, wie die Wahl der Deputationsmitglieder (§ 4), doch können auch mehrere Schätzungsbürger in einer Wahlhandlung gewählt werden. Die Schätzungsbürger bekleiden ihr Amt acht Jahre lang. Alljährlich treten diejenigen 8 aus, welche der Amtsdauer nach die ältesten sind. Wenn mehr Schätzungsbürger von gleicher Amtsdauer in Function sind, als die gesetzlich zum Austritt bestimmte Zahl, so ist die Reihenfolge des Austritts durch das Loos zu bestimmen.

In derselben Weise werden für jeden der Steuerbezirke des Landgebiets, sowie für die Steuerbezirke in Ritzebüttel und Bergedorf drei Schätzungsbürger gewählt, deren Zahl jedoch, wenn die Steuerdeputation es für erforderlich erachtet, bis auf sechs vermehrt werden kann. Dieselben bekleiden ihr Amt sechs Jahre lang; alle zwei Jahre tritt aus jedem District der Aelteste aus. Wenn sechs gewählt sind, treten alle zwei Jahre die beiden Aeltesten aus.

Zur Annahme der Wahl zum Schätzungsbürger sind Diejenigen nicht verpflichtet, welche bereits früher Schätzungsbürger gewesen sind, ingleichen nicht die Mitglieder des Bürgerausschusses, der Finanzdeputation (und des Obergerichtes).

Die Deputation hat die von den Schätzungsbürgern zu befolgende Geschäftsordnung festzustellen und über die Aufrechthaltung derselben zu wachen.

§ 35. Zu der Revision der Steuerrollen der Grundsteuer und der übrigen directen Steuern von Seiten der Steuerdeputation werden Revisionscommissionen gebildet, und deputirt der Senat zu jeder derselben eines seiner (zur Steuerdeputation gehörigen) Mitglieder, und die Steuerdeputation eines ihrer bürgerlichen Mitglieder und einen der älteren Schätzungsbürger, der jedoch zu den Schätzungsbürgern desjenigen Districtes, dessen Steuerrollen revidirt werden sollen, nicht gehören darf. Die betreffenden Schätzungsbürger aus demjenigen Districte, dessen Rolle revidirt wird, sind mit berathender Stimme hinzuzuziehen. [Vergl. § 9 des Grundsteuergesetzes vom 4. Juli 1881.]

§ 36. Reclamationen gegen die Ansätze der Grundsteuer werden nach Maaßgabe (der revidirten Verordnung der allgemeinen Grundsteuer vom 17. Dezember 1832) [§ 10 des eben genannten Gesetzes] bei der Steuerdeputation eingebracht. Für die Reclamationen gegen die Ansätze der übrigen directen Steuern können von der Steuerdeputation Ausschüsse gebildet werden, bestehend aus einem der vom Senate ernannten Mitglieder der Steuerdeputation, einem bürgerlichen Mitgliede derselben und einem Schätzungsbürger, welche an der Revision des betreffenden Falles keinen Theil genommen haben. Gegen die Verfügung des Reclamationsausschusses kann innerhalb acht Tagen eine Berufung an die Steuerdeputation eingelegt werden.

§ 37. Die Deputation für indirecte Steuern und Abgaben besteht aus drei vom Senate ernannten Mitgliedern desselben (von denen Eines zu der Abtheilung für die Finanzen gehört und Eines Mitglied der Deputation für Handel und Schiffahrt ist — nicht mehr erforderlich), aus zwei bürgerlichen Mitgliedern der Finanzdeputation (§ 30), zwei Commerzdeputirten [Mitgliedern der Handelskammer] (§ 42) und aus acht von der Bürgerschaft gewählten Mitgliedern. Die Letzteren bekleiden ihr Amt vier Jahre; jährlich treten zwei aus.

§ 38. Die Deputation für indirecte Steuern übernimmt die Geschäfte der bisherigen Zoll- und Accisedeputation, sowie der bisherigen Stempeldeputation. Die in derselben befindlichen Senatsmitglieder übernehmen, nach weiterer Bestimmung des Senats, die bisherigen Functionen des ersten Stempelherrn, der beiden Zollherren und der Mühlenherren.

§ 39. [Dieser § bis mit § 45 sind in der durch Gesetz vom 5. Dezember 1866 festgesetzten Fassung hier aufgenommen oder theilweise als nicht mehr zutreffend fortgelassen.] Die Deputation für Handel und Schiffahrt besteht aus zwei Mitgliedern des Senats, einem bürgerlichen Mitgliede der Finanzdeputation, zwei Mitgliedern der Handelskammer und drei von der Bürgerschaft auf drei Jahre gewählten Mitgliedern, von welchen jährlich eines austritt.

§ 40. Die Deputation für Handel und Schiffahrt übernimmt sämmtliche Geschäfte der bisherigen Schiffahrt- und Hafendeputation, soweit dieselben nicht den Strom-, Ufer- und Deichbau betreffen, namentlich also die Aufsicht über die Häfen (mit Ausschluß des Hafenbau- und Baggerwesens), das Loots-, Signal-, und Tonnenwesen, die Arsenale und was sonst zur Marine gehört, die Navigationsschule, das Dispachewesen und die Geschäfte der bisherigen Commission für die Schiffspapiere, ferner die Geschäfte der bisherigen Deputation zur Maklerordnung, der bisherigen Commission für Maaße und Gewichte, der Kornordnung und der Kempe, die Oberaufsicht über die öffentlichen Waagen, Krähne und Hebemaschinen, sowie die Verwaltung der Quais.

„Zur Wahrnehmung dieser Geschäfte constituirt die Deputation die erforderlichen Commissionen unter Zuziehung der geeigneten Sachverständigen, namentlich eine Commission für die Schiffspapiere." [Letztere ist gemäß Bekanntmachung vom 3. März 1873 aufgehoben, ihre Thätigkeit auf die Deputation selbst übergegangen.]

Die Senatsmitglieder dieser Deputation übernehmen die besonderen Functionen der beiden Kornherren und des Präsidis der bisherigen zweiten Section der Schiffahrt- und Hafendeputation (Hafenherrn).

§ 41. Die Deputation für Handel und Schiffahrt hat einen Secretär [seit

1891 zwei Secretäre]*), welcher verpflichtet ist, auch für die übrigen zu der Verwaltungsabtheilung für Handel und Gewerbe gehörenden Deputationen, falls dieselben es wünschen, als solcher zu fungiren.

Derselbe wird von dem Senate erwählt und vor demselben beeidigt. Er bezieht ein jährliches Gehalt von Crt. ℳ 6000. Dem Senate und ihm bleibt eine sechsmonatliche Kündigung vorbehalten. [Durch Disciplinar- und Pensionsgesetz von 1884 ungültig geworden.]

§ 42. Der Arsenal-Inspector[-Aufseher], der Commandeur und Loots-Inspector, (der Capitän der Zolljacht), der Wasserschout, die Hafenmeister und ihre Gehülfen, die Brückenmeister, soweit sie bisher unter der Schiffahrt- und Hafen-Deputation standen, und überhaupt sämmtliche übrige Marinebeamte gehen auf die Deputation für Handel und Schiffahrt über.

§ 43. Der von der Kaufmannschaft in bisheriger Weise erwählte Vorstand und Ausschuß derselben (Art. 93 der Verfassung) führt von jetzt an den Namen „Handelskammer".

Als Mitglieder der Handelskammer fungiren zunächst die sieben Commerzdeputirten — — —. [Abgeändert, ebenso § 44 und § 45 ersetzt durch Gesetz vom 23. Januar 1880, betr. die Handelskammer.]

§ 46. Die Deputation für Post-, Eisenbahn- und Telegraphenwesen ..... [Jetzt besteht nur noch ein Commissariat für Post- und Telegraphenangelegenheiten, s. S. 27.]

§ 47. Die Bankdeputation (bisher Bankcollegium) besteht aus zwei Senatsmitgliedern 2c. [Aufgehoben durch Gesetz vom 29. Januar 1877.]

§ 48. Die Theerhofsdeputation 2c. [Aufgehoben durch Gesetz vom 27. Dezember 1880.]

§ 49. Die Organisirung des Gewerbeausschusses (Art. 93 der Verfassung) bleibt vorbehalten. Bis auf Weiteres hat es bei den, in Bezug auf die Gewerbs- und Aemterangelegenheiten in polizeilicher und administrativer Beziehung geltenden Bestimmungen sein Bewenden. [Auf Grund des Gesetzes vom 18. Dezember 1872 wurde die Gewerbekammer errichtet.]

§ 50. Die Baudeputation besteht aus drei Mitgliedern des Senats (unter denen der Vorstand der Verwaltungsabtheilung für das Bauwesen), zwei bürgerlichen Mitgliedern der Finanzdeputation (§ 30) und acht von der Bürgerschaft auf acht Jahre gewählten Mitgliedern, von denen jährlich eines austritt.

(Für den Strom-, Ufer- und Deichbau in Cuxhaven und auf der Unterelbe ist auch der Amtmann von Ritzebüttel Mitglied dieser Deputation. [Aufgehoben durch das provisorische Gesetz vom 22. Juni 1864, betr. die veränderte Organisation im Amte Ritzebüttel.]

§ 51. Die Baudeputation übernimmt außer den sämmtlichen Geschäften der bisherigen Baudeputation auch die auf den Strom-, Ufer- und Deichbau und auf die Düpe bezüglichen Geschäfte der bisherigen Schiffahrt- und Hafendeputation einschließlich des Baggerwesens, ferner die Geschäfte der Stadt-Wasserkunstdeputation.

---

*) Auch bei einer Anzahl anderer Deputationen und Verwaltungsabtheilungen sind Secretäre angestellt, vergl. S. 72 ff.

Hinsichtlich der baupolizeilichen Behörden und Einrichtungen behalten bis auf Weiteres die jetzigen Bestimmungen ihre Gültigkeit.

§ 52. Zu der Verwaltung der Stadtwasserkunst werden zwei von der Feuerkassendeputation delegirte Mitglieder (§ 62) und für die Zeit bis zum Jahre 1869 zwei durch die Bürgerschaft zu erwählende Interessenten der ehemaligen vereinigten Wasserkünste hinzugezogen.

§ 53. Die Beamten der bisherigen Baudeputation und Stadt-Wasserkunstdeputation, die Baubeamten und die beim Baggerwesen angestellten Beamten der Schiffahrt- und Hafendeputation gehen auf die neue Baudeputation über.

Die den verschiedenen Geschäftszweigen der Deputation vorstehenden höheren Beamten nehmen an den Sitzungen der Deputation und der Abtheilungen mit berathender Stimme Theil.

§§ 54, 55, 56 und 57. Die **Militärdeputation** rc. [Aufgehoben durch den Militärvertrag mit Preußen vom 21. August 1867.]

§ 58. Die definitive Bildung der Oberschulbehörde bleibt vorbehalten bis zur Regelung des Unterrichtswesens.

Bis dahin verbleibt es bei den am 7. Februar 1862 publicirten übereinstimmenden Beschlüssen von Senat und Bürgerschaft, betr. die Einsetzung einer interimistischen Oberschulbehörde. [Unterrichtsgesetz vom 11. November 1870 und weitere Gesetze, betr. die Oberschulbehörde.]

§ 59. **Polizeibehörde.** Zu der Verwaltungsabtheilung für polizeiliche und sonstige innere Angelegenheiten gehören die (städtische) Polizeibehörde, **die Wedde** [aufgehoben durch Gesetz vom 17. November 1865, betr. Civilstandsregister rc., bezw. ersetzt durch das Civilstandsamt, jetzt Aufsichtsbehörde für die Standesämter), die Feuerkassendeputation, die **Auswandererdeputation** [Behörde für das Auswandererwesen], die Gefängnißdeputation, **der Gesundheitrath** [Medicinalcollegium], **die Deputation für die Polizeiwache** [aufgehoben] und die Todtenladendeputation.

(Der Senat bestimmt, welche unter den für diese Verwaltungsabtheilung ernannten Senatsmitgliedern der Polizeibehörde und der Wedde vorstehen und welche als Vorsitzende oder Mitglieder der verschiedenen Deputationen fungiren sollen.)

§ 60. Die definitive Organisation der Polizeiverwaltung für die Stadt, die Vorstädte und das Landgebiet bleibt vorbehalten bis nach stattgehabter Uebertragung der dem Polizeiamt zustehenden Strafgerichtsbarkeit an die Gerichte. [Vergl. Gesetz vom 25. Oktober 1875, betr. Reorganisation der Polizeiverwaltung, s. auch S. 99.]

§ 61. Der Polizeibehörde verbleiben für die gesetzliche Dauer der Verordnung über die Grenzen des Polizeiamtes vom 8. Juni 1826 die ihr nach Maaßgabe dieser Verordnung zustehenden Befugnisse.

§ 62. **Die Feuerkassendeputation** bleibt bis zur Feststellung der neuen Feuerkassenordnung und Feuerlöschordnung in ihrer bisherigen Zusammensetzung und Wirksamkeit. [Vergl. S. 102.] (Der Wahlaufsatz von drei Interessenten der Generalfeuerkasse für jede erledigte Stelle wird unter Aufhebung der entgegenstehenden Bestimmung der Generalfeuerkassenordnung von 1833, § 24 unter Nr. 4, von sämmtlichen bürgerlichen Mitgliedern der Deputation gebildet.)

Die Feuerkassendeputation delegirt Zwei ihrer Mitglieder zu der Verwaltung der Stadtwasserkunst (§ 52).

§ 63. Die Auswandererdeputation [Behörde für das Auswandererwesen] besteht aus zwei Senatsmitgliedern und drei (von der Deputation für Handel und Schiffahrt zu delegirenden) Mitgliedern [der Handelskammer — Gesetz vom 5. Dezember 1866].

§ 64. Die Gefängnißdeputation besteht aus zwei Senatsmitgliedern, einem Mitgliede der Finanzdeputation (§ 30) und acht von der Bürgerschaft auf acht Jahre gewählten Vorstehern, von welchen jährlich einer austritt.

Die Gefängnißdeputation übernimmt die sämmtlichen Geschäfte des großen und kleinen Gefängnißcollegiums.

Die Ausnahmsstellung der Gefängnißdeputation in finanzieller Hinsicht hört auf.

§ 65. Die Zusammensetzung des Gesundheitrathes bleibt bis zur Reorganisation des Medicinalwesens die bisherige. [Medicinalcollegium — s. S. 105.]

§ 66. Deputation für die Polizeiwache. [Aufgehoben durch Gesetz vom 25. Oktober 1875.]

§ 67. Die Todtenladendeputation besteht aus einem Senatsmitgliede und zehn anderen Mitgliedern, welche von der Bürgerschaft auf fünf Jahre gewählt werden, und von denen jährlich zwei austreten.

§ 68. Der Senat ernennt zu der Abtheilung für die öffentliche Wohlthätigkeit einige seiner Mitglieder (unter denen der Chef der Polizeibehörde).

Gesetzliche Bestimmungen hinsichtlich der Ausübung des dem Staate zustehenden Oberaufsichtsrechtes über die sämmtlichen milden Stiftungen und hinsichtlich der Einsetzung einer besonderen, damit zu beauftragenden Deputation bleiben vorbehalten. [Gesetz vom 16. Oktober 1870, betr. die Oberaufsicht über die milden Stiftungen.]

§ 69. Das Krankenhauscollegium besteht aus zwei Senatsmitgliedern, einem bürgerlichen Mitgliede der Finanzdeputation (§ 30) und sechs, von dem Collegium [seit 1888 von der Bürgerschaft] auf sechs Jahre gewählten Provisoren, von denen jährlich einer austritt.

Dem Collegium ist die Verwaltung des allgemeinen Krankenhauses und der Irrenanstalt untergeben. Dasselbe übernimmt die Geschäfte des großen und kleinen Krankenhauscollegiums.

§ 70. Das Waisenhauscollegium besteht aus zwei Senatsmitgliedern, einem bürgerlichen Mitgliede der Finanzdeputation (§ 30) und sechs Provisoren. Die letzteren werden von dem Collegium [von der Bürgerschaft] auf sechs Jahre gewählt; jährlich tritt einer aus.

§ 71. Das Armencollegium besteht aus (zwei Senatsmitgliedern, einem bürgerlichen Mitgliede der Finanzdeputation (§ 30), aus 21 Armenvorstehern und je einem Vorsteher oder Provisor des allgemeinen Krankenhauses, des Waisenhauses und des Werk- und Armenhauses. Die 21 Armenvorsteher werden von dem Armencollegium auf zehn Jahre . . . .) [s. S. 111].

Die im § 6 der revidirten Armenordnung vom 20. Mai 1791 enthaltene Vorschrift wird aufgehoben, soweit sie dem § 14 dieses Gesetzes entgegensteht.

Das dritte Alinea des § 4 und die Vorschrift des § 9 dieses Gesetzes finden auf das Armencollegium keine Anwendung.

§ 72. Die Functionen der (vorstädtischen Patronate und der) Landherrnschaften bleiben bis auf Weiteres unverändert [s. S. 4 und 66 — Senatsantrag].

Transitorische Bestimmungen.

§§ 73 bis 89. Bildung der Abtheilungen und Deputationen.

Eid der Bürger der Finanzdeputation.

Ich gelobe und schwöre zu Gott, dem Allmächtigen, daß ich als Mitglied der Finanzdeputation in Bezug auf das Staatsvermögen und die öffentlichen Einnahmen und Ausgaben mit höchster Treue, Sorgfalt und Gewissenhaftigkeit verfahren und keine Verwendung oder Verausgabung machen oder gutheißen will, welche nicht durch verfassungsmäßige Beliebung gerechtfertigt ist, auch über solche bei der Finanzverwaltung vorkommende Angelegenheiten, welche Verschwiegenheit erfordern, außerhalb meines Amtes nichts offenbaren will.

Gegeben in der Versammlung des Senats, Hamburg, den 15. Juni 1863.

---

7. Gesetz, betreffend das Verhältniß der Verwaltung zur Rechtspflege vom 23. April 1879 *).

Der Senat hat in Uebereinstimmung mit der Bürgerschaft beschlossen und verkündet hierdurch als Gesetz, welches gleichzeitig mit dem für das Deutsche Reich erlassenen Gerichtsverfassungsgesetze in Kraft tritt, was folgt:

Erster Abschnitt.

Verhältniß der Verwaltung zur Civilrechtspflege.

§ 1. Streitigkeiten, welche nach staatsrechtlichen Grundsätzen zu beurtheilende öffentliche Verhältnisse, namentlich die innere Einrichtung der Staatsbehörden und die Verhältnisse der einzelnen Mitglieder zu denselben, desgleichen die Verhältnisse der Staatsbehörden gegen einander und gegen den Staat betreffen, gehören nicht zur Zuständigkeit der Gerichte, sondern sind nach Maaßgabe des geltenden Rechts entweder im Wege der Verwaltung oder durch die gesetzgebende Gewalt zu erledigen.

Insbesondere gilt dies auch für die Entscheidung der Frage, ob Jemandem staatsbürgerliche Rechte zustehen, und ob Jemand zur Annahme und Fortführung eines bürgerlichen Ehrenamts verpflichtet sei.

§ 2. Die Polizeibehörden können bei Streitigkeiten über die Vergütung für solche Dienstleistungen, für welche eine polizeiliche Taxe besteht, auf Antrag einer der Parteien eine Entscheidung fällen.

Die Entscheidung ist sofort vollstreckbar; Rechtsmittel können dawider nicht eingelegt werden. Sie ist jedoch insofern eine nur vorläufige, als es den Parteien zusteht, eine gerichtliche Entscheidung zu erwirken. Dem Gläubiger bleiben demgemäß weitere Ansprüche vorbehalten, und demjenigen, der in Folge der polizeilichen Entscheidung Zahlung geleistet hat, bleibt es unbenommen, Klage auf Rückzahlung gegen den Empfänger vor den Gerichten zu erheben.

§ 3. Zur Verhinderung von Friedensstörungen sind die Polizeibehörden befugt, Friedensbefehle zu erlassen, und, sofern bei Gefahr im Verzuge ein sofortiges

*) Vgl. hierzu ev. die Anmerkungen bei Wulff (Titel s. S. 66).

richterliches Einschreiten nach Maaßgabe Buch 8 Abschnitt 5 der Civilprozeßordnung nicht thunlich erscheint:

1) Eheleute, oder andere Personen, welche eine gemeinschaftliche Wohnung inne haben, von einander zu trennen, über den Besitz bis dahin von diesen Personen gemeinsam besessener Gegenstände Anordnungen zu treffen, und dem Einen von ihnen zu verbieten, gegen den Willen des Andern die Wohnung wieder zu betreten;

2) Befehle zur Aufrechterhaltung des Besitzstandes zu erlassen, sowie Gegenstände in Sequestration zu nehmen.

Für ein späteres gerichtliches Verfahren unter den Parteien sind diese Anordnungen nicht maaßgebend.

Zweiter Abschnitt.

Verhältniß der Verwaltung zur Strafrechtspflege.

§ 4. Den Polizeibehörden steht die in den §§ 453—458 der Strafprozeßordnung näher bestimmte Befugniß, eine in den Strafgesetzen angedrohte Strafe durch Verfügung festzusetzen, bei allen Uebertretungen zu. Es gilt hierfür jedoch die Beschränkung, daß keine andere Strafe als Geldstrafe und diejenige Haft, welche für den Fall, daß die Geldstrafe nicht beigetrieben werden kann, an die Stelle der letzteren tritt, so wie eine etwa verwirkte Einziehung verhängt werden kann. Auf die im § 361 des Strafgesetzbuchs aufgeführten Uebertretungen findet diese Beschränkung keine Anwendung.

§ 5. Bei Zuwiderhandlungen gegen die Vorschriften über die directen oder indirecten Steuern oder über öffentliche Gefälle können die Verwaltungsbehörden, welchen die Ausführung dieser Gesetze obliegt, falls nur Geldstrafe oder Einziehung oder Beides in Frage steht, gegen die Beschuldigten Strafbescheide unter Berücksichtigung der Bestimmungen im § 459 der Strafprozeßordnung erlassen.

§ 6. Die in den §§ 4 und 5 genannten Behörden können vor Erlaß der Strafverfügung oder des Strafbescheides einen ihrer Beamten mit den zur Feststellung des Thatbestandes erforderlichen Ermittelungen beauftragen, auch Gegenstände, welche zur Verübung der strafbaren Handlung oder zum Versuch derselben benutzt sind, mit Beschlag belegen, den Beschuldigten oder Zeugen unter Angabe des Gegenstandes der Untersuchung zur Ertheilung der erforderlichen Auskunft vorladen und dem Beschuldigten die Vorlegung der auf den Gegenstand bezüglichen Dokumente auferlegen.

Wenn der Beschuldigte nicht erscheint oder die Auskunft oder die Vorlegung der geforderten Dokumente verweigert, so kann die Behörde, unbeschadet der ihr nach § 20 zustehenden Befugniß, annehmen, daß er der ihm zur Last gelegten strafbaren Handlung geständig ist. Auf diese nachtheilige Folge des Ausbleibens ist in der Vorladung hinzuweisen.

Wenn ein Zeuge nicht erscheint oder die Auskunft oder die Vorlegung der geforderten Dokumente verweigert, so kann die Behörde, unbeschadet der ihr nach § 20 zustehenden Befugniß, sich an den zuständigen Amtsrichter wenden, welcher, wenn die beantragte Handlung nach den Umständen des Falles zulässig erscheint, nach Maaßgabe der Strafprozeßordnung zu verfahren hat.

§ 7. Der Beschuldigte hat, und zwar auch, wenn er nach § 6 Absatz 2 der Handlung geständig erachtet worden, die Wahl, ob er gegen die Strafverfügung oder den Strafbescheid die Beschwerde an den Senat ergreifen, oder nach Maaßgabe §§ 453 ff., beziehungsweise §§ 459 ff. der Strafprozeßordnung auf gerichtliche Entscheidung antragen will. Wählt er den einen Weg, so ist er des andern verlustig.

Wenn der Beschuldigte auf gerichtliche Entscheidung anträgt, hat die Polizeibehörde oder die sonstige betreffende Verwaltungsbehörde innerhalb vier Wochen entweder die Strafverfügung oder den Strafbescheid zurückzunehmen oder die Acten der Staatsanwaltschaft zur Veranlassung des Weiteren zu übersenden.

Die Beschwerde an den Senat hat der Beschuldigte, wenn es sich um die Strafverfügung einer Polizeibehörde handelt, bei dieser Behörde, wenn es sich um den Strafbescheid einer anderen Verwaltungsbehörde handelt, entweder bei dieser Behörde oder bei derjenigen, welche den Bescheid bekannt gemacht hat, und zwar in jedem Falle innerhalb einer Woche nach der Bekanntmachung schriftlich oder zu Protokoll anzumelden.

Reicht der Beschuldigte ein Gnadengesuch bei dem Senate ein, so verzichtet er damit auf gerichtliche Entscheidung.

§ 8. Wenn der Beschuldigte die Beschwerde an den Senat ergreift, so kann er innerhalb einer ferneren Woche eine Rechtfertigung seiner Beschwerde der Behörde, bei welcher er die Beschwerde angemeldet hat, übergeben. Nach Ablauf dieser Frist übersendet die Behörde, falls sie nicht die Verfügung oder den Bescheid zurücknimmt, die erwachsenen Acten an den Senat.

Der Senat kann vor Abgabe seiner Entscheidung den zuständigen Amtsrichter mit Vornahme der zur Feststellung des Thatbestandes erforderlich scheinenden Untersuchungshandlungen beauftragen. Auf diese Untersuchungshandlungen finden die Bestimmungen der Strafprozeßordnung entsprechende Anwendung.

Die Entscheidung des Senats ist sofort vollstreckbar.

§ 9. Die Beamten und Angestellten der in den §§ 4 und 5 gedachten Behörden sind berechtigt, die der dort bezeichneten strafbaren Handlungen Verdächtigen festzunehmen, wenn die Voraussetzungen des § 127 Absatz 1 oder 2 der Strafprozeßordnung vorliegen. In solchem Falle ist weiter nach Maaßgabe des § 128 der Strafprozeßordnung zu verfahren.

§ 10. Bis zum Erlaß eines Beamten-Disciplinargesetzes [1884 erlassen und unten abgedruckt] bleibt den Verwaltungsbehörden die bisherige Befugniß, wegen Disciplinarvergehen ihrer Beamten Untersuchungen einzuleiten und Strafen zu verfügen.

§ 11. Der Senat und die Verwaltungsbehörden können denjenigen, welcher sich in einer an sie gerichteten Eingabe ungebührliche Aeußerungen erlaubt oder sich vor ihrem Protokoll ungebührlich beträgt, in eine Geldstrafe nehmen, und zwar der Senat bis zu Mk. 300, die Verwaltungsbehörden bis zu Mk. 75.

Die solchergestalt vom Senate auferlegten Strafen sind sofort vollstreckbar; gegen die von den Verwaltungsbehörden auferlegten steht dem Betreffenden nur die Beschwerde an den Senat zu, bei welcher die Vorschriften des § 7 Absatz 3 und § 8 Anwendung finden.

§ 12. Die Vollstreckung der im § 2 erwähnten Entscheidungen der Polizeibehörden, sowie der durch vollstreckbar gewordene Verfügungen oder vollstreckbar gewordene Bescheide der in den §§ 4 und 5 bezeichneten Behörden oder durch darauf ergangene Entscheidungen des Senats festgesetzten Geldstrafen, endlich der nach dem § 11 verhängten oder nach dem § 19 verwirkten Geldstrafen erfolgt auf dem Verwaltungswege. Dieselbe erfolgt nach den Vorschriften des § 17 Absatz 2 und beschränkt sich, abgesehen von den Fällen des § 5, auf körperliche Sachen.

Auch eine vollstreckbar gewordene Einziehung (§§ 4 und 5) wird auf dem Verwaltungswege vollstreckt.

§ 13. Eine Umwandlung der Geldstrafe oder eines Theiles derselben in Freiheitsstrafe kann nur stattfinden, wenn die Geldstrafe mittelst der im vorigen Paragraphen erwähnten Zwangsvollstreckung nicht oder nicht zu ihrem vollen Belaufe beigetrieben werden konnte. In den Fällen des § 5 hat der in die Geldstrafe Verurtheilte, wenn derselbe nach fruchtlos versuchter Vollstreckung in körperliche Sachen das Vorhandensein anderer geeigneter Gegenstände für die Zwangsvollstreckung behauptet, den desfallsigen Nachweis zu übernehmen. In den Fällen des § 19 ist die Umwandlung erst vorzunehmen, nachdem entweder die im § 26 bestimmte Frist für Erhebung einer gerichtlichen Klage ungenutzt abgelaufen, oder die erhobene Klage durch Zurücknahme oder rechtskräftige Verwerfung erledigt ist.

Die Umwandlung erfolgt außer im Falle des § 5 (vgl. Strafprozeßordnung § 463) ohne Vermittelung der Gerichte durch Ausspruch der Behörde, von welcher die Geldstrafe verfügt wurde. Die Strafe wegen Ungebühr (§ 11) ist in Haft bis zu 8 Tagen, diejenige wegen Nichtbefolgung eines Befehls (§ 19) in Haft bis zu 14 Tagen umzuwandeln.

Die Vollstreckung dieser Freiheitsstrafen erfolgt durch die zuständige Polizeibehörde. Dasselbe gilt von denjenigen Haftstrafen, welche durch vollstreckbar gewordene Verfügungen der Polizeibehörden (§ 4) oder darauf ergangene Entscheidungen des Senats festgesetzt worden sind.

§ 14. Ueber Personen, welche sich in einer öffentlichen Anstalt in Haft oder Verwahrung befinden, können von der der Anstalt vorgesetzten Behörde nach Maaßgabe der Hausordnung, sofern es sich um Untersuchungsgefangene handelt, unter Berücksichtigung des § 116 der Strafprozeßordnung, Strafen verhängt werden.

§ 15. Ueber Requisitionen auswärtiger Behörden auf Auslieferung eines dem Deutschen Reiche nicht Angehörigen wegen begangener strafbarer Handlungen entscheidet der Senat, insofern Staatsverträge nicht etwas Anderes bestimmen.

Die vorläufige Verhaftung solcher Personen kann von der zuständigen Polizeibehörde vorgenommen werden.

Dritter Abschnitt.

Verfahren einzelner Behörden in Verwaltungsangelegenheiten.

§ 16. Soweit nicht abweichende Bestimmungen im ersten und zweiten Abschnitte dieses Gesetzes enthalten sind, verbleiben den Verwaltungsbehörden diejenigen Befugnisse, welche ihnen nach Inhalt der geltenden Gesetze zustehen.

Insbesondere haben die betreffenden Behörden bei Ausübung der ihnen zugewiesenen Wirksamkeit nach Anleitung der folgenden Bestimmungen zu verfahren.

§ 17. Die zur Einziehung von Steuern und Gefällen, Abgaben und Gebühren, sowie von sonstigen auf Grund gesetzlicher Normen und bestimmter Tarife festzustellenden Leistungen zuständigen Behörden bestimmen in Gemäßheit der bestehenden Gesetze, von wem und in welchem Maaße die betreffenden Zahlungen zu leisten sind und verfügen die Vollstreckung, und zwar einschließlich eines wegen Nichteinhaltung der Zahlungsfrist etwa gesetzlich vorgeschriebenen Zuschlags.

Die Zwangsvollstreckung in körperliche Sachen geschieht auf dem Verwaltungswege, übrigens unter Beachtung der Vorschriften der §§ 708 und 715 der Civilprozeßordnung, die Zwangsvollstreckung in Forderungen und andere Vermögensrechte und in das unbewegliche Vermögen nach den Bestimmungen der §§ 729—757 der Civilprozeßordnung, beziehungsweise des Ausführungsgesetzes zu derselben.

Bei der Zwangsvollstreckung in bewegliches Vermögen bestimmen sich Entstehung und Wirkung des Pfandrechts nach den Vorschriften des § 709 der Civilprozeßordnung, für Entstehung und Wirkung des Pfandrechts bei der Zwangsvollstreckung in unbewegliches Vermögen sind die hierauf bezüglichen Ausführungsbestimmungen maaßgebend.

§ 18. Die Vollstreckung der von den Gemeinden und den staatlich anerkannten religiösen Gemeinschaften innerhalb ihrer Zuständigkeit festgestellten Leistungen für Gemeindezwecke erfolgt durch die dafür bestimmten staatlichen Verwaltungsbehörden nach Maaßgabe der Bestimmungen des § 17 Absatz 2.

§ 19. Die Verwaltungsbehörden können, soweit sie bisher dazu ermächtigt waren, im öffentlichen Interesse Einzelne durch Befehle zu Handlungen oder Unterlassungen anhalten, unter Androhung einer in dem Befehle namhaft zu machenden Geldstrafe für die Nichtbefolgung.

Wegen Vollstreckung und eventueller Umwandlung der verwirkten Geldstrafe kommen die Bestimmungen der §§ 12 und 13 zur Anwendung.

Die Behörde, welche den Befehl erlassen hat, kann, wenn demselben nicht rechtzeitig Folge geleistet wird, unter Beseitigung etwaigen Widerstandes ihrerseits die erforderlichen Vorkehrungen treffen. Die Beitreibung der ihr dadurch verursachten Kosten erfolgt nach den Vorschriften des § 17 Absatz 2.

§ 20. Die Verwaltungsbehörden haben das Recht, zur Feststellung der in ihren Geschäftskreis fallenden Thatsachen Vorladungen bei einer Strafe bis zu 30 Mk. zu erlassen.

§ 21. Die Polizeibehörden sind berechtigt, Gegenstände, von denen ein gemeingefährlicher Gebrauch zu befürchten steht, oder welche zur Verübung eines Verbrechens oder Vergehens bestimmt sind, in Verwahrung zu nehmen und, sofern deren Aufbewahrung unthunlich oder gefährlich ist, dieselben zu vernichten.

§ 22. Die Polizeibehörden und ihre Beamten und Angestellten sind befugt, Personen in Verwahrung zu nehmen, wenn der eigene Schutz dieser Personen oder die Aufrechthaltung der öffentlichen Sicherheit und Ruhe oder die Abwendung von Gefahren für andere Personen diese Maaßregel erforderlich macht.

In polizeiliche Verwahrung können auch solche Personen genommen werden, welche nach Maaßgabe § 3 des Reichsgesetzes über das Paßwesen vom 12. Oktober 1867 sich auf Erfordern über ihre Person nicht genügend auszuweisen vermögen.

Der Vorstand der betreffenden Polizeibehörde hat jedoch die in Folge dieser Bestimmungen in Verwahrung genommenen Personen spätestens am nächsten Werktage wieder zu entlassen, oder die nöthigen Maaßregeln zum ferneren Schutze, beziehungsweise zur Legitimation dieser Personen oder zur Ueberweisung derselben an die zuständige Behörde anzuordnen.

§ 23. Die Polizeibehörden sind befugt, soweit nicht Gesetze und Staatsverträge entgegenstehen, Personen, welche dem hiesigen Staate nicht angehören, aus demselben zu verweisen, falls sie dies im öffentlichen Interesse für erforderlich halten.

Behufs Ausführung einer Ausweisung können von den Polizeibehörden solche Personen, welche eine Freiheitsstrafe erduldet haben, sowie diejenigen, welche der gegen sie verfügten Ausweisung nicht Folge leisten, festgenommen werden.

Vierter Abschnitt.

Zulässigkeit der Civilklage.

§ 24. Handelt es sich um kontraktliche oder andere privatrechtliche Verhältnisse, so hat in Streitfällen jede Staatsbehörde vor den Gerichten Recht zu nehmen.

Außerdem kann wegen Verletzung von Privatrechten durch Verfügungen oder Maaßregeln von Verwaltungsbehörden, welche nicht unter die Bestimmungen des ersten und zweiten Abschnittes dieses Gesetzes fallen, gegen die betreffende Verwaltungsbehörde Klage vor den Gerichten nach Maaßgabe der folgenden Bestimmungen erhoben werden.

§ 25. Einer besonderen Erlaubniß bedarf es zur Klage nicht, ebensowenig einer vorgängigen Beschwerde bei der betreffenden oder der vorgesetzten Behörde. Nur in den Fällen, für welche gegen Verfügungen einer Verwaltungsbehörde, namentlich wegen der ihrerseits geforderten Geldzahlungen (§ 17), ein Reclamationsverfahren gesetzlich angeordnet ist, kann die Klage gegen die Behörde erst nach vorgängig versuchter und erfolglos gebliebener Reclamation angestellt werden.

§ 26. Für die wider eine Verwaltungsbehörde zu erhebende Klage gelten im Allgemeinen die gewöhnlichen Verjährungsfristen.

Handelt es sich jedoch um eine dem betreffenden Privaten schriftlich eröffnete Verfügung oder Anordnung der Behörde, so muß die Erhebung der Klage (Civilprozeßordnung § 230) vor Ablauf einer Frist von acht Wochen erfolgen, widrigenfalls das Klagerecht erloschen ist.

Der Lauf dieser Frist beginnt mit der Zustellung der Verfügung oder Anordnung, in denjenigen Fällen aber, für welche ein Reclamationsverfahren gesetzlich angeordnet ist, erst mit Zustellung des ablehnenden Bescheides der Verwaltungsbehörde.

Ist innerhalb vierzehn Tagen nach Zustellung der Verfügung oder Anordnung eine Beschwerde an den Senat gerichtet, so erlischt das Klagerecht erst mit dem Ablaufe von acht Wochen nach Zustellung des ablehnenden Bescheides des Senats.

§ 27. Durch eine wider sie erhobene Klage wird die Verwaltungsbehörde nicht behindert, die Beitreibung einer Geldleistung (§§ 17 und 18) oder einen von ihr erlassenen Befehl (§ 19) zur Ausführung zu bringen, wenn sie einen Aufschub der Ausführung mit dem öffentlichen Interesse unvereinbar hält.

Vor ausgemachter Sache sind die Gerichte nicht befugt, eine Verwaltungsbehörde durch Befehle oder Verbote an der Ausführung ihrer Verfügungen oder sonstiger amtlicher Maaßregeln zu verhindern.

§ 28. Ist von einer Verwaltungsbehörde in einer zu ihrer Zuständigkeit gehörigen Sache die Feststellung thatsächlicher Verhältnisse nach Maaßgabe bestehender gesetzlicher Vorschriften ordnungsmäßig erfolgt, so haben diese Verhältnisse demgemäß auch für die richterliche Beurtheilung als festgestellt zu gelten.

Die Frage, ob ein bestimmter Gegenstand zu den in den Gesetzen über die Deklarationsabgabe und die Konsumtionsabgabe für steuerpflichtig erklärten Gegenständen und zu welcher Kategorie derselben er gehört (Tariffragen), ist, soweit die

Abgabepflicht in Betracht kommt, im Verwaltungswege mit Ausschluß des Rechtsweges zu entscheiden.

§ 29. Die Klage kann auf Abhülfe oder auf Entschädigung oder auf Beides gerichtet werden.

§ 30. Alles, was in Folge rechtskräftigen Richterspruchs eine verklagte Behörde in Gemäßheit der Bestimmungen dieses Abschnittes dem Kläger zu ersetzen hat, ist diesem aus der allgemeinen Staatskasse zu zahlen, unbeschadet des nach Gesetz oder allgemeinen Rechtsgrundsätzen dem Staate zuständigen Regresses gegen denjenigen, durch dessen Verschulden die Behörde ersatzpflichtig geworden ist.

§ 31. Demjenigen, welcher sich in seinem Privatrechte durch das von einem Mitgliede einer collegialischen Verwaltungsbehörde oder von einem Beamten einer Verwaltungsbehörde in Ausführung des Amtes beobachtete Verfahren verletzt erachtet, steht es frei, die Behörde zu der Erklärung aufzufordern, ob sie das Verfahren ihres Mitgliedes oder Beamten vertreten will. Erklärt die Behörde binnen vier Wochen nach erfolgter Aufforderung, die Vertretung übernehmen zu wollen, — wozu sie verpflichtet ist, soweit das Mitglied oder der Beamte ihren Instruktionen gemäß verfahren hat, — so darf die Klage nur gegen sie gerichtet werden. Erfolgt binnen vier Wochen keine Erklärung der Behörde, so gilt die Anfrage als verneint.

Die Frage, ob und wieweit eine dem Kläger auf eine Klage wider das Mitglied oder den Beamten zuerkannte Entschädigung aus dem Staatsvermögen, vorbehältlich des Regresses gegen den Schuldigen, zu leisten ist, ist nach voraufgegangenem rechtlichen Gehör der betreffenden Behörde in Gemäßheit allgemeiner Rechtsgrundsätze und der Umstände des einzelnen Falles zu entscheiden.

Schlußbestimmungen.

§ 32. Unter dem Ausdrucke Polizeibehörden in diesem Gesetze sind die staatlichen Organe der Polizeiverwaltung zu verstehen, die Organe der Gemeindepolizei aber nur, insofern dieselben in einzelnen Fällen von jenen zur Hülfe herangezogen werden.

§ 33. Das provisorische Gesetz über das Verfahren in streitigen Verwaltungs- und Regierungssachen vom 12. August 1859 und das Gesetz, betreffend das Verhältniß der Verwaltung zur Strafrechtspflege und die Kompetenz der Polizeibehörde vom 30. April 1869, sind aufgehoben.

Gegeben in der Versammlung des Senats, Hamburg, den 23. April 1879.

---

8. Disciplinar- und Pensionsgesetz für die nicht richterlichen Beamten vom 7. Januar 1884.

Ausfertigung. — — —.

Allgemeine Bestimmungen.

§ 1. Beamter im Sinne des Gesetzes ist derjenige, welcher im Dienste des Staates ein ständiges, nicht richterliches Amt auf Lebenszeit bekleidet. Jeder Beamte erhält bei seiner Anstellung eine auf die Bestimmungen dieses Gesetzes Bezug nehmende Anstellungsurkunde.

Auf die Syndiker und Secretarien des Senats finden nicht die Bestimmungen dieses Gesetzes, sondern die für die Senatsmitglieder geltenden Bestimmungen des Gesetzes vom 28. September 1860 über die Wahl und Organisation des Senats analoge Anwendung.

In Betreff aller übrigen Angestellten verbleibt es in allen Beziehungen, insbesondere hinsichtlich der Kündigung, sowie der disciplinarischen Bestrafung, bei dem bisherigen Verfahren.

§ 2. Alle früheren mit den Bestimmungen dieses Gesetzes in Widerspruch stehenden Gesetze und Gewohnheiten sind aufgehoben. Hinsichtlich der an den Gemeindeschulen des Landgebietes festangestellten Lehrer treten, sofern es sich um die Höhe des denselben aus der Staatskasse zu gewährenden Ruhegehalts handelt, die Bestimmungen dieses Gesetzes an die Stelle des § 18 des Gesetzes über das Unterrichtswesen vom 11. November 1870.

Titel I. Die Disciplinarstrafen und das dabei zu beobachtende Verfahren.

§ 3. Jeder Beamte ist verpflichtet, das ihm übertragene Amt in Gemäßheit der Verfassung, der Gesetze, der ihm ertheilten Instruction und der von seinen Vorgesetzten getroffenen dienstlichen Anordnungen gewissenhaft wahrzunehmen und durch sein Verhalten in und außer dem Amte der Achtung, die sein Beruf erfordert, sich würdig zu zeigen.

Ein Beamter, welcher dieser Verpflichtung zuwider handelt, macht sich eines Dienstvergehens schuldig und unterliegt der disciplinarischen Ahndung.

§ 4. Die Disciplinarstrafen sind: 1) Ordnungsstrafen, nämlich Warnung, Verweis und Geldstrafe bis zum Betrage des einmonatlichen Diensteinkommens. Geldstrafe kann mit Verweis verbunden werden. 2) Dienstentlassung.

Geldstrafen werden, soweit solches thunlich, durch Einbehalten vom Gehalt vollstreckt.

§ 5. Die Art und das Maaß der zu erkennenden Strafe bestimmt sich nach der größeren oder geringeren Erheblichkeit des Dienstvergehens mit Rücksicht auf die sonstige Führung des Angeschuldigten.

§ 6. Ordnungsstrafen werden bei collegialisch organisirten Verwaltungsbehörden, sofern nicht durch Beschluß derselben ein anderes Verfahren angeordnet worden, von den vorsitzenden Senatsmitgliedern, bei denjenigen Behörden und Verwaltungen, für welche keine Deputationen oder Collegien bestehen, von den Chefs derselben, bei den dem Senate direct unterstellten Behörden von den mit der Aufsicht über dieselben beauftragten Senatsmitgliedern gegen die Beamten verhängt.

Dem Vorstande der Bürgerschaft steht das Recht zu, gegen die Beamten derselben Ordnungsstrafen zu verfügen.

Die Verwaltungsbehörden können mit Zustimmung des Senats bestimmten Oberbeamten die Befugniß zu Warnungen oder Verweisen gegen die ihnen untergeordneten Beamten, vorbehältlich des Recurses an die betreffenden Verwaltungsbehörden, ertheilen.

§ 7. Die Verhängung von Ordnungsstrafen steht dem Präsidenten des Landgerichts hinsichtlich der nicht richterlichen Beamten des Landgerichts, dem Oberamtsrichter hinsichtlich der nicht richterlichen Beamten des Amtsgerichts zu Hamburg, den Amtsrichtern in Ritzebüttel und Bergedorf hinsichtlich der bei diesen Gerichten angestellten nichtrichterlichen Beamten, den Vorsitzenden der Vormundschaftsbehörde, des Gewerblichen Schiedsgerichts [Gewerbegerichts] und des Seeamts hinsichtlich der Beamten dieser Behörden zu.

Die auf die Dienstaufsicht bezüglichen Bestimmungen des Ausführungsgesetzes zum Gerichtsverfassungsgesetze (Titel X § 113—115) werden von diesem Gesetze nicht berührt.

§ 8. Vor der Verhängung einer Ordnungsstrafe ist dem Beamten Gelegenheit zu geben, sich über die ihm zur Last gelegte Verletzung seiner amtlichen Pflichten zu verantworten.

Die Verhängung der Ordnungsstrafen erfolgt unter Angabe der Gründe durch schriftliche Verfügung oder zu Protokoll. Die Urschrift der schriftlichen Verfügung ist bei den Acten der Behörde aufzubewahren.

Ueber Beschwerden gegen die vom Präsidenten des Landgerichts erkannten Ordnungsstrafen entscheidet ein Senat des Oberlandesgerichts, über Beschwerden gegen die vom Vorsitzenden der Vormundschaftsbehörde, vom Oberamtsrichter und von den Amtsrichtern zu Ritzebüttel und Bergedorf verhängten Strafen das Präsidium des Landgerichts; über Beschwerden gegen die vom Vorstande der Bürgerschaft verhängten Strafen der Bürgerausschuß, in allen übrigen Fällen der Senat. Gegen die Entscheidungen dieser höheren Instanzen findet ein weiteres Rechtsmittel nicht statt.

Hinsichtlich der Anmeldung der Beschwerde und des weiteren Verfahrens finden die Vorschriften des § 7 Absatz 3 und § 8 des Verhältnißgesetzes vom 23. April 1879 Anwendung.

§ 9. Der Strafe der Dienstentlassung muß ein förmliches Disciplinarverfahren vor dem in erster und letzter Instanz entscheidenden Disciplinargericht vorhergehen.

Die Dienstentlassung hat den Verlust von Titel und Gehalt, sowie des Anspruchs auf Pension von Rechtswegen zur Folge. Es kann jedoch einem entlassenen Beamten, wenn das Disciplinargericht mildernde Umstände angenommen hat, eine Pension auf Lebenszeit oder eine vorübergehende Unterstützung durch Senat und Bürgerausschuß gewährt werden.

§ 10. Das Disciplinargericht besteht aus einem Mitgliede des Senats als Vorsitzenden und fünf Mitgliedern des Landgerichts oder der Amtsgerichte. Die Mitglieder des Disciplinargerichts, sowie eine gleiche Anzahl Stellvertreter derselben, werden vom Senat auf die Dauer von fünf Jahren, und zwar die richterlichen Mitglieder und deren Stellvertreter auf Vorschlag des Präsidenten des Landgerichts, ernannt.

Die Berufung von Stellvertretern im Falle der Verhinderung einzelner Mitglieder des Disciplinargerichts erfolgt durch den Vorsitzenden. Als Verhinderungsgrund eines Mitgliedes des Disciplinargerichts gilt, wenn dasselbe an dem Beschlusse theilgenommen hat, durch welchen das Disciplinarverfahren eröffnet worden ist (§ 11).

Als Protokollführer fungirt ein vom Senat zu bestimmender Gerichtsschreiber.

Die Geschäftsordnung des Disciplinargerichts wird von demselben festgestellt und bedarf der Bestätigung des Senats.

§ 11. Die Eröffnung des Disciplinarverfahrens erfolgt auf Beschluß der betreffenden Verwaltungsbehörde oder des betreffenden Gerichts, und zwar bezüglich der Beamten des Landgerichts auf Beschluß des Präsidiums desselben, bezüglich der

Beamten der Amtsgerichte auf Beschluß der Anstellungsbehörde (Bekanntmachung, betr. Abänderung von Bestimmungen des Ausführungsgesetzes zum Gerichtsverfassungsgesetze, der Vormundschaftsordnung und des Disciplinar- und Pensionsgesetzes für die nicht richterlichen Beamten, vom 4. Mai 1887), bezüglich der Beamten der Vormundschaftsbehörde auf Beschluß dieser Behörde, ferner bezüglich der Beamten der Bürgerschaft auf Beschluß des Vorstandes der letzteren, bezüglich der Beamten des Gewerblichen Schiedsgerichts [Gewerbegerichts] und des Seeamts auf Beschluß einer aus dem Vorsitzenden und zwei von ihm zu berufenden Mitgliedern bestehenden Commission, endlich bei nicht collegialisch verwalteten Behörden auf Beschluß des Chefs derselben und bei den dem Senate direct unterstellten Verwaltungen auf Beschluß des die Aufsicht führenden Senatsmitgliedes durch Erhebung der Klage abseiten der Staatsanwaltschaft.

§ 12. Die Verrichtungen der Staatsanwaltschaft in Disciplinarfällen werden von dem Oberstaatsanwalte oder, falls derselbe an der Wahrnehmung seiner Functionen verhindert sein sollte, durch einen vom Senat zu bestimmenden Stellvertreter ausgeübt.

§ 13. Das Disciplinarverfahren muß eingestellt werden, sobald der beschuldigte Beamte unter Verzicht auf Titel, Gehalt und Pension ein Gesuch um Entlassung von seinem Amte eingereicht hat.

§ 14. Ist gegen einen Beamten eine öffentliche Klage erhoben, so ist während der Dauer des Strafverfahrens wegen der nämlichen Thatsachen das Disciplinarverfahren nicht zu eröffnen, und, wenn die Eröffnung stattgefunden hat, auszusetzen.

Ist der angeschuldigte Beamte im Strafverfahren außer Verfolgung gesetzt oder freigesprochen worden, so findet wegen derjenigen Thatsachen, welche in diesem zur Erörterung gekommen sind, ein Disciplinarverfahren nur insofern statt, als dieselben an sich und ohne ihre Beziehung zu dem gesetzlichen Thatbestande der strafbaren Handlung, welche den Gegenstand des Strafverfahrens bildete, eine Disciplinarbestrafung begründen.

Ist im Strafverfahren eine Verurtheilung ergangen, welche den Verlust des Amtes nicht zur Folge hat, so bleibt der betreffenden Verwaltungsbehörde oder dem betreffenden Gerichte die Entscheidung darüber vorbehalten, ob außerdem ein Disciplinarverfahren zu eröffnen oder fortzusetzen ist.

§ 15. Die Erhebung der Klage erfolgt durch den Antrag auf Eröffnung der Voruntersuchung. Ueber den Antrag beschließt das Disciplinargericht. Im Falle des § 14 Absatz 3 kann das Gericht beschließen, daß ohne Voruntersuchung das Hauptverfahren zu eröffnen sei.

§ 16. Ist die Eröffnung der Voruntersuchung beschlossen, so wird mit deren Führung einer der zu diesem Zwecke vom Senate alljährlich zu bestimmenden Landrichter oder Amtsrichter vom Vorsitzenden des Disciplinargerichts beauftragt.

§ 17. Die Verhaftung und vorläufige Festnahme, sowie die Vorführung der Angeschuldigten ist im Disciplinarverfahren unzulässig.

§ 18. Erachtet der Untersuchungsrichter den Zweck der Voruntersuchung für erreicht, so übersendet er die Acten der Staatsanwaltschaft. Beantragt dieselbe eine Ergänzung der Voruntersuchung, so hat der Untersuchungsrichter, wenn er dem Antrage nicht stattgeben will, die Entscheidung des Disciplinargerichts einzuholen.

Von dem Schlusse der Voruntersuchung ist der Angeschuldigte in Kenntniß zu setzen.

§ 19. Nach Beendigung der Voruntersuchung entscheidet das Disciplinargericht, ob das Hauptverfahren zu eröffnen oder der Angeschuldigte außer Verfolgung zu setzen sei.

Die Staatsanwaltschaft legt zu diesem Zwecke die Acten mit ihrem Antrage dem Disciplinargerichte vor. Der Antrag auf Eröffnung des Hauptverfahrens erfolgt durch Einreichung einer Anklageschrift.

§ 20. Die Anklageschrift hat die dem Angeschuldigten zur Last gelegte Pflichtverletzung unter Hervorhebung der sie begründenden Thatsachen zu bezeichnen, die wesentlichen Ergebnisse der Voruntersuchung zu enthalten und, soweit in der Hauptverhandlung Beweise erhoben werden sollen, die Beweismittel anzugeben.

§ 21. In dem Beschlusse, durch welchen das Hauptverfahren eröffnet wird, ist die dem Angeklagten zur Last gelegte Pflichtverletzung unter Hervorhebung der sie begründenden Thatsachen zu bezeichnen.

§ 22. Zur Hauptverhandlung wird der Angeklagte unter Mittheilung des Beschlusses und der Anklageschrift vorgeladen.

§ 23. Die Hauptverhandlung ist nicht öffentlich.

Zeugen und Sachverständige werden behufs ihrer Vernehmung einzeln eingeführt und treten nach derselben sofort wieder ab. Es wird durch diese Bestimmung die Gegenüberstellung mit anderen Zeugen, soweit dieselbe nach der Strafprozeßordnung zulässig ist, nicht ausgeschlossen.

§ 24. Die Hauptverhandlung findet auch ohne Anwesenheit des Angeklagten statt.

Der Angeklagte kann sich, wenn er nicht erscheint, durch einen mit schriftlicher Vollmacht versehenen, bei einem deutschen Gerichte zugelassenen Rechtsanwalt vertreten lassen, auch, wenn er erscheint, sich eines solchen Beistandes als Vertheidigers bedienen.

Das Disciplinargericht kann das persönliche Erscheinen des Angeklagten unter der Verwarnung anordnen, daß bei seinem Ausbleiben ein Vertreter nicht werde zugelassen werden.

§ 25. Das Urtheil des Disciplinargerichts kann, sofern es den Angeklagten nicht freispricht, auf Dienstentlassung oder auf eine Ordnungsstrafe lauten. Auf Dienstentlassung kann nur erkannt werden, wenn mindestens vier Stimmen sich für dieselbe erklären. Bei einer Abstimmung über zu verhängende Ordnungsstrafen gilt bei Stimmengleichheit die dem Angeklagten günstigere Entscheidung. Bei Abstimmungen, welche lediglich das Verfahren betreffen, entscheidet bei Stimmengleichheit die Stimme des Vorsitzenden.

§ 26. Für das Disciplinarverfahren werden weder Gebühren, noch Stempel, sondern nur baare Auslagen in Ansatz gebracht. Es ist von dem Gerichte festzustellen, ob der Angeschuldigte die letzteren oder einen Theil davon zu ersetzen hat.

§ 27. Ausfertigungen der Urtheile des Disciplinargerichts sind von dem Vorsitzenden desselben zu unterschreiben und mit dem Gerichtssiegel zu versehen. Von jedem Urtheil wird eine Ausfertigung der Behörde oder dem Gerichte, auf deren Veranlassung die Klage erhoben ist, von Amtswegen mitgetheilt.

§ 28. Insoweit nicht aus diesem Gesetze Abweichungen sich ergeben, finden auf das Disciplinarverfahren die Vorschriften der Strafprozeßordnung über das Verfahren in den zur Zuständigkeit der Landgerichte gehörigen Strafsachen entsprechende Anwendung.

Abgesehen von den Fällen einer Wiedereinsetzung in den vorigen Stand (Strafprozeßordnung § 234) und einer Wiederaufnahme des geschlossenen Verfahrens (Strafprozeßordnung § 399 ff.) finden gegen die Beschlüsse und Urtheile des Disciplinargerichts keinerlei Rechtsmittel statt.

§ 29. Ist gegen einen Beamten die öffentliche Klage wegen eines Verbrechens oder Vergehens erhoben oder die Eröffnung der Voruntersuchung abseiten des Disciplinargerichts beschlossen, so kann die dem Beamten vorgesetzte Behörde die vorläufige Dienstenthebung des Beamten für die Dauer des Straf- resp. Disciplinarverfahrens verfügen.

Die vorläufige Enthebung vom Amte tritt ohne Weiteres ein, wenn im Strafverfahren gegen den Angeschuldigten die Untersuchungshaft verhängt ist, während der Dauer derselben, ferner, wenn gegen ihn ein noch nicht rechtskräftig gewordenes Strafurtheil erlassen ist, welches auf den Verlust des Amtes lautet, sowie während des Vollzugs einer Freiheitsstrafe.

Durch die vorläufige Enthebung wird das Recht auf den Gehaltsbezug nicht berührt, außer wenn dieselbe Folge eines Strafvollzuges ist, in welchem Falle die Gehaltszahlung für die Dauer der vorläufigen Enthebung nur zur Hälfte erfolgt.

§ 30. Gegen diejenigen Beamten, deren Dienst auf militärische Weise geregelt ist, namentlich die Officianten und Constabler [Schutzleute] der Polizeibehörden, die Feuermänner, Fahrer und Maschinisten des Feuerlöschwesens und die Gefängnißaufseher, sowie gegen die unteren Beamten der Verwaltung der indirecten Steuern kann in bisheriger Weise außer den in § 4 aufgeführten Ordnungsstrafen auch Arreststrafe bis zu acht Tagen verhängt und die Suspension sowie Entlassung aus dem Dienste auf Grund einer von einem rechtsgelehrten Beamten der betreffenden Behörde geführten Disciplinaruntersuchung erkannt werden. Es können mildernde Umstände mit der im § 9 Absatz 2 ausgesprochenen Wirkung angenommen werden. [Dieser Satz wurde durch Bekanntmachung (Gesetz) vom 19. August 1892 hinzugefügt.] Gegen ein solches Erkenntniß findet nur die Beschwerde an den Senat statt.

Die Disciplinarbefugnisse des Generalzolldirectors sind durch § 13 des Gesetzes vom 11. Mai 1888 geregelt. — Nach der Bekanntmachung vom 2. Oktober 1891 ist durch übereinstimmenden Beschluß von Senat und Bürgerschaft auch dem Polizeihauptmann die Berechtigung verliehen worden, unter Vorbehalt der Beschwerde an den Chef der Polizeibehörde gegen Officianten und Schutzleute der ihm unterstehenden Abtheilung IV (Polizei-Wachdienst) Warnung, Verweis und Arreststrafe bis zu drei Tagen als Disciplinarstrafen zu verhängen.

§ 30a. [Hinzugefügt durch Gesetz vom 4. April 1892]. Der mit der Führung der Untersuchung beauftragte rechtsgelehrte Beamte ist befugt, Zeugen und Sachverständige eidlich zu vernehmen.

Eine eidliche Vernehmung der im § 56 der Strafprozeßordnung bezeichneten Personen ist unzulässig.

Personen, welche nach § 51 der Strafprozeßordnung im Strafverfahren zur Verweigerung des Zeugnisses berechtigt sind, sind darauf aufmerksam zu machen, daß eine Verpflichtung zur Beeidigung ihrer Aussage nicht besteht.

Falls ein Zeuge oder Sachverständiger die Ableistung des Eides verweigert, so kann der mit der Untersuchung beauftragte Beamte sich an das zuständige Amtsgericht wenden, welches die eidliche Vernehmung, falls solche nach den Umständen des Falles zulässig erscheint, vorzunehmen und im Uebrigen hierbei nach den Bestimmungen der Strafprozeßordnung zu verfahren hat.

§ 31. Mit dem Tage, an welchem dieses Gesetz in Kraft tritt, wird die sogenannte Kündigungsklausel in Betreff der festangestellten Beamten aufgehoben und den zur Zeit im Amte befindlichen festangestellten Beamten die Anstellungsurkunde (§ 1) eingehändigt.

Dem Senate, den Verwaltungsbehörden und Gerichten steht das Recht zu, die von ihnen festanzustellenden Beamten zunächst auf ein Jahr versuchsweise anzustellen. Während dieser Probezeit ist das Dienstverhältniß nach freiem Ermessen der anstellenden Behörde mit einer vierwöchentlichen Frist kündbar.

Titel II. Versetzung in den Ruhestand.

§ 32. Beamte, welche nach vollendetem 35sten Lebensjahre und einer Dienstzeit von mindestens 10 Jahren in Folge eines körperlichen Gebrechens oder wegen Schwäche ihrer körperlichen oder geistigen Kräfte zur Erfüllung ihrer Amtspflichten dauernd unfähig sind, werden mit Pension in den Ruhestand versetzt.

Ueber die Versetzung in den Ruhestand entscheidet der Senat auf Antrag entweder des zu pensionirenden Beamten selbst oder der demselben vorgesetzten Behörde, und zwar nach eingeholter Mitgenehmigung des Bürgerausschusses. Geht der Antrag auf Pensionirung von dem Beamten selbst aus, so ist das Gesuch bei der dem Beamten vorgesetzten Behörde einzureichen, welche dasselbe mit ihrem Berichte an den Senat gelangen läßt.

Ist der Bürgerausschuß zwar mit der Pensionirung einverstanden, hinsichtlich der Höhe des zu gewährenden Ruhegehalts aber anderer Meinung, als der Senat, so gilt die Pensionirung als mit dem niedrigeren Pensionsbetrage beschlossen. [Vergl. § 36.]

Hinsichtlich der Beamten der Staatsanwaltschaft verbleibt es bei den in den §§ 87—89 des Ausführungsgesetzes zum Gerichtsverfassungsgesetze vom 23. April 1879 enthaltenen Bestimmungen über die Versetzung in den Ruhestand.

§ 33. Hat die Dienstunfähigkeit ihren Grund in einer Krankheit oder Verwundung, welche sich der Beamte bei Ausübung des Dienstes oder in Veranlassung desselben ohne eigne grobe Verschuldung zugezogen hat, so tritt auch bei kürzerer als zehnjähriger Dienstzeit oder bei noch nicht vollendetem 35sten Lebensjahre die Versetzung in den Ruhestand mit Pension ein.

§ 34. Wird außer dem im § 33 erwähnten Falle ein Beamter vor Vollendung des zehnten Dienstjahres oder des 35sten Lebensjahres dienstunfähig, so kann demselben bei vorhandener Bedürftigkeit durch Beschluß des Senats unter Mitgenehmigung des Bürgerausschusses (entweder) [gestrichen — Bekanntmachung vom 19. August 1892] eine einmalige Unterstützung oder eine solche auf unbestimmte Zeit oder lebenslänglich gewährt werden.

§ 35. Die Pension beträgt, wenn die Versetzung in den Ruhestand nach vollendetem zehnten Dienstjahre eintritt, 40/100 und steigt darauf mit jedem ferner zurückgelegten Dienstjahre bei Gehalten bis einschließlich 2000 Mk. um 2 pCt., bei Gehalten über 2000 Mk. um 1½ pCt. des zur Zeit der Pensionirung bezogenen Diensteinkommens, bis der volle Betrag des letzteren erreicht wird.

Wenn das auf solche Weise berechnete Ruhegehalt bei einem 2000 Mk. übersteigenden Diensteinkommen unter demjenigen Betrage bleibt, welchen der zu Pensionirende erhalten würde, wenn er ein Diensteinkommen von nur 2000 Mk. bezogen hätte, wird das Ruhegehalt auf letzteren Betrag erhöht.

In dem Falle des § 33 beträgt die Pension stets 40/100, im Falle des § 34 höchstens 40/100 des Diensteinkommens.

Falls ein in den Ruhestand versetzter Beamter sich hinsichtlich der Höhe der ihm gewährten Pension verletzt erachtet, bleibt ihm, jedoch nur wegen dieses Punktes, der Rechtsweg vorbehalten.

§ 36. Das Diensteinkommen, nach welchem die Pension berechnet wird, umfaßt außer dem etatmäßigen Gehalt und den bereits verdienten Alterszulagen auch etwaige gesetzlich bewilligte persönliche Zulagen, die von dem Beamten benutzte Amtswohnung oder die für solche bezogene Entschädigung und den Werth der mit dem Amte verbundenen ganz oder theilweise freien Station, des Dienstlandes und der gesetzlich bestehenden Sporteln und Tantièmen, jedoch mit Ausschluß von Gratificationen, Bezügen für Bureaukosten, Dienstreisen, Dienstpferde und sonstige Accidentien.

Die Amtswohnung wird — sofern das Aequivalent für dieselbe nicht anderweitig gesetzlich bestimmt ist — mit 20 pCt. des etatmäßigen Gehalts, ausschließlich der Alterszulagen, berechnet. Der Werth der ganz oder theilweise freien Station, des Dienstlandes und der gesetzlichen Sporteln und Tantièmen wird in jedem einzelnen Falle auf Grundlage eines von der vorgesetzten Behörde des Beamten abzustattenden Berichts vom Senate und Bürgerausschuß festgestellt.

§ 37. Die bei der Pensionirung in Betracht kommende Dienstzeit beginnt, wenn der Beamte beim Eintritt in die feste Anstellung das 25ste Lebensjahr bereits vollendet hat, sofort mit dem Dienstantritt, andernfalls mit vollendetem 25sten Lebensjahre des Beamten. In die Dienstjahre ist sowohl diejenige Zeit, welche ein Beamter unter Bezug von Wartegeld im einstweiligen Ruhestand zugebracht, wie auch das Probejahr einzurechnen.

§ 38. Der Senat ist unter Mitgenehmigung des Bürgerausschusses berechtigt, die Zeit, während welcher der zu Pensionirende, bevor er Beamter im Sinne dieses Gesetzes wurde, dem Hamburgischen Staat gedient oder im Civildienste des Reichs, eines anderen Staats, einer politischen oder kirchlichen Gemeinde oder im Militärdienste gestanden hat, oder als Lehrer, beziehungsweise als Lehrerin an Hamburgischen Privatschulen thätig gewesen ist, bei der Berechnung der Pension ganz oder theilweise mit in Anschlag zu bringen. Die Bestimmung ist hinsichtlich der nach Erlaß dieses Gesetzes anzustellenden Beamten bei der Anstellung, hinsichtlich der bereits im Dienste befindlichen Beamten bei der Pensionirung zu treffen. Auch bleibt es dem Senat unter Mitgenehmigung des Bürgerausschusses überlassen, falls die Pensionsbestimmungen desjenigen Staates, in welchem der Beamte früher angestellt war, günstiger sind, als die betreffenden Bestimmungen dieses Gesetzes, dem Beamten die Anwendung solcher günstigeren Bestimmungen für den Fall seiner dereinstigen Pensionirung zuzusichern.

§ 39. Für Beamte, welche aus dem gesandtschaftlichen oder besoldeten Consulardienste des Reichs in den Hamburgischen Staatsdienst eintreten, finden die Bestimmungen des § 51 des Reichsbeamtengesetzes vom 31. März 1873 Anwendung. Die daselbst im zweiten Absatz dem Bundesrath ertheilten Befugnisse stehen in solchem Falle dem Senat unter Mitgenehmigung des Bürgerausschusses zu.

§ 40. Die bei Erlaß dieses Gesetzes im Amte befindlichen Beamten, welche unter der Herrschaft eines anderen Pensionsgesetzes angestellt worden, oder welchen durch die mit ihnen vereinbarten Anstellungsbedingungen für den Fall ihrer dereinstigen Pensionirung bestimmte Zusicherungen gemacht sind, haben sich in einer ihnen zu bestimmenden Frist darüber zu erklären, ob sie eintretenden Falls nach den in Betreff der Berechnung und Höhe bisher für sie geltenden oder nach den Bestimmungen dieses Gesetzes pensionirt werden wollen.

Diejenigen, welche sich in der ihnen gestellten Frist nicht für die Wahl der neuen Bestimmungen entscheiden, haben später keinen Anspruch auf Anwendung derselben.

In Zukunft richtet sich die einem Beamten bei seiner Versetzung in den Ruhestand zukommende Pension ausschließlich nach denjenigen gesetzlichen Bestimmungen, welche zur Zeit des Eintritts der Pensionirung in Gültigkeit sind, einerlei ob und wiefern dieselben von denjenigen Bestimmungen abweichen, welche zur Zeit der Anstellung in Gültigkeit waren.

§ 41. Die einstweilige Versetzung eines Beamten in den Ruhestand kann erfolgen, wenn das von ihm verwaltete Amt aufgehoben oder umgestaltet wird. Der Beamte hat in diesem Falle Anspruch auf ein Wartegeld von $^3/_4$ seines Gehaltes. Er ist jedoch verpflichtet, sich die Versetzung in eine andere, seiner Berufsbildung und seiner bisherigen amtlichen Stellung entsprechende Stellung gefallen zu lassen.

Mit dem Eintritte in diese neue Stellung fällt das Wartegeld hinweg; nur soweit das Diensteinkommen der neuen Stellung geringer ist, als das der früheren, ist es bis zur Höhe dieses früheren Einkommens durch eine persönliche Zulage zu ergänzen.

§ 42. Dieses Gesetz tritt an einem vom Senate zu bestimmenden Tage, spätestens sechs Monate nach der Publication in Kraft [ist am 1. April desselben Jahres in Kraft getreten].

Gegeben in der Versammlung des Senats, Hamburg, den 7. Januar 1884.

Bemerkung über die Schreibweise der Gesetze: Der Text der Gesetze ist hier im Allgemeinen in der Schreibweise der Gesetze selbst abgedruckt, einerlei ob diese consequent oder inconsequent, richtig oder unrichtig war; nur bei dem Worte Kasse, das amtlich noch jetzt meistens mit C geschrieben wird, ist durchgehends K angewandt worden, und die in den Gesetzen gewöhnlich durch Bindestriche getrennten zusammengesetzten Wörter (Verwaltungs-Abtheilung, Finanz-Deputation 2c.) sind so, wie sie in Uebereinstimmung mit der Schreibweise in dieser Abhandlung selbst abgesetzt waren, auch als ein Wort geschrieben (Finanzdeputation) belassen worden.

Sachregister.

Pierer'sche Hofbuchdruckerei. Stephan Geibel & Co. in Altenburg.

FSC
www.fsc.org
MIX
Papier | Fördert
gute Waldnutzung
FSC® C083411

Zeitfracht Medien GmbH
Ferdinand-Jühlke-Straße 7
99095 Erfurt, Deutschland
produktsicherheit@kolibri360.de